高等教育农学门类考生考研辅导书

普通化学例题与习题集

广西大学无机化学教研室　编

中国农业大学出版社

主　编　罗芳光
编　者　陶　林　尹作栋　宋宝玲

序　　言

本书是广西大学无机化学教研室编的普通化学教材配合使用的教学辅导书。全书的内容编排与普通化学教材的内容编排吻合。书中内容共十二章，每一章都包含三部分内容：基本概念与基本公式，基本计算题型，练习题。每章的练习题都配以详细的解题程序和答案。

本书的内容是编者长期从事普通化学课程教学的积累与总结，书中各章的部分例题与习题有的是普通化学课程教学与考试的经典题型，有的是包容整章教学内容的综合性题型。理解、掌握本书中的各类题型与解答，对于学好普通化学课程，通过课程考试，具有很好的针对性和实效性。

本书各章所选取的例题与习题，都十分注重与体现解题过程中的化学思维方式、解题的思路与程序、演算的方法与技巧。使用者应在学习过程中，通过分析、总结各类题型的解答特点，注重培养自己的化学思维与解题技巧。本书也可以作为本科无机化学课程教学的参考书。

从 2008 年起，教育部对全国硕士研究生统一入学考试农学门类初试科目和内容进行优化调整，调整后化学科目作为农学门类公共基础实行联合命题，统一联考。本书从题型设计、内容选取等方面都很好地兼容了教育部考试中心组编写的《2008 全国硕士研究生入学统一考试农学门类联考考试大纲》中规定化学科目的考试范围和要求，是有志报考农学门类硕士生考生必备的考研辅导书。

广西大学化学化工学院无机化学教研室的罗芳光、陶林、尹作栋、宋宝玲参与本书的编写工作。本书于 2005 年完成第一稿，并在本校各专业的普通化学课程教学中试用，对提高课程教学质量起到很好的促进作用。全书由罗芳光修改、定稿，陶林为本书的习题作了详细的解答。

本书的编写得到同行的大力支持与帮助，在此深表谢意。由于编者水平有限，书中错误与不妥之处在所难免，恳请老师、同学指正。

编　者

2008 年 5 月

目　　录

第一章 化学反应中的能量关系

一、基本概念与基本公式

1. 利用 $\Delta_f H_m^\ominus$ 求反应的 $\Delta_r H_m^\ominus$

$$\Delta_r H_m^\ominus = \sum_B \nu_B \Delta_f H_m^\ominus(B, 298\ K)$$

或 $$\Delta_r H_m^\ominus = \sum \nu_B \Delta_f H_m^\ominus(产物) + \sum \nu_B \Delta_f H_m^\ominus(反应物) \qquad (1\text{-}1)$$

式中：ν_B 为反应的计量数，反应物取负值，产物取正值；$\Delta_f H_m^\ominus$ 为标准摩尔生成焓（T=298.15 K）。

2. 利用 $\Delta_c H_m^\ominus$ 求反应的 $\Delta_r H_m^\ominus$

$$\Delta_r H_m^\ominus = -\sum_B \nu_B \Delta_c H_m^\ominus(B, 298\ K)$$

或 $$\Delta_r H_m^\ominus = -\sum \nu_B \Delta_c H_m^\ominus(反应物) - \sum \nu_B \Delta_c H_m^\ominus(产物) \qquad (1\text{-}2)$$

式中：ν_B 为反应的计量数，反应物取负值，产物取正值；$\Delta_c H_m^\ominus$ 为标准摩尔燃烧焓（T=298.15 K）。

3. $\Delta_r H_m^\ominus$ 与 ΔU 的换算关系

$$\Delta_r H_m^\ominus = \Delta U + \Delta nRT \qquad (1\text{-}3)$$

式中：Δn 为反应后气体的摩尔数与反应前气体的摩尔数之差；R 为气体常数（8.314 $J \cdot K^{-1} \cdot mol^{-1}$）；$T$ 为绝对温度。

4. 盖斯定律

定义式：$$\Delta_r H_m^\ominus(总) = \Delta_r H_{m1}^\ominus + \Delta_r H_{m2}^\ominus + \Delta_r H_{m3}^\ominus + \cdots = \sum_{i=1}^{i} \Delta_r H_{mi}^\ominus \qquad (1\text{-}4)$$

应用盖斯定律常有两种类型：

(1)利用已知的热化学方程进行代数运算(加、减、乘、除、移项),得出所求能量的运算关系。

反应 1　　$A+B \rightarrow C$　　$\Delta_r H_{m1}^{\ominus}$

反应 2　　$B+C \rightarrow D$　　$\Delta_r H_{m2}^{\ominus}$

反应 3　　$A+D \rightarrow 2C$　　$\Delta_r H_{m3}^{\ominus}$(所求)

反应 1－反应 2＝反应 3

$\Delta_r H_{m3}^{\ominus}=\Delta_r H_{m1}^{\ominus}-\Delta_r H_{m2}^{\ominus}$

(2)设计热化学循环进行计算。

例:估算 298.15 K 时,反应

$$2H_2(g)+O_2(g) \rightarrow 2H_2O(g)$$

的定压反应热 $\Delta_r H_m^{\ominus}$。

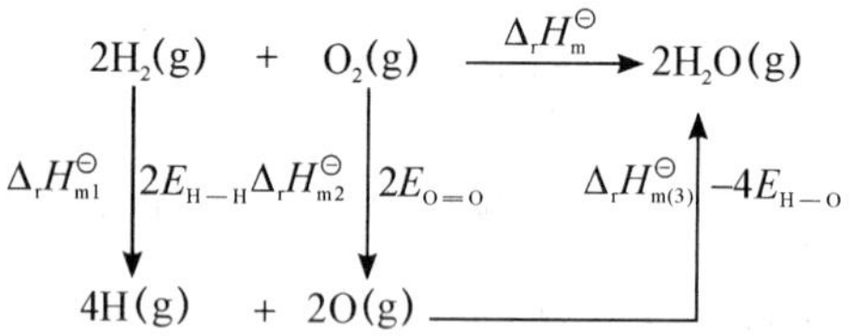

$$\Delta_r H_m^{\ominus}=\Delta_r H_{m1}^{\ominus}+\Delta_r H_{m2}^{\ominus}+\Delta_r H_{m3}^{\ominus}$$

$\Delta_r H_{m1}^{\ominus}$、$\Delta_r H_{m2}^{\ominus}$、$\Delta_r H_{m3}^{\ominus}$ 分别是在 298.15 K,100 kPa 下,气态分子中 H—H 键、O═O 键、O—H 键的键焓,用符号 E_{A-B} 表示,单位 $kJ \cdot mol^{-1}$,即

$$\Delta_r H_{m1}^{\ominus}=2 \cdot E_{H-H}$$

$$\Delta_r H_{m2}^{\ominus}=E_{O=O}$$

$$\Delta_r H_{m3}^{\ominus}=-4E_{H-O}$$

代入盖斯定律式:

$$\begin{aligned}\Delta_r H_m^{\ominus} &=\Delta_r H_{m1}^{\ominus}+\Delta_r H_{m2}^{\ominus}+\Delta_r H_{m3}^{\ominus}\\ &=2E_{H-H}+E_{O-O}-4E_{H-O}\end{aligned}$$

得反应的 $\Delta_r H_m^{\ominus}$ 与键焓的定量关系:

$$\Delta_r H_m^{\ominus}=-\sum_B \nu_B E_B$$

或

$$\Delta_r H_m^{\ominus}=-\sum \nu_B E(\text{反应物})-\sum \nu_B E(\text{产物}) \qquad (1\text{-}5)$$

式中：ν_B——反应的计量数，反应物取负值，产物取正值。

二、基本计算题型

1. 利用 $\Delta_f H_m^\ominus$、$\Delta_c H_m^\ominus$ 计算反应的标准焓变 $\Delta_r H_m^\ominus$

例 1　已知标准摩尔生成焓 $\Delta_f H_m^\ominus$，计算下列反应的标准焓变 $\Delta_r H_m^\ominus$。

反应	$CaO(s)$ +	$SO_3(g)$ +	$2H_2O(l)$ =	$CaSO_4\cdot 2H_2O(s)$
$\Delta_f H_m^\ominus(kJ\cdot mol^{-1})$	−635.1	−395.7	−285.8	−2 023

解　依题意，据公式(1-1)有：

$$\begin{aligned}\Delta_r H_m^\ominus &= \Delta_f H_m^\ominus(CaSO_4\cdot 2H_2O) - \Delta_f H_m(CaO) - \Delta_f H_m^\ominus(SO_3) - 2\Delta_f H_m^\ominus(H_2O)\\ &= -2\,023-(-635.1)-(-395.7)-2\times(-285.8)\\ &= -420.6(kJ\cdot mol^{-1})\end{aligned}$$

例 2　乙炔燃烧可放出大量的热，计算 130 g 乙炔在 298 K 标准状态下完全燃烧所放出的热量。[已知 $\Delta_c H_m^\ominus(C_2H_2,g)=-1\,299.6\ kJ\cdot mol^{-1}$，非燃烧物 $\Delta_c H_m^\ominus=0$]

解　依题意，298 K 标准状态下燃烧反应为：

	$C_2H_2(g)$ +	$5/2O_2(g)$ =	$2CO_2(g)$ +	$H_2O(l)$
$\Delta_c H_m^\ominus(kJ\cdot mol^{-1})$	−1 299.6	0	0	0

据公式(1-2)：

$$\begin{aligned}\Delta_r H_m^\ominus &= \Delta_c H_m^\ominus(C_2H_2,g) + 2/5\Delta_c H_m^\ominus(O_2,g) - 2\Delta_c H_m^\ominus(CO_2,g) - \Delta_c H_m^\ominus(H_2O,l)\\ &= -1\,299.6(kJ\cdot mol^{-1})\end{aligned}$$

已知 $GM(C_2H_2)=26\ g\cdot mol^{-1}$，130 g C_2H_2完全燃烧放出的热量为：

$$\begin{aligned}Q &= -1\,299.6\times 130/26\\ &= -6\,498(kJ\cdot mol^{-1})\end{aligned}$$

2. $\Delta_r H_m^\ominus$ 与 ΔU 相互换算

例 3　298.15 K 等温、定压条件下，反应：

$$2H_2(g) + O_2(g) \rightarrow 2H_2O(g)$$

$\Delta_r H_m^\ominus(298.15\ K) = -483.64\ kJ\cdot mol^{-1}$，求反应的 ΔU 等于多少？

解 依题意，反应的 $\Delta n=2-2-1=-1(\text{mol})$

据公式(1-3)：

$$\Delta_r H_m^{\ominus}=\Delta U+\Delta nRT$$
$$\Delta U=-483.64-(-1)\times 8.314\times 298\times 10^{-3}$$
$$=-483.64+2.478$$
$$=-481.16\ (\text{kJ}\cdot\text{mol}^{-1})$$

3. 利用盖斯定律计算反应的标准焓变 $\Delta_r H_m^{\ominus}$

例 4 已知反应在 298 K 标态下进行

① $C(石墨)+O_2(g)=CO_2(g)$ $\quad \Delta_r H_{m1}^{\ominus}=-393.5\ \text{kJ}\cdot\text{mol}^{-1}$

② $CO(g)+1/2O_2(g)=CO_2(g)$ $\quad \Delta_r H_{m2}^{\ominus}=-283.0\ \text{kJ}\cdot\text{mol}^{-1}$

计算：③ $C(石墨)+1/2O_2(g)=CO(g)$ $\quad \Delta_r H_{m3}^{\ominus}=?$

解 依题意，由盖斯定律知：

反应③＝反应① －反应②

即

$$\Delta_r H_{m3}^{\ominus}=\Delta_r H_{m1}^{\ominus}-\Delta_r H_{m2}^{\ominus}$$
$$=-393.5-(-283.0)$$
$$=-110.5(\text{kJ}\cdot\text{mol}^{-1})$$

例 5 已知 298K 标态下：$O(g)+N(g)\rightarrow NO(g)$

$\Delta_f H_m^{\ominus}(O,g)=249.1\ \text{kJ}\cdot\text{mol}^{-1}$，$\Delta_f H_m^{\ominus}(N,g)=472.7\ \text{kJ}\cdot\text{mol}^{-1}$，

$\Delta_r H_m^{\ominus}(NO,g)=-631.8\ \text{kJ}\cdot\text{mol}^{-1}$。

求反应：$1/2N_2(g)+1/2O_2(g)=NO(g)$ 的 $\Delta_r H_m^{\ominus}(298\ \text{K})=?$

解 依题意，设计热化学循环：

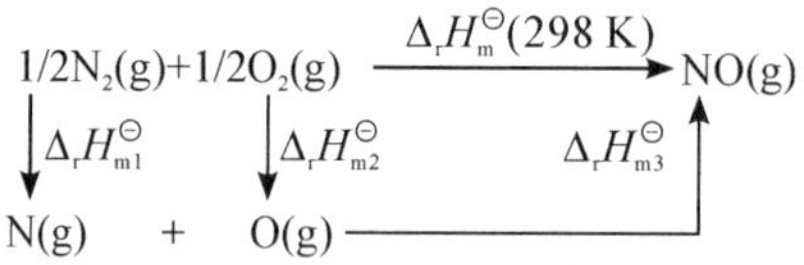

据盖斯定律：$\Delta_r H_m^{\ominus}(298\ \text{K})=\Delta_r H_{m1}^{\ominus}+\Delta_r H_{m2}^{\ominus}+\Delta_r H_{m3}^{\ominus}$

$$\Delta_r H_{m1}^{\ominus}=\Delta_f H_m^{\ominus}(N,g)=472.7\ \text{kJ}\cdot\text{mol}^{-1}$$
$$\Delta_r H_{m2}^{\ominus}=\Delta_f H_m^{\ominus}(O,g)=249.1\ \text{kJ}\cdot\text{mol}^{-1}$$
$$\Delta_r H_{m3}^{\ominus}=\Delta_r H_m^{\ominus}(NO,g)=-631.8\ \text{kJ}\cdot\text{mol}^{-1}$$
$$\Delta_r H_m^{\ominus}(298\ \text{K})=472.7+249.1+(-631.8)$$
$$=+90.0(\text{kJ}\cdot\text{mol}^{-1})$$

三、练习题

(一)选择题

1. 下列叙述不正确的是(　　)。

A. 热力学系统状态一定，T、U、H、G、S 有确定值

B. 热力学系统由始态变到终态，$\Delta H = H$(终态)$-H$(始态)

C. 系统的状态函数变化值与系统的状态变化无关，只与状态变化的过程有关

D. 制备一杯 298 K 的水，无论用加热或冷却的方法，其最终结果都是一样的

2. 下列叙述不正确的是(　　)。

A. 功和热只是系统与环境交换能量的不同形式

B. 功和热与系统状态变化的过程有关

C. 系统吸热 $Q>0$，系统对环境作功 $W<0$

D. 功和热是描述系统状态的物理量，是系统的状态函数

3. 下列诸热力学性质属于强度性质的是(　　)。

A. T　　B. H　　C. S　　D. ΔG

4. 下列各组物理量中，都是状态函数且具有加和性的是(　　)。

A. S、ΔH、W　　B. H、U、G

C. P、U、G　　D. ΔS、ΔH、Q

5. 对于封闭体系，系统热力学能变化与其吸收的热和所做的功的关系可表示为(　　)。

A. $\Delta H = \Delta U + \Delta nRT$　　B. $\Delta U = Q_V$

C. $\Delta U = Q + W$　　D. $\Delta U = \Delta H$

6. 在不做非体积功的条件下，下列等式成立的是(　　)。

A. $\Delta U = Q$　　B. $Q_p = \Delta H$

C. $\Delta U = p\Delta V$　　D. $p\Delta V = nRT$

7. 下列叙述不正确的是(　　)。

A. 定压、不做非体积功，Q_p 与途径无关

B. 定容、不做非体积功，Q_V 与途径无关

C. 系统由始态变到终态，$\Delta U = Q + W$ 与途径有关

D. 封闭物系，循环过程，$\Delta U=0$，$\Delta H=0$

8. 标态下，$HgO(s)=Hg(l)+1/2O_2(g)$，$\Delta_r H_m^{\ominus}=90.71\ kJ\cdot mol^{-1}$，则$HgO(s)$的标准摩尔生成焓$\Delta_f H_m^{\ominus}$为(　　)$kJ\cdot mol^{-1}$。

A. -45.36　　B. -90.71　　C. $+181.42$　　D. $+90.71$

9. 反应$3H_2(g)+N_2(g)=2NH_3(g)$在标态298 K时，$\Delta_r H_m^{\ominus}=-92.0\ kJ\cdot mol^{-1}$，该温度下反应的$\Delta U$为(　　)$kJ\cdot mol^{-1}$。

A. $-92.0-2RT\times10^{-3}$　　B. $-92.0+(RT)^2\times10^{-3}$

C. $-92.0+2RT\times10^{-3}$　　D. $-92.0-(RT)^{-2}\times10^{-3}$

10. 下列反应，$\Delta_r H_m^{\ominus}$与$\Delta_f H_m^{\ominus}$具有同一数值的是(　　)。

A. $C(s)+O_2(g)=CO_2(g)$　　B. $HI(g)=1/2I_2(s)+1/2H_2(g)$

C. $N_2(g)+3H_2(g)=2NH_3(g)$　　D. S(斜方,s)+ $O_2(g)=SO_2(g)$

11. 已知标态298K反应：

①$2MnO_2(s)=2MnO(s)+O_2(g)$　　$\Delta_r H_{m1}^{\ominus}=a\ kJ\cdot mol^{-1}$

②$Mn(s)+MnO_2(s)=2MnO(s)$　　$\Delta_r H_{m2}^{\ominus}=b\ kJ\cdot mol^{-1}$

则　$\Delta_f H_m^{\ominus}(MnO_2,s)=$(　　)$kJ\cdot mol^{-1}$。

A. a−b　　B. b−a　　C. a−2b　　D. b−2a

12. 对于标态298K反应：C(石墨) + $O_2(g)=CO_2(g)$　$\Delta_r H_m^{\ominus}=-393.5\ kJ\cdot mol^{-1}$，下列关系不成立的是(　　)。

A. $\Delta_f H_m^{\ominus}(CO_2,g)=\Delta_r H_m^{\ominus}$　　B. $\Delta_f H_m^{\ominus}(O_2,g)=\Delta_r H_m^{\ominus}$

C. $\Delta_r H_m^{\ominus}=\Delta U$　　D. $\Delta_c H_m^{\ominus}$(C(石墨))$=\Delta_r H_m^{\ominus}$

13. 下列反应，$\Delta_r H_m^{\ominus}$与ΔU具有相同数值的是(　　)。

A. $C(g)+O_2(g)=CO_2(g)$　　B. $2HI(g)=I_2(g)+H_2(g)$

C. $N_2(g)+3H_2(g)=2NH_3(g)$　　D. $CO(g)+1/2O_2(g)=CO_2(g)$

14. 标态298K，按反应$H_2(g)+1/2O_2(g)=H_2O(l)$生成1 g $H_2O(l)$的$\Delta_r H_m^{\ominus}=-15.88$ kJ，则$H_2O(l)$的标准摩尔生成焓$\Delta_f H_m^{\ominus}$和$H_2(g)$的标准摩尔燃烧焓$\Delta_c H_m^{\ominus}$分别是(　　)。

A. $-285.8,0$　　B. $0,+285.8$

C. $-285.8,-285.8$　　D. $-285.8,+285.8$

15. 373K，101.3kPa下，1 mol $H_2O(l)$变成同温度同压力下的水蒸气，该过程的内能变化ΔU是(　　)kJ(水的汽化热为40.67 $kJ\cdot mol^{-1}$，水蒸气的体积功为RT，R为气体常数)。

A. 40.67　　B. 43.77　　C. 3.101　　D. 37.57

16. 在标态298K有反应：

$C(石墨)+O_2(g)=CO_2(g)$　　$\Delta_r H_{m1}^{\ominus}=-393.5\ kJ\cdot mol^{-1}$

$CO(g)+1/2O_2(g)=CO_2(g)$　　$\Delta_r H_{m2}^{\ominus}=-283.0\ kJ\cdot mol^{-1}$

可求得 $\Delta_f H_m^{\ominus}(CO,g)$(　　)$kJ\cdot mol^{-1}$。

A. -110.5　　B. -676.5　　C. -393.5　　D. -283.0

17. 有反应①$H_2(g)+1/2O_2(g)=H_2O(g)$，　$\Delta_r H_{m1}^{\ominus}$

②$Cu(s)+1/2O_2(g)=CuO(s)$，　$\Delta_r H_{m2}^{\ominus}$

③$CuO(s)+H_2(g)=Cu(s)+H_2O(g)$　$\Delta_r H_{m3}^{\ominus}$

则下列各式成立的是(　　)。

A. $\Delta_r H_{m3}^{\ominus}=\Delta_r H_{m1}^{\ominus}+\Delta_r H_{m2}^{\ominus}$　　B. $\Delta_r H_{m3}^{\ominus}=\Delta_r H_{m1}^{\ominus}-\Delta_r H_{m2}^{\ominus}$

C. $\Delta_r H_{m1}^{\ominus}=\Delta_r H_{m2}^{\ominus}-\Delta_r H_{m3}^{\ominus}$　　D. $\Delta_r H_{m2}^{\ominus}=\Delta_r H_{m3}^{\ominus}-\Delta_r H_{m1}^{\ominus}$

18. 反应 A→B、A→C 的反应热效应分别是 $\Delta_r H_{m1}^{\ominus}$、$\Delta_r H_{m2}^{\ominus}$，则反应 B→C 的 $\Delta_r H_{m3}^{\ominus}$ 是(　　)。

A. $\Delta_r H_{m1}^{\ominus}-\Delta_r H_{m2}^{\ominus}$　　B. $\Delta_r H_{m2}^{\ominus}-\Delta_r H_{m1}^{\ominus}$

C. $2\Delta_r H_{m1}^{\ominus}-\Delta_r H_{m2}^{\ominus}$　　D. $2\Delta_r H_{m1}^{\ominus}-2\Delta_r H_{m2}^{\ominus}$

19. 在敞开试管中进行下列反应：$2KClO_3(s)=2KCl(s)+3O_2(g)$，已知 1 mol $KClO_3$ 放出 44.8 kJ 热量，则反应的 $\Delta_r H_m^{\ominus}$ 等于(　　) $kJ\cdot mol^{-1}$。

A. 89.6　　B. -89.6　　C. 44.8　　D. -44.8

20. 已知热化学方程 $1/2O_2(g)=O(g)$，$\Delta_r H_m^{\ominus}=249.2\ kJ\cdot mol^{-1}$，则键能 $E_{O=O}$ 为(　　)。

A. $+249.2$　　B. $+124.6$　　C. $+498.4$　　D. -249.2

21. 已知：$H_2(g)+Cl_2(g)=2HCl(g)$，$\Delta_r H_{m1}^{\ominus}=-184.9\ kJ\cdot mol^{-1}$，$Cl_2(g)$ 的键能 $E_{Cl-Cl}=\Delta_r H_{m2}^{\ominus}=238.9\ kJ\cdot mol^{-1}$，$H_2(g)$ 的键能 $E_{H-H}=\Delta_r H_{m3}^{\ominus}=432.0\ kJ\cdot mol$，求得 $2HCl(g)=2H(g)+2Cl(g)$ 的 $\Delta_r H_{m4}^{\ominus}=$(　　)$kJ\cdot mol^{-1}$。

A. 238.9　　B. 472.1　　C. 855.8　　D. 427.9

22. 下列反应中，$CH_3CH_2OH(l)$ 燃烧放热值最大的是(　　)。

A. $CH_3CH_2OH(l)+O_2(g)=2HCHO(g)+H_2O(l)$　　$\Delta_r H_{m1}^{\ominus}$

B. $CH_3CH_2OH(l)+3O_2(g)=2CO_2(g)+3H_2O(l)$　　$\Delta_r H_{m2}^{\ominus}$

C. $CH_3CH_2OH(l)+3O_2(g)=2CO_2(g)+3H_2O(g)$　　$\Delta_r H_{m3}^{\ominus}$

D. $CH_3CH_2OH(l)+2O_2(g)=2CO(g)+3H_2O(l)$　　$\Delta_r H_{m4}^{\ominus}$

(二)填空题

23. 敞开体系是体系与环境间既有__________，又有__________；封闭体系是体系与环境间没有__________，只有__________；孤立体系是体系与环境间既__________,也____________________。

24.体系的状态发生变化时,体系的热力学性质随之改变,改变的数值只取决于体系的________________,而与________________无关。

25.热力学上规定:体系吸热,Q 为__________,体系放热,Q 为__________;体系对环境做功,功为__________,环境对体系做功,功为________________。

26.体系经过循环过程,所有状态函数的变化量为____________________。

27.热力学第一定律的数学表示式为____________________,此定律仅适用于____________________。

28.满足数学式 $Q_V=\Delta U$ 的条件是____________________,满足数学式 $Q_p=\Delta H$ 的条件是________________________。

29.测定化合物的标准摩尔生成焓 $\Delta_f H_m^\ominus$ 设定的条件是 ________________。

30.由标准摩尔生成焓 $\Delta_f H_m^\ominus$ 计算化学反应的标准摩尔焓变 $\Delta_r H_m^\ominus(T)$ 的计算公式为________________________。

31. $CH_4(g)+2O_2(g)=CO_2(g)+2H_2O(l)$ $\Delta_r H_{m1}^\ominus=-855\ kJ\cdot mol^{-1}$

$C(石墨)+O_2(g)=CO_2(g)$ $\Delta_r H_{m2}^\ominus=-392\ kJ\cdot mol^{-1}$

$2H_2(g)+O_2(g)=2H_2O(l)$ $\Delta_r H_{m3}^\ominus=-570\ kJ\cdot mol^{-1}$

①标准摩尔生成焓 $\Delta_r H_f^\ominus$ 为 0 的物质是____________________。

②C(石墨)的标准燃烧热 $\Delta_c H_m^\ominus=$____________________ $kJ\cdot mol^{-1}$。

③$H_2O(l)$的标准生成焓 $\Delta_f H_m^\ominus=$____________________ $kJ\cdot mol^{-1}$。

④$CH_4(g)$的 $\Delta_f H_m^\ominus=$____________________ $kJ\cdot mol^{-1}$。

(三)计算题

32.已知脂肪、蛋白质和碳水化合物的热值分别为 $38\ kJ\cdot g^{-1}$,$17\ kJ\cdot g^{-1}$,$17\ kJ\cdot g^{-1}$;苹果、大豆、椰子、巧克力含脂肪、蛋白质、碳水化合物的百分量如下:

	脂肪/%	蛋白质/%	碳水化合物/%	水/%
苹果	0.5	0.4	14.2	84.9
大豆	17.2	37.0	28.0	17.8
椰子	57.4	6.3	31.5	4.8
巧克力	34.9	8.0	51.5	7.0

试计算:(1)上述食物的热值(即每克释放的 kJ 数);

(2)上述食物各 100 g 在人体代谢时放出的热量。

33.由下列热力学数据计算 NaCl(s)的晶格能,即下列反应的 $\Delta_r H_m^\ominus$:

$$Na^+(g)+Cl^-(g) \rightarrow NaCl(s)$$

已知：①$1/2Cl_2(g)=Cl(g)$　　$\Delta_r H^{\ominus}_{m1}=119.8\ kJ\cdot mol^{-1}$

②$Cl(g)+e^-=Cl^-(g)$　　$\Delta_r H^{\ominus}_{m2}=-348.7\ kJ\cdot mol^{-1}$

③$Na(s)=Na(g)$　　$\Delta_r H^{\ominus}_{m3}=108.4\ kJ\cdot mol^{-1}$

④$Na(g)-e^-=Na^+(g)$　　$\Delta_r H^{\ominus}_{m4}=495.8\ kJ\cdot mol^{-1}$

⑤$Na(s)+1/2Cl_2(g)=NaCl(s)$　　$\Delta_r H^{\ominus}_{m5}=-411.2\ kJ\cdot mol^{-1}$

34. 计算定压反应：

	2Al(s)	+	Fe_2O_3(s)	=	2Fe(s)	+	Al_2O_3(s)
$\Delta_f H^{\ominus}_m(kJ\cdot mol^{-1})$			−822.1				−1 669.8

标准摩尔焓变 $\Delta_r H^{\ominus}_m$(298.15 K)。

35. 计算定压反应：

	Ag^+(aq)	+	Cl^-(aq)	=	AgCl(s)
$\Delta_f H^{\ominus}_m(kJ\cdot mol^{-1})$	−105.58		−167.16		−127.05

标准摩尔焓变 $\Delta_r H^{\ominus}_m$(298.15 K)。

36. 298.15 K 定压反应：

$$H_2(g) + F_2(g)=2HF(g)$$

解答：

(1)设计该反应的热化学循环过程。

(2)根据热化学循环过程，计算该反应标准摩尔焓变 $\Delta_r H^{\ominus}_m$(298.15 K) 的盖斯定律数学表示式。

(3)已知键焓：$E_{H-H}=436\ kJ\cdot mol^{-1}$，$E_{F-F}=158\ kJ\cdot mol^{-1}$，$E_{H-F}=566\ kJ\cdot mol^{-1}$，估算该反应的标准摩尔焓变 $\Delta_r H^{\ominus}_m$(298.15 K)。

37. 在高炉中炼铁，主要反应有：

	①C(s)	+	O_2(g)	=	CO_2(g)
$\Delta_f H^{\ominus}_m(kJ\cdot mol^{-1})$					−393.5

	②$1/2CO_2$(g)	+	1/2C(s)	=	CO(g)
$\Delta_f H^{\ominus}_m(kJ\cdot mol^{-1})$	−393.5				−110.5

	③3CO(g)	+	Fe_2O_3(s)	=	2Fe(s)	+	$3CO_2$(g)
$\Delta_f H^{\ominus}_m(kJ\cdot mol^{-1})$	−110.5		−822.1				−393.5

解答：

(1)利用热化学数据，计算各反应的标准摩尔焓变 $\Delta_r H^{\ominus}_m$(298.15 K)。

(2)根据上述 3 个反应,给出高炉炼铁的总反应。

(3)用两种方法计算高炉炼铁总反应的标准摩尔焓变 $\Delta_r H_m^\ominus(298.15\ K)$。

38. 已知 298.15 K 时反应:

$$①3H_2(g) + N_2(g) = 2NH_3(g) \qquad \Delta_r H_{m1}^\ominus = -92.22\ kJ \cdot mol^{-1}$$

$$②2H_2(g) + O_2(g) = 2H_2O(g) \qquad \Delta_r H_{m2}^\ominus = -483.64\ kJ \cdot mol^{-1}$$

计算下列反应的标准摩尔焓 $\Delta_r H_{m3}^\ominus(298.15\ K)$:

$$③4NH_3(g) + 3O_2(g) = 2N_2(g) + 6H_2O(g)$$

39. 计算标准状态下 1 mol HCl(g)溶于大量水时的标准摩尔焓 $\Delta_r H_m^\ominus(298.15\ K)$:

$$HCl(g) \xrightarrow{H_2O} H^+(aq) + Cl^-(aq)$$

$\Delta_f H_m^\ominus(kJ \cdot mol^{-1})$ −92.30 −167.44

40. 在标态 298 K、100 kPa 时反应:

$$①H_2O(l) \rightleftharpoons H_2O(g)$$

$\Delta H_f^\ominus(kJ \cdot mol^{-1})$ −285.83 −241.81

$$②CH_3CH_2OH(l) + 3O_2(g) = 2CO_2(g) + 3H_2O(l)$$

$\Delta H_f^\ominus(kJ \cdot mol^{-1})$ −277.7 −393.5 −285.83

计算在标态 298 K 时,使 1 000 g $H_2O(l)$变成 $H_2O(g)$需要多少 95% 的 $CH_3CH_2OH(l)$。

参考答案

(一)选择题

1. C	2. D	3. A	4. B	5. C	6. B	7. C	8. B	9. C
10. D	11. B	12. B	13. B	14. C	15. D	16. A	17. B	18. B
19. B	20. C	21. C	22. B					

(二)填空题

23. 物质交换,能量交换;物质交换,能量交换;没有物质交换,也没有能量交换

24. 始、终态,途径

25. 正值,负值,负值,正值

26. $\Delta X=0$（X 为状态函数）

27. $\Delta U=Q+W$ ，只做体积功，非体积功等于零，即 $W'=0$

28. 等温、定容和非体积功等于零，等温 、定压和非体积功等于零

29. 在温度为 T 的标准状态下，稳定单质的 $\Delta_f H_m^{\ominus}$（单质）$=0$

30. $\Delta_r H_m^{\ominus}(T)=\sum \nu_B \Delta_f H_m^{\ominus}$（生成物）$+\sum \nu_B \Delta_f H_m^{\ominus}$（反应物）

31. ①C（石墨）、$O_2(g)$、$H_2(g)$；②-392；③-285；④-107

（三）计算题

32. **解**　（1）每克苹果的热值为：

$$\Delta_r H_{m1}^{\ominus}=1\times(0.5\%\times38+0.4\%\times17+14.2\%\times17)=2.672(\mathrm{kJ\cdot g^{-1}})$$

每克大豆的热值为：

$$\Delta_r H_{m}^{\ominus}=1\times(17.2\%\times38+37.0\%\times17+28.0\%\times17)=17.586(\mathrm{kJ\cdot g^{-1}})$$

每克椰子的热值为：

$$\Delta_r H_{m3}^{\ominus}=1\times(57.4\%\times38+6.3\%\times17+31.5\%\times17)=28.238(\mathrm{kJ\cdot g^{-1}})$$

每克巧克力的热值为：

$$\Delta_r H_{m4}^{\ominus}=1\times(34.9\%\times38+8.0\%\times17+51.5\%\times17)=23.377(\mathrm{kJ\cdot g^{-1}})$$

（2）上述食物各 100 g 在人体代谢时放出的热量：

$$\begin{aligned}\Delta_r H_m^{\ominus}&=(\Delta_r H_{m1}^{\ominus}+\Delta_r H_{m2}^{\ominus}+\Delta_r H_{m3}^{\ominus}+\Delta_r H_{m4}^{\ominus})\times100\\&=(2.672+17.586+28.238+23.377)\times100\\&=7\,187.3(\mathrm{kJ/100\ g})\end{aligned}$$

33. **解**　依题意，设计热化学循环：

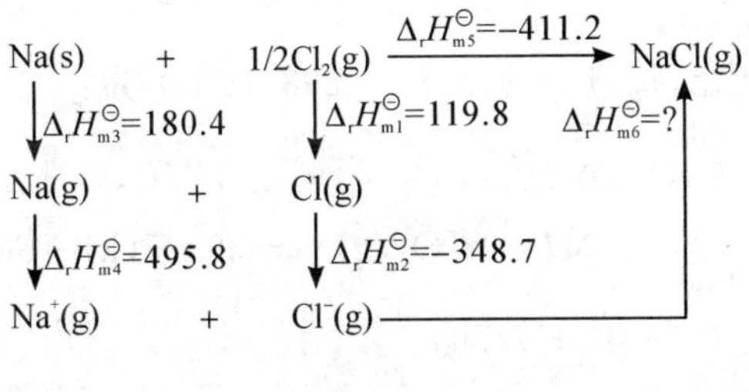

$$\begin{aligned}\Delta_r H_{m6}^{\ominus}&=\Delta_r H_{m5}^{\ominus}-(\Delta_r H_{m1}^{\ominus}+\Delta_r H_{m2}^{\ominus}+\Delta_r H_{m3}^{\ominus}+\Delta_r H_{m4}^{\ominus})\\&=-411.2-[119.8+(-348.7)+108.4+495.8]\end{aligned}$$

$=-786.5(\mathrm{kJ \cdot mol^{-1}})$

34. **解** 依题意，根据物质的摩尔生成焓计算公式有：

$$\begin{aligned}\Delta_r H_m^{\ominus} &= \Delta_f H_m^{\ominus}(\mathrm{Al_2O_3},s)+2\Delta_f H_m^{\ominus}(\mathrm{Fe},s)+(-2)\Delta_f H_m^{\ominus}(\mathrm{Al},s)\\ &\quad+(-1)\Delta_f H_m^{\ominus}(\mathrm{Fe_2O_3},s)\\ &=-1\,669.8+2\times 0+(-1)\times(-822.1)-2\times 0\\ &=-847.7(\mathrm{kJ \cdot mol^{-1}})\end{aligned}$$

35. **解** 依题意，根据物质的摩尔生成焓计算公式有：

$$\begin{aligned}\Delta_r H_m^{\ominus} &= \Delta_f H_m^{\ominus}(\mathrm{AgCl},s)+(-1)\Delta_f H_m^{\ominus}(\mathrm{Ag^+},aq)+(-1)\Delta_f H_m^{\ominus}(\mathrm{Cl^{-1}},aq)\\ &=-127.05+(-1)\times(-105.58)+(-1)\times(-167.16)\\ &=145.69(\mathrm{kJ \cdot mol^{-1}})\end{aligned}$$

36. **解** （1）依题意有：该反应的热化学循环过程为：

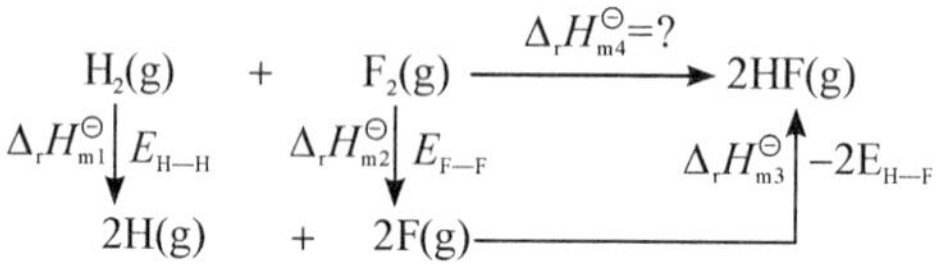

（2）根据热化学循环过程，其盖斯定律的数学表达式为：

$$\Delta_r H_{m4}^{\ominus}(298.15\ \mathrm{K})=\Delta_r H_{m1}^{\ominus}+\Delta_r H_{m2}^{\ominus}+\Delta_r H_{m3}^{\ominus}$$

（3）依题意有：$\Delta_r H_{m1}^{\ominus}=E_{\mathrm{H-H}}$，$\Delta_r H_{m2}^{\ominus}=E_{\mathrm{F-F}}$，$\Delta_r H_{m3}^{\ominus}=-2E_{\mathrm{H-F}}$

$$\begin{aligned}\Delta_r H_{m4}^{\ominus}(298.15\ \mathrm{K}) &= \Delta_r H_{m1}^{\ominus}+\Delta_r H_{m2}^{\ominus}+\Delta_r H_{m3}^{\ominus}\\ &=E_{\mathrm{H-H}}+E_{\mathrm{F-F}}-2E_{\mathrm{H-F}}\\ &=436+158-2\times 566\\ &=-538(\mathrm{kJ \cdot mol^{-1}})\end{aligned}$$

37. **解** （1）依题意，反应①的 $\Delta_r H_{m1}^{\ominus}(298.15\ \mathrm{K})$ 为：

$$\begin{aligned}\Delta_r H_{m1}^{\ominus}(298.5\ \mathrm{K}) &= \Delta_f H_m^{\ominus}(\mathrm{CO_2},g)-\Delta_f H_m^{\ominus}(\mathrm{C},s)-\Delta_f H_m^{\ominus}(\mathrm{O_2},g)\\ &=\Delta_f H_m^{\ominus}(\mathrm{CO_2},g)=-393.5(\mathrm{kJ \cdot mol^{-1}})\end{aligned}$$

反应②的 $\Delta_r H_{m2}^{\ominus}(298.15\ \mathrm{K})$ 为：

$$\Delta_r H_{m2}^{\ominus}(298.15\ \mathrm{K})=\Delta_f H_m^{\ominus}(\mathrm{CO},g)-\frac{1}{2}\cdot\Delta_f H_m^{\ominus}(\mathrm{CO_2},g)-\frac{1}{2}\cdot\Delta_f H_m^{\ominus}(\mathrm{C},s)$$

$$=-110.5-\frac{1}{2}\times(-393.5)-\frac{1}{2}\times 0$$

$$=86.25(kJ\cdot mol^{-1})$$

反应③的 $\Delta_r H_{m3}^{\ominus}(298.15\ K)$ 为：

$$\Delta_r H_{m3}^{\ominus}(298.15\ K)=3\Delta_f H_m^{\ominus}(CO_2,g)+2\Delta_f H_m^{\ominus}(Fe,s)-3\Delta_f H_m^{\ominus}(CO,g)-\Delta_f H_m^{\ominus}(Fe_2O_3,s)$$

$$=3\times(-393.5)+2\times 0-3\times(-110.5)-(-822.1)$$

$$=-26.9(kJ\cdot mol^{-1})$$

(2)高炉炼铁的总反应为：

反应②×3＋反应③＋反应①×$\frac{3}{2}$得：

$$3C(s)+3/2O_2(g)+Fe_2O_3(s)=2Fe(s)+3CO_2(g)$$

(3)方法 1：根据盖斯定律有：

$$\Delta_r H_m^{\ominus}(298.15\ K)=3\Delta_r H_{m2}^{\ominus}+\Delta_r H_{m3}^{\ominus}+\frac{3}{2}\Delta_r H_{m1}^{\ominus}$$

$$=3\times 86.25+(-26.9)+(-26.9)+\frac{3}{2}\times(-393.5)$$

$$=-358.4(kJ\cdot mol^{-1})$$

方法 2：$\Delta_r H_m^{\ominus}(298.15\ K)=3\Delta_f H_m^{\ominus}(CO_2,g)+2\Delta_f H_m^{\ominus}(Fe,s)-3\Delta_f H_m^{\ominus}(C,s)-\frac{3}{2}\Delta H_m^{\ominus}(O_2,g)-\Delta_f H_m^{\ominus}(Fe_2O_3,s)$

$$=3\times(-393.5)+2\times 0-\frac{3}{2}\times 0-(-822.1)$$

$$=-358.4(kJ\cdot mol^{-1})$$

38.**解**　依题意有：反应②×3－反应①×2 得反应③

故 $\Delta_r H_{m3}^{\ominus}(298.15\ K)=3\cdot\Delta_r H_{m2}^{\ominus}-2\cdot\Delta_r H_{m1}^{\ominus}$

$$=3\times(-483.61)-2\times(-92.22)$$

$$=-1\ 266.39(kJ\cdot mol^{-1})$$

39.**解**　依题意，有：

$$\Delta_r H_m^{\ominus}(298.15\ K)=\Delta_f H_m^{\ominus}(Cl^-,aq)+(-1)\cdot\Delta_f H_m^{\ominus}(HCl,g)$$

$$=-167.44+(-1)\times(-92.30)$$

$$=-75.14(\text{kJ}\cdot\text{mol}^{-1})$$

40. **解** 依题有：①1 mol 水变成 1 mol 水蒸气需要的焓值：

$$\Delta_r H_m^{\ominus}=-241.8-(-285.8)=+44(\text{kJ}\cdot\text{mol}^{-1})$$

1 000 g 水变成水蒸气需要的热值为：

$$Q=44\times1\,000/18=2\,444.4(\text{kJ})$$

②1 mol CH_3CH_2OH 能供给的焓值为：

$$\Delta_r H_m^{\ominus}=3\times(-285.8)+2\times(-393.5)-(277.7)=1\,366.7(\text{kJ}\cdot\text{mol}^{-1})$$

③1 000 g $H_2O(l)$变成 $H_2O(g)$需要 95%的 $CH_3CH_2OH(l)$的量 W 为：

$$W=\frac{2\,444.4}{1\,366.7}\times46\div95\%=86.6(\text{g})$$

第二章　化学反应的方向

一、基本概念与基本公式

(一)系统的熵与熵变

(1)给定系统有确定的熵值，且熵值大小有以下规律：

$$S(g) > S(l) > S(s)$$

$$S(\text{混合物}) > S(\text{纯净物})$$

$$S(\text{复杂分子}) > S(\text{简单分子})$$

$$S(\text{高温物系}) > S(\text{低温物系})$$

(2)系统发生状态变化，其熵变 ΔS 也有规律：

$$\Delta n > 0 \qquad \Delta S > 0$$

$$\Delta n < 0 \qquad \Delta S < 0$$

$$\Delta n = n(\text{产物}, g) - n(\text{反应物}, g)$$

(3) $\Delta_r S_m^{\ominus}$ 的计算公式：

$$\Delta_r S_m^{\ominus} = \sum_B \nu_B S_m^{\ominus}(B, 298\ K)$$

或

$$\Delta_r S_m^{\ominus} = \sum \nu_B S_m^{\ominus}(\text{产物}) + \sum \nu_B S_m^{\ominus}(\text{反应物}) \tag{2-1}$$

式中：ν_B 为反应的计量数，反应物取负值，产物取正值；$S_m^{\ominus}$ 为 B 的标准摩尔熵（$T=298.15$ K）。

对等温可逆过程（如液体正常沸点汽化或正常凝固点固化等）：

$$\Delta_r S_m = \frac{Q_c(\text{可逆})}{T} \tag{2-2}$$

式中 Q_c 为等温可逆过程的热量。

(4) $\Delta_r S_m$ 作为过程方向的判据：

对孤立系统：

$$\Delta_r S_m \begin{Bmatrix} > \\ = \\ < \end{Bmatrix} 0 \begin{cases} \text{自发过程} \\ \text{平衡状态} \\ \text{非自发过程} \end{cases} \tag{2-3}$$

(二)化学反应方向的判断

(1)等温定压条件下，一切自发过程对外做的最大有用功 W' 等于体系自由能增量的减少：

$$\Delta G = W' \quad \text{(规定系统对外做功为负值)}$$

或

$$-\Delta G = W' \quad \text{(规定系统对外做功为正值)}$$

推论：系统的自由能增量 $\Delta G<0$，伴随系统状态变化的过程必定是自发过程。

(2) $\Delta_r G_m^\ominus(T)$ 的计算：

①对等温、标态下进行的反应，利用吉-亥公式计算 $T\neq298$ K 下的 $\Delta_r G_m^\ominus(T)$：

$$\Delta_r G_m^\ominus(T) = \Delta_r H_m^\ominus(298\ \text{K}) - T\Delta_r S_m^\ominus(298\ \text{K}) \tag{2-4}$$

②利用 $\Delta_f G_m^\ominus(\text{B}, 298\ \text{K})$ 计算：

$$\Delta_r G_m^\ominus = \sum_B \nu_B \Delta_f G_m^\ominus(\text{B}, 298\ \text{K})$$

或

$$\Delta_r G_m^\ominus = \sum \nu_B \Delta_f G_m^\ominus(\text{产物}) + \sum \nu_B \Delta_f G_m^\ominus(\text{反应物}) \tag{2-5}$$

式中：ν_B 为反应的计量数，反应物取负值，产物取正值；$\Delta_f G_n^\ominus$ 为 B 的标准摩尔生成吉布斯自由能($T=298.15$ K)。

(3) $\Delta_r G_m(\Delta_r G_m^\ominus)$ 判据公式及应用：

判据公式：

$$\Delta_r G_m(\Delta_r G_m^\ominus) \begin{Bmatrix} < \\ = \\ > \end{Bmatrix} 0 \begin{cases} \text{过程正向自发} \\ \text{过程平衡状态} \\ \text{过程正向非自发} \end{cases} \tag{2-6}$$

联系吉-亥公式，判断在不同温度下反应进行的方向：

$$\Delta_r G_m^\ominus(T) = \Delta_r H_m^\ominus(298\ \text{K}) - T\Delta_r S_m^\ominus(298\ \text{K})$$

当 $\Delta_r H_m^\ominus<0$，$\Delta_r S_m^\ominus>0$，$\Delta_r G_m^\ominus<0$，放热熵增反应，在任何温度下均正向自发；

当 $\Delta_r H_m^\ominus > 0$，$\Delta_r S_m^\ominus < 0$，$\Delta_r G_m^\ominus > 0$，吸热熵减反应，在任何温度下均正向非自发；

当 $\Delta_r H_m^\ominus < 0$，$\Delta_r S_m^\ominus < 0$，$\Delta_r G_m^\ominus$（低温）< 0，$\Delta_r G_m^\ominus$（高温）> 0，放热熵减反应，低温正向自发，高温正向非自发；

当 $\Delta_r H_m^\ominus > 0$，$\Delta_r S_m^\ominus > 0$，$\Delta_r G_m^\ominus$（低温）> 0，$\Delta_r G_m^\ominus$（高温）< 0，吸热熵增反应，高温正向自发，低温正向非自发。

(4)吉-亥公式的具体应用：

当一个反应(过程)从非自发态前进到自发态，伴随温度变化，$\Delta_r G_m^\ominus$ 必定从 $\Delta_r G_m^\ominus > 0$ 到 $\Delta_r G_m^\ominus = 0$ 进入 $\Delta_r G_m^\ominus < 0$ 的状态，$\Delta_r G_m^\ominus = 0$ 时的温度即为转变温度：

$$\Delta_r G_m^\ominus(T) = \Delta_r H_m^\ominus - T\Delta_r S_m^\ominus = 0$$
$$T_{转} = \frac{\Delta_r H_m^\ominus}{\Delta_r S_m^\ominus} \tag{2-7}$$

对 $\Delta_r H_m^\ominus < 0$、$\Delta_r S_m^\ominus < 0$，当 $T < T_{转}$，正向自发；

对 $\Delta_r H_m^\ominus > 0$、$\Delta_r S_m^\ominus > 0$，当 $T > T_{转}$，正向自发。

利用 $T_{转}$ 计算公式可求：

①非自发反应变为自发反应的转变温度；

②同种物质两种晶型转变的转变点温度；

③物质的熔点、沸点、热分解温度等。

二、基本计算题型

1. 判断给定变化过程 ΔH、ΔU、ΔG、ΔS 的正、负号

例 1　指出下列过程 ΔH、ΔU、ΔG、ΔS 的正、负号。

① $H_2O(l) \xrightleftharpoons[298\ K]{100kPa} H_2O(g)$

② $H_2O(l) \xrightleftharpoons[373\ K]{100kPa} H_2O(g)$

③ $MgCO_3(s) \xrightleftharpoons[298\ K]{100kPa} MgO(s) + CO_2(g)$

④ $Ag^+(aq) + I^-(aq) \longequal AgI(s)$

⑤少量 $NaNO_3$ 溶于水(溶液变冷)

解　依题意：

①在 100 kPa、298 K 下，水汽化是吸热、熵增过程：

$\Delta H>0$(吸热)；$\Delta U>0$(吸热，使内能增加)；$\Delta G>0$(在 298 K 过程不自发)；$\Delta S>0$(过程 $\Delta n>0$)。

②在 100 kPa、373 K 下，水汽化是吸热、熵增过程，汽液两相处于可逆平衡状态：

$\Delta H>0$(吸热)；$\Delta U>0$(吸热，使内能增加)；$\Delta G=0$[汽(g)，液(l)两相平衡]；$\Delta S>0$(过程 $\Delta n>0$)。

③在 100 kPa，298 K 下，$MgCO_3(s)$ 分解是吸热、熵增过程：

$\Delta H>0$(吸热)；$\Delta U>0$(吸热，使内能增加)；$\Delta G>0$(298 K 过程不自发)；$\Delta S>0$(过程 $\Delta n>0$)。

④沉淀过程通常是放热、熵减自发过程：

$\Delta H<0$；$\Delta U<0$；$\Delta G<0$；$\Delta S<0$。

⑤$NaNO_3$溶解是吸热、熵增自发过程：

$\Delta H>0$；$\Delta U>0$；$\Delta G<0$；$\Delta S>0$。

2. 求算给定过程 $\Delta_r G_m^{\ominus}$，并预测过程的方向

例 2 求过程：

$$H_2O(l) \rightleftharpoons H_2O(g)$$

①在标态 298 K、100 kPa 下的 $\Delta_r G_m^{\ominus}(298\ K)$，并预测方向；

②在标态 298 K、100 kPa 下的 ΔU；

③在标态 373 K、100 kPa 下的 $\Delta_r G_m^{\ominus}(373\ K)$，并预测方向；

④根据计算结果，检验对例 1 中①、②的判断是否正确。

解 依题意(忽略温度对 $\Delta_r H_m^{\ominus}$、$\Delta_r S_m^{\ominus}$ 的影响)：

	$H_2O(l)$ ⇌	$H_2O(g)$
$\Delta_f H_m^{\ominus}$(kJ·mol^{-1})	−285.83	−241.818
$S_m^{\ominus}$(J·K^{-1}·mol^{-1})	69.91	188.17

①标态 298 K、100 kPa 下：

$$\Delta_r H_m^{\ominus}(298\ K)=\Delta_f H_m^{\ominus}(H_2O,g)-\Delta_f H_m^{\ominus}(H_2O,l)$$
$$=-241.818-(-285.83)=44.012(kJ\cdot mol^{-1})>0$$
$$\Delta_r S_m^{\ominus}(298\ K)=S_m^{\ominus}(H_2O,g)-S_m^{\ominus}(H_2O,l)$$
$$=188.17-69.91=118.26(J\cdot K^{-1}\cdot mol^{-1})>0$$
$$\Delta_r G_m^{\ominus}(298\ K)=\Delta_r H_m^{\ominus}-T\Delta_r S_m^{\ominus}$$
$$=44.012-298\times 118.26\times 10^{-3}$$
$$=8.771(kJ\cdot mol^{-1})>0$$

此态下过程非自发。

②标态 298 K、100 kPa 下：

$$\Delta_r H_m^{\ominus} = \Delta U + \Delta nRT \qquad \Delta n = 1$$

$$\begin{aligned}\Delta U &= \Delta_r H_m^{\ominus} - \Delta nRT \\ &= 44.012 - 1 \times 8.314 \times 298 \times 10^{-3} \\ &= 41.53(\text{kJ} \cdot \text{mol}^{-1}) > 0\end{aligned}$$

③在标态 373 K、100 kPa 下：

$$\Delta_r H_m^{\ominus}(373\ \text{K}) = \Delta_r H_m^{\ominus}(298\ \text{K}) = 44.012(\text{kJ} \cdot \text{mol}^{-1}) > 0$$

$$\Delta_r S_m^{\ominus}(373\ \text{K}) = \Delta_r S_m^{\ominus}(298\ \text{K}) = 118.26(\text{J} \cdot \text{K}^{-1} \cdot \text{mol}^{-1}) > 0$$

$$\begin{aligned}\Delta_r G_m^{\ominus}(373\ \text{K}) &= \Delta_r H_m^{\ominus}(298\ \text{K}) - T\Delta_r S_m^{\ominus}(298\ \text{K}) \\ &= 44.012 - 373 \times 118.26 \times 10^{-3} \\ &\approx 0(\text{差值为} -0.099 \text{属于测量误差})\end{aligned}$$

此态下过程处于平衡态。

④从计算结果得知，例 1 中①、②的判断是正确的。

例 3 已知反应： $SO_2(g) + 1/2O_2(g) = SO_3(g)$

$\Delta_f G_m^{\ominus}(\text{kJ} \cdot \text{mol}^{-1})$ −300.37 −370.42

计算 298 K 时的 $\Delta_r G_m^{\ominus}$，预测反应的方向，并比较 $SO_2(g)$ 与 $SO_3(g)$ 的稳定性。

解 依题意：

$$\begin{aligned}\Delta_r G_m^{\ominus} &= \Delta_f G_m^{\ominus}(SO_3, g) - \Delta_f G_m^{\ominus}(SO_2, g) \\ &= -370.42 - (-300.37) \\ &= -70.05(\text{kJ} \cdot \text{mol}^{-1})\end{aligned}$$

$\Delta_r G_m^{\ominus} < 0$，上述反应自发向右进行，显然，$SO_3(g)$ 较 $SO_2(g)$稳定。

3. 求算转变温度

例 4 计算下列反应自发进行的温度条件：

$$2Fe_2O_3(s) + 3C(石) = 4Fe(s) + 3CO_2(g)$$

	$2Fe_2O_3(s)$	$3C(石)$	$4Fe(s)$	$3CO_2(g)$
$\Delta_f H_m^{\ominus}(\text{kJ} \cdot \text{mol}^{-1})$	−822.4	0	0	−393.5
$S_m^{\ominus}(\text{J—} \cdot \text{K}^{-1} \cdot \text{mol}^{-1})$	90.0	5.69	27.15	213.65

解 依题意：

$$\Delta_r H_m^{\ominus} = 4\Delta_f H_m^{\ominus}(\text{Fe,s}) + 3\Delta_f H_m^{\ominus}(\text{CO}_2,\text{g}) + (-2)\cdot\Delta_f H_m^{\ominus}(\text{Fe}_2\text{O}_3,\text{s}) + (-3)\cdot\Delta_f H_m^{\ominus}(\text{C,石})$$
$$= 4\times0 + 3\times(-393.5) + (-2)\times(-822.4) + (-3)\times0$$
$$= 464.3(\text{kJ}\cdot\text{mol}^{-1})$$

$$\Delta_r S_m^{\ominus} = 4S_m^{\ominus}(\text{Fe,s}) + 3S_m^{\ominus}(\text{CO}_2,\text{g}) + (-2)\cdot S_m^{\ominus}(\text{Fe}_2\text{O}_3,\text{s}) + (-3)\cdot S_m^{\ominus}(\text{C,石})$$
$$= 4\times27.15 + 3\times213.65 + (-2)\times90.0 + (-3)\times5.69$$
$$= 552.48(\text{J}\cdot\text{K}^{-1}\cdot\text{mol}^{-1})$$

$$T_{转} = \frac{\Delta_r H_m^{\ominus}}{\Delta_r S_m^{\ominus}} = \frac{464.3(\text{kJ}\cdot\text{mol}^{-1})\times1\,000\ \text{J}\cdot\text{k}^{-1}\cdot\text{J}^{-1}}{552.48(\text{J}\cdot\text{K}^{-1}\cdot\text{mol}^{-1})}$$
$$= 840.4\text{K}$$

例 5 求算标态下 $Br_2(l) \rightarrow Br_2(g)$ 的相变温度。

	$Br_2(l) \rightleftharpoons Br_2(g)$	
$\Delta_f H_m^{\ominus}(\text{kJ}\cdot\text{mol}^{-1})$	0	30.71
$S_m^{\ominus}(\text{J}\cdot\text{K}^{-1}\cdot\text{mol}^{-1})$	152.3	245.35

解 依题意：

$$\Delta_r H_m^{\ominus} = \Delta_f H_m^{\ominus}(\text{Br}_2,\text{g}) - \Delta_f H_m^{\ominus}(\text{Br}_2,\text{l}) = 30.71 - 0 = 30.71(\text{kJ}\cdot\text{mol}^{-1})$$

$$\Delta_r S_m^{\ominus} = S_m^{\ominus}(\text{Br}_2,\text{g}) - S_m^{\ominus}(\text{Br}_2,\text{l}) = 245.35 - 152.3 = 93.05(\text{J}\cdot\text{K}^{-1}\cdot\text{mol}^{-1})$$

$$T_{转} = \frac{\Delta_r H_m^{\ominus}}{\Delta_r S_m^{\ominus}} = \frac{30.71(\text{kJ}\cdot\text{mol}^{-1})\times1\,000\ \text{J}\cdot\text{k}^{-1}\cdot\text{J}^{-1}}{93.05(\text{J}\cdot\text{K}^{-1}\cdot\text{mol}^{-1})}$$
$$= 330.0(\text{K})$$

4. 推测反应(过程)的方向

例 6 纯水的三相点是 0.01 ℃、0.611 kPa，判断下列条件下的转化方向：

$$H_2O(冰) \rightleftharpoons H_2O(g)$$

①0.01 ℃、0.50 kPa　　②0.01 ℃、1.00 kPa

③0.01 ℃、0.611 kPa　　④0.00 ℃、0.611 kPa

解 依题意：

①此温度下的水蒸气压＜0.611 kPa，体系处于未饱和态：

$$冰 \xrightarrow{升华} H_2O(g)$$

②此温度下的水蒸气压＞0.611 kPa，体系处于过饱和状态：

$$H_2O(g)\xrightarrow{凝结}H_2O(冰)$$

③此温度下的水蒸气压＝0.611 kPa，体系处于平衡状态：

$$H_2O(冰)\rightleftharpoons H_2O(g)$$

④降温气压要降低，此温度下的水蒸气压处于过饱和态：

$$H_2O(g)\xrightarrow{凝结}H_2O(冰)$$

例 7　25 ℃时 NaCl 在水中的溶解度为 6.0 mol·L^{-1}，指出下列 NaCl(s)溶解过程的方向：

①NaCl(s)＝NaCl(aq)　　(c＝2.0 mol·L^{-1})

②NaCl(s)＝NaCl(aq)　　(c＝8.0 mol·L^{-1})

解　依题意：

①此态属 NaCl 未饱和溶液，NaCl(s)溶解：

$$NaCl(s)\xrightarrow{+水}NaCl(aq)$$

②此态是 NaCl 过饱和溶液，NaCl 结晶出来：

$$NaCl(aq)\longrightarrow NaCl(s)$$

例 8　预测下列反应进行的方向：

①$2Fe(s) + 3/2O_2(g) = Fe_2O_3(s)$　　$\Delta_r H_m^\ominus<0$

②$2Ag_2O(s) = 4Ag(s) + O_2(g)$　　$\Delta_r H_m^\ominus>0$

③$SnO_2(s) + 2H_2(g) = Sn(s) + 2H_2O(g)$　　$\Delta_r H_m^\ominus>0$

④$CO(g) = C(s) + 1/2O_2(g)$　　$\Delta_r H_m^\ominus>0$

⑤$C_2H_5OH(l) + 3O_2(g) = 2CO_2(g) + 3H_2O(g)$　　$\Delta_r H_m^\ominus<0$

解　依题意：

①反应 $\Delta_r H_m^\ominus<0$，$\Delta_r S_m^\ominus<0$，放热熵减，低温正向自发；

②反应 $\Delta_r H_m^\ominus>0$，$\Delta_r S_m^\ominus>0$，吸热熵增，高温正向自发；

③反应 $\Delta_r H_m^\ominus>0$，$\Delta_r S_m^\ominus>0$，吸热熵增，高温正向自发；

④反应 $\Delta_r H_m^\ominus>0$，$\Delta_r S_m^\ominus<0$，吸热熵减，任何温度下正向非自发；

⑤反应 $\Delta_r H_m^\ominus<0$，$\Delta_r S_m^\ominus>0$，放热熵增，任何温度下正向自发。

5. 求 $\Delta_r H_m^\ominus$、$\Delta_r S_m^\ominus$、$\Delta_r G_m^\ominus$ 的公式综合联用互算

例 9　水在正常沸点(373 K)的汽化热 $\Delta_v H_m^\ominus$＝44.0 kJ·mol^{-1}，$S_m^\ominus(H_2O,l)$＝

69.91 $J\cdot K^{-1}\cdot mol^{-1}$,求 $S_m^{\ominus}(H_2O,g)$等于多少?

解 依题意,液体在正常沸点下汽化是可逆平衡过程,$\Delta_r G_m^{\ominus}=0$,可逆平衡过程的热温熵 $\Delta_r S_m^{\ominus}$ 为:

$$\Delta_r S_m^{\ominus}=\Delta_v H_m^{\ominus}/T=44.0\times 1\,000/373$$
$$=117.96\ (J\cdot K^{-1}\cdot mol^{-1})$$

据:
$$\Delta_r S_m^{\ominus}=S_m^{\ominus}(H_2O,g)-S_m^{\ominus}(H_2O,l)$$
$$S_m^{\ominus}(H_2O,g)=S_m^{\ominus}(H_2O,l)+\Delta_r S_m^{\ominus}$$
$$=69.91+117.96$$
$$=187.87\ (J\cdot K^{-1}\cdot mol^{-1})$$

例 10 水在正常凝固点(273 K)凝固:$H_2O(l)\rightleftharpoons H_2O(s)$,$\Delta_v S_m^{\ominus}=-22.05$ $J\cdot K^{-1}\cdot mol^{-1}$,$\Delta_f H_m^{\ominus}(H_2O,l)=-285.8\ kJ\cdot mol^{-1}$,求 $\Delta_f H_m^{\ominus}(H_2O,s)$等于多少?

解 依题意,液体在正常凝固点凝固是可逆平衡过程,$\Delta_r G_m^{\ominus}=0$,

据:
$$\Delta_r G_m^{\ominus}(T)=\Delta_v H_m^{\ominus}(298\ K)-T\Delta_r S_m^{\ominus}(298\ K)$$
$$\Delta_r H_m^{\ominus}=T\Delta_r S_m^{\ominus}=273\times(-22.05)\times 10^{-3}$$
$$=-6.02(kJ\cdot mol^{-1})$$

又据:
$$\Delta_r H_m^{\ominus}=\Delta_f H_m^{\ominus}(H_2O,s)-\Delta_f H_m^{\ominus}(H_2O,l)$$
$$\Delta_f H_m^{\ominus}(H_2O,s)=\Delta_f H_m^{\ominus}(H_2O,l)+\Delta_r H_m^{\ominus}$$
$$=-285.8-6.02$$
$$=-291.82(kJ\cdot mol^{-1})$$

三、练习题

(一)选择题

1. 下列叙述正确的是(　　)。
   A. 0 K 时任何物质的熵都等于零
   B. 无相变情况下,1 mol 物质在标态下由 0 K 升温到 T 时的熵变,定义为该物质在 T 时的标准摩尔熵 $S_m^{\ominus}(T)$
   C. 同种物质不同状态的熵值大小是 $S_m^{\ominus}(s,T)>S_m^{\ominus}(l,T)>S_m^{\ominus}(g,T)$
   D. 气体摩尔数增加的反应,标准摩尔熵变肯定小于零
2. 下列叙述正确的是(　　)。
   A. 等温定压、不做非体积功的条件下,自发过程总是向吉布斯自由能减少的方向进行

B. 等温定压、不做非体积功的条件下，$\Delta_r G_m^\ominus > 0$，过程自发

C. 标准状态 298 K 下，元素单质的标准摩尔生成自由能 $\Delta_f G_m^\ominus = 0$

D. 标准状态 298 K 下，由元素单质生成 1 mol 化合物的标准摩尔自由能 $\Delta_r G_m^\ominus$ 即为该化合物的标准摩尔生成自由能 $\Delta_f G_m^\ominus$

3. 给定气体分子物系，使熵值增大的措施是(　　)。

A. 增大压力　　B. 增大体积

C. 降低温度　　D. 减少气体物质

4. 标准熵值由小到大排列正确的是(　　)。

A. C(石墨)　$H_2O(l)$　Ar(g)　CO(g)　$CO_2(g)$

B. $CO_2(g)$　CO(g)　Ar(g)　$H_2O(l)$　C(石墨)

C. $CO_2(g)$　Ar(g)　CO(g)　C(石墨)　$H_2O(l)$

D. CO(g)　$CO_2(g)$　Ar(g)　$H_2O(l)$　C(石墨)

5. 下列反应中熵增大的是(　　)。

A. $Ag^+ + NO_3^- + Na^+ + Cl^- = AgCl\downarrow + Na^+ + NO_3^-$

B. $Na^+ + OH^- + H^+ + Cl^- = Na^+ + Cl^- + H_2O$

C. $Cu(NH_3)_4^{2+} + 2en = Cu(en)_2^{2+} + 4NH_3(aq)$

D. $C_2H_2(g) + H_2(g) = C_2H_4(g)$

6. 下列过程的熵变 $\Delta_r S_m^\ominus > 0$ 的是(　　)。

A. C(石墨)$+1/2\ O_2(g) = CO(g)$

B. $SnO_2(s) + 2H_2(g) = Sn(s) + 2H_2O(l)$

C. $H_2(g)$在 Pt 表面吸附

D. $C_2H_4(g)$聚合为聚乙烯

7. 标准状态，下列量关系不正确的是(　　)。

A. $\Delta_f G_m^\ominus(O_2, g, 298\ K) = 0$　　B. $\Delta_f H_m^\ominus(O_2, g, 298\ K) = 0$

C. $S_m^\ominus(O_2, g, 298\ K) = 0$　　D. $S_m^\ominus(O_2, s, 0\ K) = 0$

8. 反应 B→A 的熵变为 $\Delta_r S_{m1}^\ominus$，B→C 的熵变为 $\Delta_r S_{m2}^\ominus$，问 A→C 的熵变 $\Delta_r S_m^\ominus$ 为(　　)。

A. $\Delta_r S_{m1}^\ominus \div \Delta_r S_{m2}^\ominus$　　B. $\Delta_r S_{m2}^\ominus - \Delta_r S_{m1}^\ominus$

C. $\Delta_r S_{m1}^\ominus + \Delta_r S_{m2}^\ominus$　　D. $\Delta_r S_{m1}^\ominus - \Delta_r S_{m2}^\ominus$

9. 冰的熔化热为 6.0 $kJ \cdot mol^{-1}$，1 mol H_2O 在 273 K 时转变为 273 K 冰的熵变 $\Delta_r S_m^\ominus$($J \cdot K^{-1} \cdot mol^{-1}$)和自由能变 $\Delta_r G_m^\ominus$($kJ \cdot mol^{-1}$)分别为(　　)。

A. $\Delta_r S_m^\ominus = 0, \Delta_r G_m^\ominus = 6.0$　　B. $\Delta_r S_m^\ominus = 22, \Delta_r G_m^\ominus = 0$

C. $\Delta_r S_m^\ominus = -22, \Delta_r G_m^\ominus = 6.0$　　D. $\Delta_r S_m^\ominus = -22, \Delta_r G_m^\ominus = 0$

10. 反应 $CaO(s)+H_2O(l) \rightleftharpoons Ca(OH)_2(s)$，常压低温时正向自发进行，高温时逆向自发进行，由此推知该反应的类型为(　　)。

A. $\Delta_r H_m^\ominus<0, \Delta_r S_m^\ominus>0$　　B. $\Delta_r H_m^\ominus<0, \Delta_r S_m^\ominus<0$

C. $\Delta_r H_m^\ominus>0, \Delta_r S_m^\ominus<0$　　D. $\Delta_r H_m^\ominus>0, \Delta_r S_m^\ominus>0$

11. 在定压下，任何温度下均可自发进行的反应是(　　)。

A. $\Delta_r H_m^\ominus>0, \Delta_r S_m^\ominus>0$　　B. $\Delta_r H_m^\ominus<0, \Delta_r S_m^\ominus<0$

C. $\Delta_r H_m^\ominus>0, \Delta_r S_m^\ominus<0$　　D. $\Delta_r H_m^\ominus<0, \Delta_r S_m^\ominus>0$

12. 已知反应 $FeO(s)+C(s)=CO(g)+Fe(s)$ 的 $\Delta_r H_m^\ominus>0$，该反应(　　)。

A. $\Delta_r G_m^\ominus>0$　　B. 高温下自发，低温下非自发

C. 任何温度下都自发　　D. 高温下非自发，低温下自发

13. 定压下下列反应，在低温下能正向自发进行的是(　　)。

A. $CO(g)=C(s)+O_2(g)$　　$\Delta_r H_m^\ominus>0$

B. $2HCl(g)=H_2(g)+Cl_2(g)$　　$\Delta_r H_m^\ominus>0$

C. $CaCO_3(s)=CaO(s)+CO_2(g)$　　$\Delta_r H_m^\ominus>0$

D. $N_2(g)+3H_2(g)=2NH_3(g)$　　$\Delta_r H_m^\ominus<0$

14. 制造干冰的反应为 $CO_2(g) \rightarrow CO_2(s)$，正确的推论是(　　)。

A. $\Delta_r H_m^\ominus<0, \Delta_r S_m^\ominus<0$ 低温有利于反应自发进行

B. $\Delta_r H_m^\ominus<0, \Delta_r S_m^\ominus>0$，任何温度下反应都能自发进行

C. $\Delta_r H_m^\ominus>0, \Delta_r S_m^\ominus<0$，任何温度下反应都不自发进行

D. $\Delta_r H_m^\ominus>0, \Delta_r S_m^\ominus>0$，高温有利于反应自发进行

15. 纯水的三相点是 0.01 ℃，0.611 kPa，判断过程 $H_2O(l) \rightleftharpoons H_2O(s)$ 在 0.01 ℃、1.00 kPa 条件下进行的方向是(　　)。

A. 向左　　B. 向右

C. 平衡状态　　D. 先左后右

16. 标准状态 298 K 下，给定反应的 $\Delta_r G_m^\ominus$ 为(　　)kJ。

	$CH_2Cl_2(l)$	$+\ O_2(g)$	$\rightleftharpoons CO_2(g)$	$+\ 2HCl(g)$
$\Delta_f G_m^\ominus(kJ \cdot mol^{-1})$	-63.2		-394.38	-95.26

A. -521.7　　B. $+426.44$

C. $-521.7-\Delta_f G_m^\ominus(O_2, g)$　　D. -426.44

17. 标准状态 298 K 下，由 $\Delta_r G_{m1}^\ominus$ 至 $\Delta_r G_{m4}^\ominus$ 所对应的反应中，反应进行的最完全的是(　　)。

A. $\Delta_r G_{m1}^\ominus=-100T$　　B. $\Delta_r G_{m2}^\ominus=1\,000RT\times10^{-3}$

C. $\Delta_r G_{m3}^\ominus=RT\times10^{-3}$　　D. $\Delta_r G_{m4}^\ominus=-100RT\times10^{-3}$

18. 下列单质中，$\Delta_f H_m^{\ominus} \neq 0$、$\Delta_f G_m^{\ominus} \neq 0$ 的是(　　)。

A. $N_2(g)$　　B. C(石墨)

C. Hg(l)　　D. $I_2(g)$

19. 根据数据 $\Delta_f G_m^{\ominus}(NO,g) = 86.5\ kJ \cdot mol^{-1}$，$\Delta_f G_m^{\ominus}(NO_2,g) = 51.3\ kJ \cdot mol^{-1}$，对反应①$N_2(g) + O_2(g) = 2NO(g)$ 和反应②$2NO(g) + O_2(g) = 2NO_2(g)$ 在标态下进行的情况说明正确的是(　　)。

A. ①能自发②不能自发　　B. ①和②都能自发

C. ②能自发①不能自发　　D. ①和②都不能自发

20. 已知 25 ℃时，$CH_2Cl_2(l) \rightleftharpoons CH_2Cl_2(g)$ 的 $\Delta_r H_m^{\ominus} = 29.0\ kJ \cdot mol^{-1}$，$\Delta_r S_m^{\ominus} = 92.5\ J \cdot K^{-1} \cdot mol^{-1}$，则 $CH_2Cl_2(l)$ 的正常沸点是(　　)℃。

A. 313.5　　B. 40.36

C. 298　　D. 25

(二)填空题

21. 在热力学温度 0 K 时，任何纯净的完美晶态物质的熵__________。

22. 同一物质，气态的 $S_m^{\ominus}$ 总是__________液态的，液态的 $S_m^{\ominus}$ 总是__________固态的。

23. 同类物质状态相同，总是摩尔质量越大，分子结构越复杂，$S_m^{\ominus}$ __________。

24. $CH_4(g)$、$Ar(g)$、$Hg(l)$、$I_2(s)$ 按熵减排列为____________________。

25. 给定反应 $A_2(g) + 2B(g) = 2D(g) + E(l)$，$\Delta_r H_m^{\ominus} < 0$ 可推知：反应自发进行的温度条件是__________。

26. 已知 $H_2O(g) \rightleftharpoons H_2O(l)$，$\Delta_r H_m^{\ominus}(298\ K) = -44\ kJ \cdot mol^{-1}$，在标态 298 K 时 18 g $H_2O(l)$ 转化成同温度的 $H_2O(g)$，该过程的熵变 $\Delta_r S_m^{\ominus} =$__________$J \cdot K^{-1} \cdot mol^{-1}$。

27. 已知 $2H_2O(l) = 2H_2(g) + O_2(g)$，此反应的 $\Delta_r G_m$ 为________值，$\Delta_r H_m$ 为________值，$\Delta_r S_m$ 为________值(填"正"、"负"或"0")。

28. 乙醇在正常沸点汽化(348.9 K)：$CH_3CH_2OH(l) \rightleftharpoons CH_3CH_2OH(g)$，已知 $\Delta_f H_m^{\ominus}(CH_3CH_2OH,l) = -277.63\ kJ \cdot mol^{-1}$，$\Delta_f H_m^{\ominus}(CH_3CH_2OH,g) = -235.31\ kJ \cdot mol^{-1}$，$S_m^{\ominus}(CH_3CH_2OH,l) = 160.7\ J \cdot K^{-1} \cdot mol^{-1}$，求得 $S_m^{\ominus}(CH_3CH_2OH,g) =$__________$J \cdot K^{-1} \cdot mol^{-1}$。

29. 单质锡有灰锡和白锡两种晶体，在标准状态下两种晶形的锡可以相互转化：

$$Sn(白) \rightleftharpoons Sn(灰)$$

已知：Sn(白)为稳定单质，$\Delta_f H_m^\ominus$(Sn，灰，298 K)＝－2.1 kJ·mol^{-1}，$S_m^\ominus$(Sn，灰，298 K)＝44.14 J·K^{-1}·mol^{-1}，$S_m^\ominus$(Sn，白，298 K)＝51.55 J·K^{-1}·mol^{-1}，计算解答：

①两种晶形相互转化的温度点______________；

②由 Sn(白) ⟶ Sn(灰)应控制的温度______________；

③由 Sn(灰) ⟶ Sn(白)应控制的温度______________。

(三)计算题

30.标准状态 298 K 下反应：

	C(石墨)	＋2H_2(g)	＋O_2(g) ⇌	CH_3COOH(l)
$S_m^\ominus$(J·K^{-1}·mol^{-1})	5.69	130.58	205.03	160.7

$\Delta_f H_m^\ominus$(CH_3COOH，l)＝－487.0 kJ·mol^{-1}，求：

(1)反应的 $\Delta_r S_m^\ominus$(298 K)；

(2)反应的 $\Delta_r H_m^\ominus$(298 K)；

(3)727 ℃时反应的 $\Delta_r G_m^\ominus$，并预测反应自发方向。

31.已知热力学数据：

	Fe^{2+}(aq)	H^+(aq)	H_2(g)	Fe(s)
$\Delta_f H_m^\ominus$(kJ·mol^{-1})	－89.1			
$S_m^\ominus$(J·K^{-1}·mol^{-1})	－137.5	0	130.6	27.15

(1)求反应 Fe(s)＋2H^+(aq) ⇌ Fe^{2+}(aq)＋H_2(g)的 $\Delta_r G_m^\ominus$(298 K)，并判断反应进行的方向；

(2)若使(1)的反应自右向左进行，应满足的温度条件是多少？

(3)上面(2)的反应条件太高，不利于操作，请设计改变其他条件，使(1)的反应自右向左进行。

32.已知热力学数据(298 K)

	PbS(s，黑)	＋H_2O_2(l) ⇌	$PbSO_4$(s，白)	＋ H_2O(l)
$\Delta_r H_m^\ominus$(kJ·mol^{-1})	－100.0	－187.8	－918	－285.8
$S_m^\ominus$(J·K^{-1}·mol^{-1})	91.2	109.5	147.0	69.9

根据计算说明能否用 H_2O_2(l)将油画上黑色的 PbS(s)转化为 $PbSO_4$(s)。

33.已知分解反应的热力学数据(298 K)，求标准状态下 $AgNO_3$(s)的热分解温度：

	$AgNO_3$(s) ⇌	Ag(s)	＋ NO_2(g)	＋ 1/2O_2(g)
$\Delta_f G_m^\ominus$(kJ·mol^{-1})	－32.2	0	51.84	0
$S_m^\ominus$(J·K^{-1}·mol^{-1})	140.98	42.71	240.46	205.0

34. HAc 是一种常见的弱酸，常温下有一定的挥发性，已知热力学数据(298 K)：

	$HAc(l) \rightleftharpoons$	$HAc(g)$
$\Delta_f H_m^{\ominus}(kJ \cdot mol^{-1})$	−487.0	−436.4
$S_m^{\ominus}(J \cdot K^{-1} \cdot mol^{-1})$	159.8	293.3

(1)根据计算判断 298 K、101.3kPa 时 HAc(l)可否自发转化为 HAc(g)；

(2)设 $\Delta_r H_m^{\ominus}$ 和 $\Delta_r S_m^{\ominus}$ 不随温度改变，计算 101.3 kPa 下 HAc(l)的沸点。

35. 已知：

	Hg(l)	HgO(s)	$O_2(g)$
$\Delta_f H_m^{\ominus}(kJ \cdot mol^{-1})$		−90.37	
$\Delta S_m^{\ominus}(J \cdot K^{-1} \cdot mol^{-1})$	77.4	72.0	205.0

(1)经计算判断标准状态 298 K，$O_2(g)$能否将 Hg(l)氧化为 HgO(s)；

(2)近似计算 HgO(s) 分解的最低温度。

36. 计算判断标准状态下下列反应在 500 K 和 1 000 K 时的反应方向。

已知：	$MgCO_3(s) \longrightarrow$	$MgO(s) +$	$CO_2(g)$
$\Delta_f H_m^{\ominus}(kJ \cdot mol^{-1}, 298\ K)$	−1 112.93	−601.83	−393.51
$\Delta_f G_m^{\ominus}(kJ \cdot mol^{-1}, 298\ K)$	−1 029.02	−569.57	−394.38

37. 糖在新陈代谢过程中发生的总反应可写为：

$$C_{12}H_{22}O_{11}(s) + 12O_2(g) \rightarrow 12CO_2(g) + 11H_2O$$

已知反应的 $\Delta_r H_m^{\ominus}$ (298 K)＝−5 650 kJ・mol^{-1}，$\Delta_r G_m^{\ominus}$ (298 K)＝−5 790 kJ・mol^{-1}

(1)如果实际中只有 30%的自由能变量转化为有用功，则 100 g 糖在体温 37 ℃时进行新陈代谢，可产生多少有用功？

(2)一个体重为 68 kg 的运动员需要吃多少糖才能登上高度为 8 888 m 的高峰？(已知功 W 与体重 m、高度 h 的定量关系为：$W = 9.79 \times 10^{-6} \cdot m \cdot h$，$W$ 的单位为 kJ，m 的单位 g，h 的单位为 m)

38. 计算标准状态下 CuO(s)$\longrightarrow$Cu(s)的分解温度。已知热力学数据(298 K)：

	$CuO(s) \longrightarrow$	$Cu(s) +$	$O_2(g)$
$\Delta_f G_m^{\ominus}(kJ \cdot mol^{-1})$	−127.2		
$\Delta_f H_m^{\ominus}(kJ \cdot mol^{-1})$	−155.2		

39. “干冰”在 100 kPa、−79 ℃下升华：

$$CO_2(s) = CO_2(g)$$

计算：

(1)该条件下的标准摩尔升华熵；

(2)干冰的标准摩尔熵 $S_m^\ominus$(298 K)。

[已知“干冰”的标准摩尔升华热 $\Delta_r H_m^\ominus = 25.9\ kJ \cdot mol^{-1}$,$S_m^\ominus(CO_2, g, 298\ K) = 213.65\ J \cdot K^{-1} \cdot mol^{-1}$]。

参考答案

(一)选择题

1.B　2.A　3.B　4.A　5.C　6.A　7.C　8.B　9.D
10.B　11.D　12.B　13.D　14.A　15.A　16.A　17.A　18.D
19.C　20.A

(二)填空题

21. 等于零　　22. 大于,大于
23. 越大　　24. $CH_4(g) > Ar(g) > Hg(l) > I_2(s)$
25. 低温　　26. 147.65
27. 正,正,正　　28. 282.0
29. 283.4 K,低于 283.4 K,高于 283.4 K

(三)计算题

30. 依题意有:

(1)$\Delta_r S_m^\ominus(298\ K) = S_m^\ominus(CH_3COOH, l) - S_m^\ominus(C, 石墨) - 2S_m^\ominus(H_2, g) - S_m^\ominus(O_2, g)$

$= 160.7 - 5.69 - 2 \times 130.58 - 205.03$

$= -311.18(J \cdot K^{-1} \cdot mol^{-1})$

(2)$\Delta_r H_m^\ominus(298\ K) = \Delta_f H_m^\ominus(CH_3COOH, l) - \Delta_f H_m^\ominus(C, 石墨)$

$- 2\Delta_f H_m^\ominus(H_2, g) - \Delta_f H_m^\ominus(O_2, g)$

$= -487.0 - 0 - 2 \times 0 - 0$

$= -487.0(kJ \cdot mol^{-1})$

(3)根据 $\Delta_r G_m^\ominus = \Delta_r H_m^\ominus - T\Delta_r S_m^\ominus$

$\Delta_r G_m^\ominus = -487.0 - (727 + 273) \times (-311.18) \times 10^{-3}$

$= -175.82(kJ \cdot mol^{-1})$

因为 $\Delta_r G_m^\ominus < 0$,所以反应正向自发。

31. **解**　依题意有：

(1) $\Delta_r H_m^\ominus(298\ K)=\Delta_f H_m^\ominus(Fe^{2+},aq)+\Delta_f H_m^\ominus(H_2,g)-\Delta_f H_m^\ominus(Fe,s)$

$-2\cdot\Delta_f H_m^\ominus(H^+,aq)$

$=-89.1+0-0-2\times 0$

$=-89.1(kJ\cdot mol^{-1})$

$\Delta_r S_m^\ominus(298\ K)=S_m^\ominus(Fe^{2+},aq)+S_m^\ominus(H_2,g)-S_m^\ominus(Fe,s)-2\cdot S_m^\ominus(H^+,aq)$

$=-137.5+130.6-27.15-2\times 0$

$=-34.05(J\cdot K^{-1}\cdot mol^{-1})$

$\Delta_r G_m^\ominus(298\ K)=\Delta_r H_m^\ominus(298\ K)-T\Delta_r S_m^\ominus(298\ K)$

$=-89.1-298\times(34.05)\times 10^{-3}$

$=-78.95(kJ\cdot mol^{-1})$

因为 $\Delta_r G_m^\ominus<0$，所以反应正向自发。

(2)若使反应 $Fe(s)+2H^+(aq)\rightleftharpoons Fe^{2+}(aq)+H_2(g)$由右向左进行，则有：

$\Delta_r H_m^\ominus(298\ K)=89.1(kJ\cdot mol^{-1})$

$\Delta_r S_m^\ominus(298\ K)=34.05(J\cdot K^{-1}\cdot mol^{-1})$

$$T_{转}=\frac{\Delta_r H_m^\ominus}{\Delta S_m^\ominus}=\frac{89.1\times 1\,000}{34.05}=2\,616.7(K)$$

(3)可加压，加催化剂。

32. **解**　依题意有：

$\Delta_r H_m^\ominus(298\ K)=\Delta_r H_m^\ominus(PbSO_4,s,白)+4\cdot\Delta_f H_m^\ominus(H_2O,l)$

$-\Delta_f H_m^\ominus(Pb,s,黑)-4\cdot\Delta_f H_m^\ominus(H_2O_2,l)$

$=-918+4\times(-285.8)-(-100.0)-4\times(-187.8)$

$=-1\,210(kJ\cdot mol^{-1})$

$\Delta_r S_m^\ominus(298\ K)=S_m^\ominus(PbSO_4,s,白)+4\cdot S_m^\ominus(H_2O,l)-S_m^\ominus(Pb,s,黑)$

$-4\cdot S_m^\ominus(H_2O_2,l)$

$=147.0+4\times 69.9-91.2-4\times 109.5$

$=-102.6(J\cdot K^{-1}\cdot mol^{-1})$

$\Delta_r G_m^\ominus(298\ K)=\Delta_r H_m^\ominus(298\ K)-T\Delta_r S_m^\ominus(298\ K)$

$=-1\,210-298\times(-102.6)\times 10^{-3}$

$=-1\,179.4(kJ\cdot mol^{-1})$

因为 $\Delta_r G_m^\ominus<0$，所以反应正向自发。

33.**解** 依题意有：

$$\Delta_r G_m^\ominus(298\ \text{K})=\Delta_f G_m^\ominus(\text{Ag},\text{s})+\Delta_f G_m^\ominus(\text{NO}_2,\text{g})+\frac{1}{2}\Delta_f G_m^\ominus(\text{O}_2,\text{g})-\Delta_f G_m^\ominus(\text{AgNO}_3,\text{s})$$

$$=0+51.84+\frac{1}{2}\times 0-(-32.2)$$

$$=84.04(\text{kJ}\cdot\text{mol}^{-1})$$

$$\Delta_r S_m^\ominus(298\ \text{K})=S_m^\ominus(\text{Ag},\text{s})+S_m^\ominus(\text{NO}_2,\text{g})+\frac{1}{2}S_m^\ominus(\text{O}_2,\text{g})-S_m^\ominus(\text{AgNO}_3,\text{s})$$

$$=42.71+240.46+\frac{1}{2}\times 205.0-140.98$$

$$=244.69(\text{J}\cdot\text{K}^{-1}\cdot\text{mol}^{-1})$$

再根据$\Delta_r G_m^\ominus(298\ \text{K})=\Delta_r H_m^\ominus(298\ \text{K})-T\Delta_r S_m^\ominus(298\ \text{K})$有

$$\Delta_r H_m^\ominus(298\ \text{K})=\Delta_r G_m^\ominus(298\ \text{K})+T\Delta_r S_m^\ominus(298\ \text{K})$$

$$=84.04+298\times 244.69\times 10^{-3}$$

$$=156.96(\text{kJ}\cdot\text{mol}^{-1})$$

因为当分解时，$\Delta_r G_m^\ominus(298\ \text{K})=\Delta_r H_m^\ominus(298\ \text{K})-T\Delta_r S_m^\ominus(298\ \text{K})=0$

所以 $T_{分解}=\dfrac{\Delta_r H_m^\ominus}{\Delta_r S_m^\ominus}=\dfrac{156.96\times 10^3}{244.69}=641.5(\text{K})$

34.**解** 依题意有：

(1)$\Delta_r H_m^\ominus(298\ \text{K})=\Delta_f H_m^\ominus(\text{HAc},\text{g})-\Delta_f G_m^\ominus(\text{HAc},\text{l})$

$$=-436.4-(-487.0)$$

$$=50.6(\text{kJ}\cdot\text{mol}^{-1})$$

$$\Delta_r S_m^\ominus(298\ \text{K})=S_m^\ominus(\text{HAc},\text{g})-S_m^\ominus(\text{HAc},\text{l})$$

$$=293.3-159.8$$

$$=133.5(\text{J}\cdot\text{K}^{-1}\cdot\text{mol}^{-1})$$

$$\Delta_r G_m^\ominus(298\ \text{K})=\Delta_r H_m^\ominus(298\ \text{K})-T\Delta_r S_m^\ominus(298\ \text{K})$$

$$=50.6-298\times 133.5\times 10^{-3}$$

$$=10.82(\text{kJ}\cdot\text{mol}^{-1})$$

因为 $\Delta_r G_m^\ominus>0$，所以反应正向非自发。

(2)溶液沸腾时，液体产生汽化其过程是可逆平衡过程，此时

$$\Delta_r G_m^\ominus=0$$

$$T_{沸点}=T_{转}=\frac{\Delta_r H_m^\ominus}{\Delta_r S_m^\ominus}$$

$$=\frac{50.6\times 10^3}{133.5}=379.0(\text{K})$$

35. **解**　(1)依题意有：$2Hg(l)+O_2(g) \rightleftharpoons 2HgO$

$$\Delta_r H_m^\ominus(298\ K)=2\Delta_f H_m^\ominus(HgO,s)-2\Delta_f H_m^\ominus(Hg,l)-\Delta_f H_m^\ominus(O_2,g)$$
$$=2\times(-90.37)-2\times0-0$$
$$=-180.74(kJ\cdot mol^{-1})$$

$$\Delta_r S_m^\ominus(298\ K)=2S_m^\ominus(HgO,s)-2S_m^\ominus(Hg,l)-S_m^\ominus(O_2,g)$$
$$=2\times72.0-2\times77.4-205.0$$
$$=-215.8(J\cdot K^{-1}\cdot mol^{-1})$$

$$\Delta_r G_m^\ominus(298\ K)=\Delta_r H_m^\ominus(298\ K)-T\Delta_r S_m^\ominus(298\ K)$$
$$=-180.74-298\times215.8\times10^{-3}$$
$$=-245.05(kJ\cdot mol^{-1})$$

因为 $\Delta_r G_m^\ominus<0$，所以反应正向自发。

故在标准状态下，$O_2(g)$可以将 Hg(l)氧化成 HgO(l)。

(2)依题意，HgO 分解时的 $\Delta_r H_m^\ominus(298\ K)=180.74(kJ\cdot mol^{-1})$

$$\Delta_r S_m^\ominus(298\ K)=215.8(J\cdot K^{-1}\cdot mol^{-1})$$

$$T_{分解}=T_{转}=\frac{\Delta_r H_m^\ominus}{\Delta_r S_m^\ominus}$$
$$=\frac{180.74\times10^3}{215.8}=837.5(K)$$

36. **解**　依题意有：$\Delta_r H_m^\ominus(298\ K)=\Delta_f H_m^\ominus(MgO,s)+\Delta_f H_m^\ominus(CO_2,g)$

$$-\Delta_f H_m^\ominus(MgCO_3,s)$$
$$=-601.83+(-393.51)-(-1\ 112.93)$$
$$=117.59(kJ\cdot mol^{-1})$$

$$\Delta_r G_m^\ominus(298\ K)=\Delta_f G_m^\ominus(MgO,s)+\Delta_f G_m^\ominus(CO_2,g)$$
$$-\Delta_f G_m^\ominus(MgCO_3,s)$$
$$=-569.57+(-394.38)-(-1\ 029.02)$$
$$=65.07(kJ\cdot mol^{-1})$$

根据 $\Delta_r G_m^\ominus(298\ K)=\Delta_r H_m^\ominus(298\ K)-T\Delta_r S_m^\ominus(298\ K)$有

$$\Delta_r S_m^\ominus(298\ K)=\frac{\Delta_r H_m^\ominus(298\ K)-\Delta_r G_m^\ominus(298\ K)}{T}$$
$$=\frac{(117.59-65.07)\times10^3}{298}$$
$$=176.24(J\cdot K^{-1}\cdot mol^{-1})$$

在 500 K 时：$\Delta_r G_m^\ominus(500\ K)=\Delta_r H_m^\ominus(298\ K)-T\Delta_r S_m^\ominus(298\ K)$

$=117.59-500\times176.24\times10^{-3}$

$=29.47(\text{kJ}\cdot\text{mol}^{-1})$

因为 $\Delta_r G_m^\ominus>0$，所以 500 K 时反应正向非自发。

在 1 000 K 时：$\Delta_r G_m^\ominus(500\ \text{K})=\Delta_r H_m^\ominus(298\ \text{K})-T\Delta_r S_m^\ominus(298\ \text{K})$

$=117.59-1\,000\times176.24\times10^{-3}$

$=-58.65(\text{kJ}\cdot\text{mol}^{-1})$

因为 $\Delta_r G_m^\ominus<0$，所以 1 000 K 时反应正向自发。

37. **解**　依题意有：(1)根据 $\Delta_r G_m^\ominus(298\ \text{K})=\Delta_r H_m^\ominus(298\ \text{K})-T\Delta_r S_m^\ominus(298\ \text{K})$

$$\Delta_r S_m^\ominus(298\ \text{K})=\frac{\Delta_r H_m^\ominus(298\ \text{K})-\Delta_r G_m^\ominus(298\ \text{K})}{T}$$

$$=\frac{[-5\,650-(-5\,790)]\times10^3}{298}=469.80(\text{J}\cdot\text{K}^{-1}\cdot\text{mol}^{-1})$$

$\Delta_r G_m^\ominus(37+237\ \text{K})=\Delta_r H_m^\ominus(298\ \text{K})-T\Delta_r S_m^\ominus(298\ \text{K})$

$=-5\,650-310\times469.80\times10^{-3}$

$=-5\,504.36(\text{kJ}\cdot\text{mol}^{-1})$

100 g 糖代谢可产生的有用功为：

$$W=-\Delta_r G^\ominus(310\ \text{K})\times30\%\times\frac{m_{糖}}{M_{糖}}$$

$$=-\left(-5\,504.36\times30\%\times\frac{100}{342}\right)$$

$$=482.83(\text{kJ})$$

(2)运动员登 8 888 m 的高峰所做的功为：

$W=9.79\times10^{-6}\cdot m\cdot h$

$=9.79\times10^{-6}\times68\times10^3\times8\,888$

$=5\,916.9(\text{kJ})$

因为 1 g 糖代谢后所转化的功为 $4.82\ \text{kJ}\cdot\text{g}^{-1}$，所以运动员登 8 888 m 的高峰需吃糖：

$$\frac{5\,916.9(\text{kJ})}{4.82(\text{kJ}\cdot\text{g}^{-1})}=1\,227.6\ \text{g}$$

38. **解**　依题意有：$\Delta_r G_m^\ominus(298\ \text{K})=\Delta_f G_m^\ominus(\text{Cu,s})+\Delta_f G_m^\ominus(O_2,\text{g})-\Delta_f G_m^\ominus(\text{CuO,s})$

$=0+0-(-127.2)$

$=127.2(\text{kJ}\cdot\text{mol}^{-1})$

$\Delta_r H_m^\ominus(298\ \text{K})=\Delta_f H_m^\ominus(\text{Cu,s})+\Delta_f H_m^\ominus(O_2,\text{g})-\Delta_f H_m^\ominus(\text{CuO,s})$

$=0+0-(-155.2)$

$$=155.2(\text{kJ}\cdot\text{mol}^{-1})$$

根据 $\Delta_r G_m^\ominus(500\ \text{K})=\Delta_r H_m^\ominus(298\ \text{K})-T\Delta_r S_m^\ominus(298\ \text{K})$有：

$$\Delta_r S_m^\ominus(298\ \text{K})=\frac{\Delta_r H_m^\ominus(298\ \text{K})-\Delta_r G_m^\ominus(298\ \text{K})}{T}$$

$$=\frac{(155.2-127.2)\times10^3}{298}$$

$$=93.96\ (\text{J}\cdot\text{K}^{-1}\cdot\text{mol}^{-1})$$

根据 $T_{转}=\dfrac{\Delta_r H_m^\ominus}{\Delta_r S_m^\ominus}$ 得分解温度

$$T_{分解}=\frac{155.2\times10^3}{93.96}=1\,651.8(\text{K})$$

39.**解**　依题意有：(1) $T_{转}=\dfrac{\Delta_r H_m^\ominus}{\Delta_r S_m^\ominus}$

$$\Delta_r S_m^\ominus=\frac{\Delta_r H_m^\ominus}{T_{升华}}=\frac{25.9\times10^3}{-79+273.15}=133.4(\text{J}\cdot\text{K}^{-1}\cdot\text{mol}^{-1})$$

(2)根据 $\Delta_r S_m^\ominus(298\ \text{K})=S_m^\ominus(CO_2,g)-S_m^\ominus(CO_2,s)$有

$$S_m^\ominus(CO_2,l)=S_m^\ominus(CO_2,g)-\Delta_r S_m^\ominus(298\ \text{K})$$

$$=213.65-133.4$$

$$=80.25(\text{J}\cdot\text{K}^{-1}\cdot\text{mol}^{-1})$$

第三章　化学反应速率

一、基本概念与基本公式

(一)化学反应速率的概念

给定基元反应：　$aA+bB=mD+nE$

1. 反应速率公式

$$v=-\frac{1}{a}\cdot\frac{dc_A}{dt}=-\frac{1}{b}\cdot\frac{dc_B}{dt}=\frac{1}{m}\cdot\frac{dc_D}{dt}=\frac{1}{n}\cdot\frac{dc_E}{dt} \tag{3-1}$$

2. 速率方程

$$v=k\cdot c^a(A)\cdot c^b(B) \tag{3-2}$$

速率方程根据基元反应写出，复杂反应则根据反应历程中的速控步骤写出速率方程。方程中的 k 为速率常数。

3. 速率方程的推求

给定基元反应	aA +	$bB=mD$ + nE	
已知浓度 $c_1(mol\cdot L^{-1})$	x	y	$v_1=k\cdot x^a\cdot y^b$
$c_2(mol\cdot L^{-1})$	x	$2y$	$v_2=2k\cdot x^a\cdot y^b$
$c_3(mol\cdot L^{-1})$	$2x$	y	$v_3=4k\cdot x^a\cdot y^b$

设速率方程为　$v=k\cdot c^a(A)\cdot c^b(B)$

将v_2/v_1求 b：

$$\frac{2k\cdot x^a\cdot y^b}{k\cdot x^a\cdot y^b}=\frac{k\cdot x^a\cdot (2y)^b}{k\cdot x^a\cdot y^b}$$

$$2=2^b$$

$$b=1$$

将v_3/v_1求 a：

$$\frac{4k\cdot x^a\cdot y^b}{k\cdot x^a\cdot y^b}=\frac{k\cdot (2x)^a\cdot y^b}{k\cdot x^a\cdot y^b}$$

$$4=2^a$$

$$a=2$$

推出的速率方程为 $v=k\cdot c^2(A)\cdot c(B)$

4. 反应的级数

速率方程(质量作用定律)中浓度指数项之和为反应的级数,即

$$反应级数=a+b$$

(二)外因对反应速率的影响

1. 浓度的影响

微观讨论:改变浓度使活化分子总数改变。

宏观讨论:质量作用定律:$v=k\cdot c^a(\mathrm{A})\cdot c^b(\mathrm{B})$

结果:凡是使浓度改变的因素如 n(摩尔数)、V(体积)、p(分压)都使反应速率改变。

2. 温度的影响

微观讨论:改变温度使活化分子百分数改变。

宏观讨论:温度改变使速率常数 k 改变。

结果:凡是使速率常数 k 改变的因素如温度(T)、催化剂都使反应速率改变。

具体表现形式:

(1)阿仑尼乌斯公式:

$$k=A\mathrm{e}^{\frac{-E_a}{RT}} \tag{3-3}$$

式中:E_a 为反应的活化能;R 为气体常数($8.314\ \mathrm{J\cdot mol^{-1}\cdot K^{-1}}$);$T$ 为热力学温度(K);A 为给定反应的特征常数。

阿仑尼乌斯公式数学推导式:

$$\lg\frac{k_2}{k_1}=\frac{E_a}{2.303R}\left(\frac{T_2-T_1}{T_1\cdot T_2}\right) \tag{3-4}$$

(2)公式的应用:

①阿氏公式主要用于讨论恒定温度下,活化能 E_a 大小对速率的影响,给定浓度的不同反应,E_a大,k 值小,速率慢;加入催化剂,使 E_a降低,k 变大,速率加快。

②阿氏公式推导式主要用于讨论:温度由 $T_1\rightarrow T_2$时速率常数 k 的变量;求算反应的活化能 E_a;求算 T_2时对应的 k_2。

3. 催化剂的影响

微观讨论:催化剂使 E_a降低,活化分子百分数改变。

宏观讨论：以阿氏公式进行定量计算。

二、基本计算题型

（一）写出给定反应的速率表达式

例 1 试用各组分浓度随时间的变化率表示反应 $2N_2O_5=4NO_2+O_2$ 的瞬时速率，并给出各速率之间的关系。

解 依题意：

以 N_2O_5 表示：$$v=-\frac{1}{2}\cdot\frac{dc(N_2O_5)}{dt}$$

以 NO_2 表示：$$v=\frac{1}{4}\cdot\frac{dc(NO_2)}{dt}$$

以 O_2 表示：$$v=\frac{dc(O_2)}{dt}$$

三者间的关系：$$v=-\frac{1}{2}\cdot\frac{dc(N_2O_5)}{dt}=\frac{1}{4}\cdot\frac{dc(NO_2)}{dt}=\frac{dc(O_2)}{dt}$$

（二）推求速率方程

例 2 已知 600 K 时，测得反应 $2NO+O_2=2NO_2$ 的实验数据如下：

	起始浓度（$mol\cdot L^{-1}$）		速率（$mol\cdot L^{-1}\cdot s^{-1}$）
	$c(NO)$	$c(O_2)$	$c(O_2)$降低速率
①	0.010	0.010	$2.5\times10^{-3}(\nu_1)$
②	0.010	0.020	$5.0\times10^{-3}(\nu_2)$
③	0.030	0.020	$4.5\times10^{-2}(\nu_3)$

试求：

（1）反应的速率方程和级数；

（2）此温度下的速率常数；

（3）当 $c(NO)=0.015\ mol\cdot L^{-1}$，$c(O_2)=0.025\ mol\cdot L^{-1}$时的反应速率。

解 依题意：

（1）设反应的速率方程为：$v=kc^a(NO)\cdot c^b(O_2)$

将v_2/v_1求 b 项：$$\frac{5.0\times10^{-3}}{2.5\times10^{-3}}=\frac{k\cdot(0.010)^a\cdot(0.020)^b}{k\ (0.010)^a\cdot(0.010)^b}$$

$$2=2^b$$

$$b=1$$

将v_3/v_2求 a 项：$$\frac{4.5\times10^{-2}}{5.0\times10^{-3}}=\frac{k\cdot(0.030)^a\cdot(0.020)^b}{k\ (0.010)^a\cdot(0.020)^b}$$

$$9=3^a$$

$$a=2$$

所以给定反应的速率方程为：　　$v=kc^2(NO)\cdot c(O_2)$

反应级数：　　$2+1=3$

(2)将①、②、③组数据中任一组代入速率方程求得速率常数为：

$$k=2.5\times10^3(\mathrm{mol^{-2}\cdot L^2\cdot s^{-1}})$$

(3)将 NO 和 O_2的浓度代入速率方程求：

$$v=2.5\times10^3\times(0.015)^2\cdot(0.025)=1.4\times10^{-2}(\mathrm{mol\cdot L^{-1}\cdot s^{-1}})$$

(三)利用阿氏公式进行计算

例 3　在 301 K 时，鲜牛奶大约 4 h 变酸，若在 278 K 冰箱内可保持 48 h，假定反应速率与其变酸时间成反比，试估算牛奶变酸反应的活化能。

解　依题意：$T_1=301$ K，$k_1=1/48$；$T_2=278$ K，$k_2=1/4$，将数据代入阿氏公式推导式：

$$\lg\frac{k_2}{k_1}=\frac{E_a}{2.303R}\left(\frac{T_2-T_1}{T_1\cdot T_2}\right)$$

$$\lg\frac{48}{4}=\frac{E_a}{2.303R}\left(\frac{301-278}{278\times301}\right)$$

$$E_a=\lg 12\times20\ 303\times8.314\times\frac{301\times278}{301-278}\times10^{-3}=75.18(\mathrm{kJ\cdot mol^{-1}})$$

例 4　人体内某一酶催化反应的活化能是 50.0 kJ·mol^{-1}，试计算发烧 40 ℃的病人与正常人(37 ℃)相比，该反应的反应速率加快的倍数。

解　依题意：$E_a=50.0$ kJ·mol^{-1}，$T_1=310$ K，$T_2=313$ K，代入阿氏公式推导式：

$$\lg\frac{k_2}{k_1}=\frac{E_a}{2.303R}\left(\frac{T_2-T_1}{T_1\cdot T_2}\right)=\frac{50.0\times1\ 000}{2.303\times8.314}\times\frac{313-310}{310\times313}=0.080\ 74$$

所以病人发烧 40 ℃，使反应加快的倍数是：

$$\frac{k_2}{k_1}=1.204\ 3(倍)$$

例 5 尿素的水解反应

$$CO(NH_2)_2 + H_2O = 2NH_3 + CO_2$$

无酶存在时反应的活化能为 120 kJ·mol^{-1}，当尿素酶存在时，反应的活化能降为 46 kJ·mol^{-1}，假设有酶或无酶存在时反应的特征因子 A 值相同。计算：

(1)298 K 时，有尿素酶的催化反应速率是无酶催化反应的多少倍。

(2)无酶存在时，温度要升到何值才能达到有酶催化的反应速率。

解 依题意：

(1)有酶催化的反应速率为：

$$k_{催} = A \cdot e^{-\frac{E_a}{RT}} = A \cdot e^{-\frac{46\times10^3}{8.314\times298}} \quad \cdots\cdots ①$$

无酶催化的反应速率为：

$$k_{无催} = A \cdot e^{-\frac{E_a}{RT}} = A \cdot e^{-\frac{120\times10^3}{8.314\times298}} \quad \cdots\cdots ②$$

将①÷②即为反应速率的倍数：

$$\frac{k_{催}}{k_{无催}} = \frac{A \cdot e^{-\frac{46\times10^3}{8.314\times298}}}{A \cdot e^{-\frac{120\times10^3}{8.314\times298}}} = e^{\frac{74\times10^3}{8.314\times298}} = e^{29.87} = 9.36\times10^{12}\text{(倍)}$$

(2)若使 $k_{无催} = k_{催}$，则：

$$A \cdot e^{-\frac{120\times10^3}{RT}} = A \cdot e^{-\frac{46\times10^3}{R\times298}}$$

消去 A 因子，并取自然对数：

$$-\frac{120\times10^3}{RT} = -\frac{46\times10^3}{R\times298}$$

$$T = \frac{120\times10^3\times298\cdot R}{46\times10^3\cdot R} = 777.39\text{(K)}$$

(四)推断给定条件下速率常数 k_1 与 k_2 的关系

例 6 给定可逆反应：$aA + bB \rightleftharpoons nD + mE$，$\Delta H < 0$，推求：

(1)给定温度为 T_1 时，$k_{正}$ 与 $k_{逆}$ 的大小关系；

(2)当温度由 T_1 升至 T_2 时，速率常数变量 $\Delta k_{正}$ 与 $\Delta k_{逆}$ 的大小关系；

(3)当温度由 T_1 降至 T_2 时，速率常数变量 $\Delta k_{正}$ 与 $\Delta k_{逆}$ 的大小关系；

(4)如果反应的 $\Delta H > 0$，回答上述(1)、(2)、(3)。

解　依题意：

给定反应　$\Delta H<0, \Delta H=E_{a正}-E_{a逆}$

故反应的　$E_{a正}<E_{a逆}$

(1)据阿氏公式，温度为 T_1 时有：

$$k_{正}=Ae^{-\frac{E_{a正}}{RT_1}} \qquad k_{逆}=Ae^{-\frac{E_{a逆}}{RT_1}}$$

$$因为\ E_{a正}<E_{a逆} \qquad 所以\ k_{正}>k_{逆}$$

即活化能大的反应其反应速率小。

(2)当温度由 T_1 升至 T_2 时，温度变量 $\Delta T>0$，据阿氏公式推导时有：

$$\lg\frac{k_{正(T_2)}}{k_{正(T_1)}}=\frac{E_{a正}}{2.303R}\cdot\left(\frac{T_2-T_1}{T_1\times T_2}\right)$$

$$\lg\frac{k_{逆(T_2)}}{k_{逆(T_1)}}=\frac{E_{a逆}}{2.303R}\cdot\left(\frac{T_2-T_1}{T_1\times T_2}\right)$$

因为　$E_{a正}<E_{a逆}$，　$\lg\frac{k_{正(T_2)}}{k_{正(T_1)}}<\lg\frac{k_{逆(T_2)}}{k_{逆(T_1)}}$

所以速率常数变量　$\Delta k_{正}<\Delta k_{逆}$

即升高温度，活化能大的反应(逆反应)其反应速率增大的程度大。

(3)当温度由 T_1 降至 T_2 时，温度变量 $\Delta T<0$，据阿氏公式推导式有：

$$\lg\frac{k_{正(T_2)}}{k_{正(T_1)}}=\frac{E_{a正}}{2.303R}\cdot\left(\frac{T_2-T_1}{T_1\times T_2}\right)$$

$$\lg\frac{k_{逆(T_2)}}{k_{逆(T_1)}}=\frac{E_{a逆}}{2.303R}\cdot\left(\frac{T_2-T_1}{T_1\times T_2}\right)$$

因为 $E_{a正}<E_{a逆}$，　$\Delta T<0$，则：

$$\left|\frac{E_{a(正)}}{2.303R}\cdot\left(\frac{T_2-T_1}{T_1\times T_2}\right)\right|<\left|\frac{E_{a(逆)}}{2.303R}\cdot\left(\frac{T_2-T_1}{T_1\times T_2}\right)\right|$$

所以　$\left|\lg\frac{k_{正(T_2)}}{k_{正(T_1)}}\right|<\left|\lg\frac{k_{逆(T_2)}}{k_{逆(T_1)}}\right|$

或　$|\Delta k_{正}|<|\Delta k_{逆}|$

即降低温度，活化能大的反应(逆反应)其反应速率降低的程度大。

(4)给定反应 $\Delta H>0$，则 $E_{a正}>E_{a逆}$，仿上(1)、(2)、(3)推理过程，得结论为：

(1)给定 T_1

$$\text{因为 } E_{a正}<E_{a逆} \qquad \text{所以 } k_{正}<k_{逆}$$

(2)T_1 升至 T_2，$\Delta T>0$

$$\text{因为 } E_{a正}>E_{a逆} \qquad \text{所以 } \Delta k_{正}>\Delta k_{逆}$$

即正反应的活化能大，升温使其反应速率增加的程度大。

(3)T_1 降至 T_2，$\Delta T<0$

$$\text{因为 } E_{a正}>E_{a逆} \qquad \text{所以 } \Delta k_{正}<\Delta k_{逆}$$

或 $$|\Delta k_{正}|>|\Delta k_{逆}|,$$

即降温使活化能大的正反应的反应速率降低的程度大。

三、练习题

(一)选择题

1. 表示反应 $2NO(g)+O_2(g)=2NO_2(g)$ 的各平均速率关系中，正确的是(　　)。

　A. $2v(NO)=v(O_2)=2v(NO_2)$　　B. $v(NO)=v(O_2)=v(NO_2)$

　C. $1/2v(NO)=v(O_2)=1/2v(NO_2)$　　D. $v(NO)=2v(O_2)=v(NO_2)$

2. 反应 $2N_2O_5=4NO_2+O_2$ 的反应速率表达正确的是(　　)。

　A. $\frac{1}{2}\frac{dc(N_2O_5)}{dt}=\frac{dc(O_2)}{dt}$　　B. $-\frac{1}{2}\frac{dc(N_2O_5)}{dt}=\frac{1}{4}\frac{dc(NO_2)}{dt}$

　C. $4\frac{\Delta c(NO_2)}{\Delta t}=\frac{\Delta c(O_2)}{\Delta t}$　　D. $-\frac{c(N_2O_5)}{\Delta t}=\frac{1}{2}\frac{\Delta c(O_2)}{\Delta t}$

3. 给定化学反应 $aA=bB$，下列叙述正确的是(　　)。

　A. 给定反应的 $v=-dc(A)/adt=dc(B)/bdt$

　B. 所给反应是基元反应

　C. 所给反应的速率方程为 $v=kc^a(A)$

　D. 所给反应的反应级数为 a

4. 给定化学反应 $aA+bB=mC+nD$，经测定反应的速率方程为 $v=kc^a(A)\cdot c^b(B)$，下列叙述不正确的是(　　)。

　A. 所给反应是基元反应

　B. 所给反应的反应级数为 $a+b$

　C. 当$(a+b)$值越大，浓度对反应速率的影响程度越小

　D. 当 $a+b=0$，浓度对反应速率无影响

5. 给定化学反应 $aA+bB=mC+nD$，下列叙述不正确的是(　　)。

A. 反应速率与单位时间、单位体积内 A、B 分子的碰撞次数成正比

B. 温度对反应速率的影响主要表现在对速率常数 k 的影响

C. 催化剂对反应速率的影响是因为改变了反应的活化能

D. 浓度对反应速率的影响是因为改变了反应的级数

6. 反应 $A+2B=C+2D$，在时间 t 时 $\frac{-dc(A)}{dt}=2.5\times10^{-2}\ mol\cdot L^{-1}\cdot s^{-1}$，则 t 时刻时 $\frac{-dc(B)}{dt}=$(　　) $mol\cdot L^{-1}\cdot s^{-1}$。

A. 2.5×10^{-2}　　B. 5.0×10^{-2}　　C. 1.25×10^{-2}　　D. 6.25×10^{-2}

7. 增大反应物浓度，能加快反应速率的原因是(　　)。

A. 增加了活化分子总数　　B. 改变了反应途径

C. 降低了反应活化能　　D. 增加了活化分子百分数

8. 给定反应升温，能加快反应速率的原因是(　　)。

A. 增加了活化分子总数　　B. 改变了反应途径

C. 降低了反应活化能　　D. 增加了活化分子百分数

9. 下列因素：(a)浓度，(b)压力，(c)温度，(d)催化剂都能影响化学反应速率，其中能影响速度常数 k 的是(　　)。

A. (a)(b)　　B. (b)(c)　　C. (c)(d)　　D. (a)(d)

10. 下列反应图示，属于吸热反应的是(　　)。

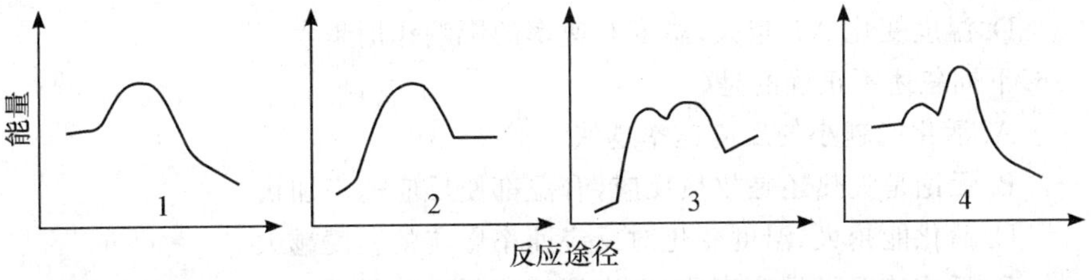

A. 2 和 3　　B. 1 和 2　　C. 1 和 4　　D. 2 和 4

11. 下列反应图示，逆反应速率受温度变化影响大的是(　　)。

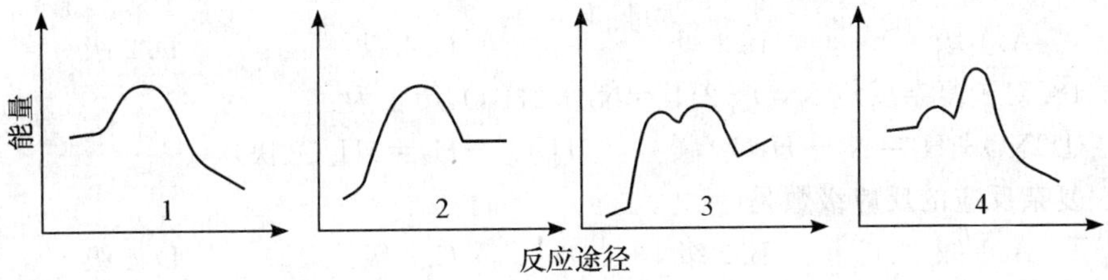

A. 1 和 4　　B. 2 和 3　　C. 1 和 2　　D. 3 和 4

12. 下列说法正确的是(　　)。

A. 正逆反应的活化能数值相等,符号相反

B. 能够发生有效碰撞的分子一定是活化分子

C. 活化分子的碰撞是有效碰撞

D. 在同一条件下,反应物浓度越大,含活化分子数越多,活化能越大,反应速率越快

13. 已知 $\Delta_f H_m^{\ominus}(HCl,g)=-92\ kJ\cdot mol^{-1}$,反应 $H_2(g)+Cl_2(g)=2HCl(g)$的活化能为 155 $kJ\cdot mol^{-1}$。则逆反应的活化能为(　　)$kJ\cdot mol^{-1}$。

A. 92　　B. 247　　C. 339　　D. −247

14. 实验测得低温时 $NO_2+CO=NO+CO_2$ 的反应速率 $v=kc^2(NO_2)$,下列反应机理与该速率方程相符合的是(　　)。

A. $NO_2+CO=NO+CO_2$

B. $2NO_2=N_2O_2$(快)　　$N_2O_4+2CO=2NO+2CO_2$(慢)

C. $2NO_2=NO+NO_3$(慢)　　$NO_3+CO=NO_2+CO_2$(快)

D. $NO_2=NO+O$(慢)　　$O+CO=CO_2$(快)

15. 给定复杂反应 $2NO+2H_2=N_2+2H_2O$,下列叙述不正确的是(　　)。

A. 反应的 $\Delta_r G_m^{\ominus}$ 越负,反应进行的程度越大

B. 加入催化剂使反应速率加快,但反应的程度不变

C. 反应的活化能越大,反应进行的程度越大

D. 温度变化 ΔT 越大,温度对速率的影响作用越大

16. 下列叙述不正确的是(　　)。

A. 活化能越小的反应速率越快

B. 无论是吸热还是放热反应,升温都使反应速率加快

C. 活化能越大,温度变化对反应速率影响的程度越大

D. 反应速率随温度变化,在高温区比低温区敏感

17. 反应 2A+2B → 产物的速率方程为 $v=k\cdot c(A)\cdot c^2(B)$,该反应的级数为(　　)。

A. 1 级　　B. 3 级　　C. 4 级　　D. 2 级

18. 对于复杂反应 $2NO+2H_2=N_2+2H_2O$,历程为:

①$2NO+H_2=N_2+H_2O_2$(慢)　②$H_2O_2+H_2=2H_2O$(快)

复杂反应的反应级数是(　　)。

A. 1 级　　B. 2 级　　C. 3 级　　D. 4 级

19.气体反应 $2NO+2H_2=N_2+2H_2O$ 分步进行：

①$2NO+H_2=N_2+H_2O_2$(慢)　②$H_2O_2+H_2=2H_2O$(快)

若将体系的总压增至原来的3倍,反应速率为原来的(　　)倍。

A. 6　　B. 8　　C. 3　　D. 27

20.反应 $3H_2(g)+N_2(g)=2NH_3(g)$,$\Delta H<0$,欲增大反应速度,下列措施中不能增速的是(　　)。

A. 增加 H_2 的分压　　B. 升温

C. 减小 NH_3 的分压　　D. 加催化剂

21.溴的水溶液和丙酮水溶液按下列方程式进行反应:$CH_3COCH_3+Br_2=CH_3COCH_2Br+HBr$,若反应对于溴是零级,则可确定(　　)。

A. 反应速率是恒定的　　B. 最慢的反应步骤包括溴

C. 溴起催化剂作用　　D. 定速步骤不包括溴

22.某反应的 $E_a=177.98\ kJ\cdot mol^{-1}$,问在310 K下的速率常数 k_2 是300 K下速率常数 k_1 的(　　)倍。($R=8.31\ J\cdot K^{-1}\cdot mol^{-1}$)

A. 10　　B. 1

C. 100　　D. 2～4

23.对于活化能大小不同的两个反应,进行相同幅度的升温(ΔT 相同)时,活化能大的反应速率增大的倍数(　　)。

A. 较大　　B. 较小

C. 与活化能较小的反应一样　　D. 等于零

24.两个简单反应Ⅰ和Ⅱ,在温度为 T_1 时 $k_{Ⅰ}>k_{Ⅱ}$,当温度升高到 T_2 时 $\Delta k_{Ⅰ}<\Delta k_{Ⅱ}$,两反应的活化能的关系是(　　)。

A. $E_{aⅠ}=E_{aⅡ}$　　B. $2E_{aⅠ}=E_{aⅡ}$

C. $E_{aⅠ}=1.5E_{aⅡ}$　　D. $E_{aⅠ}<E_{aⅡ}$

25.给定反应:$aA+bB=nB+mE$,有 $E_{a正}<E'_{a逆}$,当温度变量 $\Delta T>0$ 时,正逆反应速率的变量($\Delta k_{逆}$、$\Delta k_{正}$)大小关系为(　　)。

A. $\Delta k_{正}>\Delta k_{逆}$　　B. $\Delta k_{逆}>\Delta k_{正}$

C. $\Delta k_{逆}=\Delta k_{正}$　　D. $\Delta k_{正}=\dfrac{a+b}{n+m}\Delta k_{逆}$

26.给定反应 $A+B=D+E$,$\Delta H>0$,当反应温率由 T_1 升到 T_2 时,正、逆反应的比速常数变量 Δk 的大小关系为(　　)。

A. $\Delta k_{逆}>\Delta k_{正}$　　B. $\Delta k_{逆}=\Delta k_{正}$

C. $\Delta k_{正}>\Delta k_{逆}$　　D. $k_{正}>k_{逆}$

(二)填空、推断题

27. 乙醛在高温下的分解反应：$CH_3CHO(g) \rightleftharpoons CH_4(g) + CO(g)$，实验测定不同浓度下的反应速率如下：

编号	1	2	3	4
$CH_3CHO(mol \cdot L^{-1})$	0.10	0.20	0.30	0.40
$v(mol \cdot L^{-1} \cdot s^{-1})$	0.020	0.081	0.182	0.312

①该反应的速率方程为____________________。②反应的级数为________。③反应的速率常数 k 为________。④当 $c(CH_3CHO) = 0.15\ mol \cdot L^{-1}$时，反应速率为________。

28. 反应速率以 $mol \cdot L^{-1} \cdot s^{-1}$表示的 1 级反应的速率常数 k 的单位为______，相同条件下，k 越大，表示该反应速率____________。

29. 已知基元反应 $2AB_2 = 2AB + B_2$，其速率方程为____________________，反应级数为______，当 AB_2 浓度增为原来的 2 倍时，反应速率是原来的______倍。

30. 对于复杂反应 $2NO + 2H_2 = N_2 + 2H_2O$ 历程为：

①$2NO + H_2 = N_2 + H_2O_2$(慢) ②$H_2O_2 + H_2 = 2H_2O$(快)

该反应的速率方程为____________，复杂反应的反应级数为____________。

31. 某一反应的活化能为 $105\ kJ \cdot mol^{-1}$，该反应在 353 K 时的反应速率是 318 K 时的__________倍。

32. 反应 $N_2 + 3H_2 \rightleftharpoons 2NH_3$ 在 0 ～ 5 s 内 $c(H_2)$ 由 $0.1\ mol \cdot L^{-1}$降为$0.04\ mol \cdot L^{-1}$，则反应的平均速率是__________ $mol \cdot L^{-1} \cdot s^{-1}$。

33. 已知反应 2 A＋2 B → 产物，$\Delta H > 0$，经测定给定条件下的反应速率数据如下表，判断下列的推理正确与否。(对打“√”，错打“×”)

$c(A)(mol \cdot L^{-1})$	1.0	2.0	4.0	1.0	1.0
$c(B)(mol \cdot L^{-1})$	1.0	1.0	1.0	2.0	4.0
$v(mol \cdot L^{-1} \cdot s^{-1})$	1.2×10^{-2}	2.3×10^{-2}	4.9×10^{-2}	4.8×10^{-2}	1.9×10^{-1}

①令 $v = k \cdot c^m(A) \cdot c^n(B)$，求得 $m = 1, n = 2$，反应为三级反应。 ( )

②所给的反应属于基元反应。 ( )

③当升温时，正向速率变化率 $\Delta k_正$ 大于逆向速率变化率 $\Delta k_逆$。 ( )

④定温条件下，$k_正 > k_逆$。 ( )

⑤经求算，所给反应完整的速率方程为 $v = 12 \cdot c(A) \cdot c^2(B)$。 ( )

(三)计算题

34. 某气体 A 的分解反应为：$A(g) \longrightarrow B(g)+C(g)$，当 A 的浓度为 0.5 $mol \cdot L^{-1}$ 时，反应速率为 0.014 $mol \cdot L^{-1} \cdot s^{-1}$，如果该反应分别属于：①零级反应；②一级反应；③二级反应，且当 A 的浓度为 1.0$mol \cdot L^{-1}$时，反应的速率各是多少？

35. 给定反应 B→产物，当 $c(B)=0.200$ $mol \cdot L^{-1}$ 时，反应速率是 0.005 0 $mol \cdot L^{-1} \cdot s^{-1}$。如果：①反应对 B 是零级；②反应对 B 是一级；③反应对 B 是二级，求：反应速率常数各是多少？

36. 700 K 时，CH_3CHO 分解反应的速率常数是 0.010 5 $L^3 \cdot mol^{-1} \cdot s^{-1}$，其活化能为 188 $kJ \cdot mol^{-1}$，求 800 K 时的反应速率常数 k。

37. 臭氧分解反应的机理是：

①$O_3 \rightleftharpoons O_2+O$(快)　②$O+O_3 \rightleftharpoons 2O_2$(慢)

根据上述反应机理，写出用 O_3 和 O_2 浓度表示的速率方程。

38. 污染空气中，生成臭氧的反应机理如下：

①$NO_2(g) \rightarrow NO(g)+O(g)$　$k_1=6.0\times10^{-3} s^{-1}$(一级反应)

②$O(g)+O_2(g) \rightarrow O_3(g)$　$k_2=1.0\times10^6$ $L^3 \cdot mol^{-1} \cdot s^{-1}$(二级反应)

已知：污染空气中 NO_2 和 O_2 的浓度分别为 3.0×10^{-9} $mol \cdot L^{-1}$ 和 1.0×10^{-2} $mol \cdot L^{-1}$。

假设：原子氧的浓度趋于稳定的低浓度状态，在这种状态，原子氧在第二个反应中的消耗浓度恰与它在第一反应中的产生浓度相等。

求算：

(1)污染空气中 O(g)的稳定浓度；

(2)污染空气中 $O_3(g)$的生成浓度；

(3)若臭氧的生成速度不变，求 25 ℃与 101.3 kPa 气压下，需经过多长时间臭氧的浓度达到空气中臭氧的浓度(在上述条件下，空气中 O_3 含量为 0.041 $mol \cdot L^{-1}$ 左右)。

39. 甲醛(CH_2O)是刺激眼睛的主要物质之一。它由臭氧与乙烯反应而成：

$$O_3(g)+C_2H_4(g)=2CH_2O(g)+O(g)$$

已知：该反应属二级反应，速率常数 $k=2\times10^3$ $L^3 \cdot mol^{-1} \cdot s^{-1}$，在严重污染的空气中，臭氧和乙烯的浓度分别是 5×10^{-8} $mol \cdot L^{-1}$ 和 1.0×10^{-8} $mol \cdot L^{-1}$。求算：

(1)甲醛的生成速度是多少。

(2)经过多长时间甲醛的浓度增至 $1.0\times10^{-8}$$mol \cdot L^{-1}$。超过此浓度甲醛对

眼睛有明显的刺激作用(设 O_2 与 C_2H_4 的浓度不变)。

40. 人食用含汞的食品会在人体内富集而产生汞中毒。如果人每天吸收一定量的汞,人体内的汞含量可用下式进行估算:

$$\text{Hg 含量}=\frac{x}{1-10^{-a}},\quad a=0.30\times\frac{\Delta t}{t_{\frac{1}{2}}}$$

式中:x 为含汞食物的质量;Δt 为食用含汞食物的时间(d);$t_{\frac{1}{2}}$ 为人体排出汞的半衰期(约为 70 d)。

假设:食用的食品汞含量为 0.5 mg/kg(1 kg 食物中含 0.5 mg 汞)的鱼类,试估算:

(1)每天食用该种鱼 50 g,人体内的汞含量是多少。

(2)每天食用多少这种鱼,就会出现中毒症状(人体出现汞中毒症状的限量≥0.014 g)。

参考答案

(一)选择题

1. C	2. B	3. A	4. C	5. D	6. B	7. A	8. D	9. C
10. A	11. A	12. B	13. B	14. C	15. C	16. D	17. B	18. C
19. D	20. B	21. D	22. A	23. A	24. D	25. B	26. C	

(二)填空、判断题

27. ①$v=k\cdot c^2(CH_3CHO)$ ② 2 级 ③$k=2.0$ ④$v=0.045$

28. s^{-1},越大

29. $v=k\cdot c^2(AB_2)$,2 级,4 倍

30. $v=k\cdot c^2(NO)\cdot c(H_2)$,3 级

31. 51 倍

32. $v=4\times10^{-3}$

33. ①(√) ②(×) ③(√) ④(×) ⑤(×)

(三)计算题

34. **解** 依题意有:

①零级反应:$c(A)=1\ mol\cdot L^{-1}$,反应速率与浓度无关

$$v=0.014\ \text{mol}\cdot\text{L}^{-1}\cdot\text{s}^{-1}$$

②一级反应：$c(\text{A})=1\ \text{mol}\cdot\text{L}^{-1}$，根据 $v=k\cdot c(\text{A})$有

$$k=\frac{v}{c(\text{A})}=\frac{0.014\ \text{mol}\cdot\text{L}^{-1}\cdot\text{s}^{-1}}{0.5\ \text{mol}\cdot\text{L}^{-1}}=0.028\ \text{s}^{-1}$$

$$v=k\cdot c(\text{A})=0.028\ \text{s}^{-1}\times 1\ \text{mol}\cdot\text{L}^{-1}=0.028\ \text{mol}\cdot\text{L}^{-1}\cdot\text{s}^{-1}$$

③二级反应：$c(\text{A})=1\ \text{mol}\cdot\text{L}^{-1}$，根据 $v=k\cdot c^2(\text{A})$有

$$k=\frac{v}{c^2(\text{A})}=\frac{0.014\ \text{mol}\cdot\text{L}^{-1}\cdot\text{s}^{-1}}{(0.5\ \text{mol}\cdot\text{L}^{-1})^2}=0.056\ \text{mol}^{-1}\cdot\text{L}\cdot\text{s}^{-1}$$

$$v=k\cdot c^2(\text{A})=0.056\ \text{s}^{-1}\times(1\ \text{mol}\cdot\text{L}^{-1})^2=0.056\ \text{mol}\cdot\text{L}^{-1}\cdot\text{s}^{-1}$$

35. **解**　依题意：

①反应对 B 是零级，根据 $k=v=0.005\,0\ \text{mol}\cdot\text{L}^{-1}\cdot\text{s}^{-1}$

②反应对 B 是一级，则 $k=\dfrac{v}{c(\text{A})}=\dfrac{0.005\,0\ \text{mol}\cdot\text{L}^{-1}\cdot\text{s}^{-1}}{0.200\ \text{mol}\cdot\text{L}^{-1}}=0.025\ \text{s}^{-1}$

③反应对 B 是二级，则 $k=\dfrac{v}{c^2(\text{B})}=\dfrac{0.005\,0\ \text{mol}\cdot\text{L}^{-1}\cdot\text{s}^{-1}}{(0.200\ \text{mol}\cdot\text{L}^{-1})^2}=0.125\ \text{L}\cdot\text{mol}^{-1}\cdot\text{s}^{-1}$

36. **解**　依题意：$T_1=700\ \text{K}$，$k_1=0.010\,5$；$T_2=800\ \text{K}$，$k_2=?$　$E_a=188\ \text{kJ}\cdot\text{mol}^{-1}$

根据：

$$\lg\frac{k_2}{k_1}=\frac{E_a}{2.303R}\left(\frac{T_2-T_1}{T_1\cdot T_2}\right)$$

$$\lg\frac{k_2}{0.010\,5}=\frac{188\times 1\,000}{2.303\times 8.314}\left(\frac{800-700}{700\times 800}\right)$$

$$k_2=0.595$$

37. **解**　依题意，反应①　$v_{正}=k_{正}\cdot c(\text{O}_3)$，$v_{逆}=k_{逆}\cdot c(\text{O}_2)\cdot c(\text{O})$

平衡时：

$$v_{正}=v_{逆}$$

$$k_{正}\cdot c(\text{O}_3)=k_{逆}\cdot c(\text{O}_2)\cdot c(\text{O})$$

$$c(\text{O})=\frac{k_{正}\cdot c(\text{O}_3)}{k_{逆}\cdot c(\text{O}_2)}=K\cdot\frac{c(\text{O}_3)}{c(\text{O}_2)}$$

反应②是慢反应，故是总反应的定速步骤，速率方程为：

$$v=k_2\cdot c(\text{O})\cdot c(\text{O}_3)$$

将 $c(\text{O})=K\cdot\dfrac{c(\text{O}_3)}{c(\text{O}_2)}$代入上式得出用 O_3 和 O_2 浓度表示的速率方程：

$$v=k_2\cdot K\cdot\frac{c(\text{O}_3)}{c(\text{O}_2)}\cdot c(\text{O}_3)$$

令 $k=k_2 \cdot K$，整理得：

$$v=k \cdot c^2(O_3) \cdot c^{-1}(O_2)$$

38. **解** 依题意可得：

反应①的速率方程为：$v_1 =6.0\times10^{-3} \cdot c(NO_2)=6.0\times10^{-3}\times3.0\times1.0^{-9}$
$=1.8\times10^{-11}(mol \cdot L^{-1} \cdot s^{-1})$

反应②的速率方程为：$v_2 =1.0\times10^{6} \cdot c(O) \cdot c(O_2)$
$=1.0\times10^{6} \cdot c(O) \cdot 1.0\times10^{-2}$

(1)污染空气中 O(g)的浓度稳定，且原子氧在第二个反应中的消耗浓度恰好与它在第一反应中产生的浓度相等，即 $v_1=v_2$

$$1.8\times10^{-11}=1.0\times10^{6} \cdot c(O) \cdot 1.0\times10^{-2}$$
$$c(O)=1.8\times10^{-15}(mol \cdot L^{-1})$$

(2)污染空气中 O_3(g)的生成浓度：

$$\begin{aligned} c(O_3)=v_2&=1.0\times10^{6} \cdot c(O)c(O_2)\\ &=1.0\times10^{6}\times1.8\times10^{-15}\times1.0\times10^{-2}\\ &=1.8\times10^{-11}(mol \cdot L^{-1}) \end{aligned}$$

(3)当臭氧达到 0.04 mol·L^{-1}时，有

$$\frac{dc(O_3)}{dt}=v_2$$

$$dt=\frac{dc(O_3)}{v_2}=\frac{0.04}{1.8\times10^{-11}}=2.3\times10^{9}(s)$$

39. **解** 依题意有：

(1)甲醛的生成速度

$$\begin{aligned} v&=k \cdot c(O_3) \cdot c(C_2H_4)=2\times10^{3}\times5\times10^{-8}\times1.0\times10^{-8}\\ &=1.0\times10^{-12}(mol \cdot L^{-1} \cdot s^{-1}) \end{aligned}$$

(2)当甲醛的浓度增至 1.0×10^{-8} mol·L^{-1}需要时间：

$$\Delta t=\frac{\Delta c(CH_2O)}{1.0\times10^{-12}}=\frac{1.0\times10^{-8}\ mol \cdot L^{-1}}{1.0\times10^{-12}\ mol \cdot L^{-1} \cdot s^{-1}}=1.0\times10^{4}\ s$$

40. **解** 依题意，50 g 鱼的汞含量是：

$$\frac{50\times0.5}{10^{6}}=2.5\times10^{-5}(g)$$

根据 $a=0.30\times\frac{\Delta t}{t_{\frac{1}{2}}}$，$\Delta t=1(\mathrm{d})$，$t_{\frac{1}{2}}=70(\mathrm{d})$

$$a=0.30\times\frac{1}{70}=4.29\times10^{-3}$$

(1)Hg 含量 $=\frac{x}{1-10^{-a}}=\frac{2.5\times10^{-5}}{1-10^{-4.29\times10^{-3}}}=\frac{2.5\times10^{-5}}{1-\frac{1}{10^{4.29\times10^{-3}}}}$

$$=\frac{2\times10^{-5}}{1-0.99}=2\times10^{-3}$$

(2)当汞≥0.014 g 时，人体会产生中毒症状，故有

$$x=0.014\times(1-10^{-a})=0.014\times(1-10^{-4.29\times10^{-3}})=1.4\times10^{-4}$$

$$\frac{1.4\times10^{-4}\times10^{6}}{0.5}=280(\mathrm{g})$$

每天吃汞含量为 0.5 mg/kg 的鱼类 280 g 即会发生中毒。

第四章　化学平衡

一、基本概念与基本公式

(一)化学平衡常数

给定可逆反应：　　$aA+bB \rightleftharpoons mD+nE$

定温达平衡：

$$K_c^{\ominus}=\frac{[c(D)/c^{\ominus}]^m \cdot [c(E)/c^{\ominus}]^n}{[c(A)/c^{\ominus}]^a \cdot [c(B)/c^{\ominus}]^b} \tag{4-1}$$

若为气体反应：

$$K_p^{\ominus}=\frac{[p(D)/p^{\ominus}]^m \cdot [p(E)/p^{\ominus}]^n}{[p(A)/p^{\ominus}]^a \cdot [p(B)/p^{\ominus}]^b} \tag{4-2}$$

式中：$c^{\ominus}=1\ \mathrm{mol \cdot L^{-1}}$，$p^{\ominus}=100\ \mathrm{kPa}$，$c(D)$、$c(E)$、$c(A)$、$c(B)$都是平衡浓度，$p(D)$、$p(E)$、$p(A)$、$p(B)$都是平衡分压。

若体系为非平衡态，则以浓度商和压力商来表示：

$$Q_c=\frac{[c(D)/c^{\ominus}]^m \cdot [c(E)/c^{\ominus}]^n}{[c(A)/c^{\ominus}]^a \cdot [c(B)/c^{\ominus}]^b}$$

$$Q_p=\frac{[p(D)/p^{\ominus}]^m \cdot [p(E)/p^{\ominus}]^n}{[p(A)/p^{\ominus}]^a \cdot [p(B)/p^{\ominus}]^b}$$

式中：$c(D)$、$c(E)$、$c(A)$、$c(B)$为非平衡态时的任意浓度，$p(D)$、$p(E)$、$p(A)$、$p(B)$为非平衡态时的任意分压。

(二)化学等温式

化学等温式是经热力学推导得到的平衡常数 $K^{\ominus}$（$K_c^{\ominus}$、$K_p^{\ominus}$）、反应商 Q（Q_c、Q_p）与自由能变量 $\Delta_r G_m$的定量关系：

$$\Delta_r G_m=\Delta_r G_m^{\ominus}+RT\ln Q \tag{4-3}$$

①给定定温平衡体系　　$\Delta_r G_m = 0, Q = K^\ominus$

则有：
$$\Delta_r G_m^\ominus = -RT\ln K^\ominus \tag{4-4}$$

应用上式可进行 $\Delta_r G_m^\ominus$ 与 $K^\ominus$ 的相互换算。

②将 $\Delta_r G_m^\ominus = -RT\ln K^\ominus$ 代入化学等温式，得到反应商判据公式

$$\Delta_r G_m = RT\ln \frac{Q}{K^\ominus} \tag{4-5}$$

$$Q\begin{Bmatrix} < \\ = \\ > \end{Bmatrix}K^\ominus\begin{cases} \text{平衡正向移动} \\ \text{平衡状态} \\ \text{平衡逆向移动} \end{cases}$$

反应商判据公式用于判断浓度、分压改变时对反应方向(平衡移动方向)的影响。

(三)平衡常数 $K^\ominus$ 与温度 T 的定量关系

将 $\Delta_r G_m^\ominus = -RT\ln K^\ominus$ 带入吉-亥公式：

$$\Delta_r G_m^\ominus = \Delta_r H_m^\ominus - T\Delta_r S_m^\ominus$$
$$-RT\ln K^\ominus = \Delta_r H_m^\ominus - T\Delta_r S_m^\ominus$$

设定 $T_1 \sim K_1^\ominus$、$T_2 \sim K_2^\ominus$ 有：

$$\lg \frac{K_2^\ominus}{K_1^\ominus} = \frac{\Delta_r H_m^\ominus}{2.303R}\left(\frac{T_2 - T_1}{T_1 \times T_2}\right) \tag{4-6}$$

上式用于给定可逆反应，$\Delta_r H_m^\ominus$ 为定值，温度 T 改变，平衡常数 $K^\ominus$ 改变，由此导致平衡发生移动。

如：$\Delta_r H_m^\ominus > 0$：

当 T_1 升至 T_2，$\Delta T > 0$，$K_2^\ominus > K_1^\ominus$，平衡正向移动；

当 T_1 降至 T_2，$\Delta T < 0$，$K_2^\ominus < K_1^\ominus$，平衡逆向移动。

如：$\Delta_r H_m^\ominus < 0$：

当 T_1 升至 T_2，$\Delta T > 0$，$K_2^\ominus < K_1^\ominus$，平衡逆向移动；

当 T_1 降至 T_2，$\Delta T < 0$，$K_2^\ominus > K_1^\ominus$，平衡正向移动。

平衡常数 $K^\ominus$ 与温度 T 的定量关系主要用于讨论温度对反应方向的影响，同时可计算 T_2 时对应的 $K_2^\ominus$。

对于液体的汽化过程：

$$A(l) \rightleftharpoons A(g)$$

反应的 $K^{\ominus}=p(A)/p^{\ominus}$，代入 $K^{\ominus}$ 与 T 的定量关系，有克拉贝龙-克劳修斯方程：

$$\lg\frac{p_2}{p_1}=\frac{\Delta_{vap}H_m^{\ominus}}{2.303R}\cdot\left(\frac{T_2-T_1}{T_1\times T_2}\right) \tag{4-7}$$

式中 $\Delta_{vap}H_m^{\ominus}$ 为液体的标准摩尔汽化焓，此方程用于计算不同压力下相应的沸腾温度。

二、基本计算题型

（一）求算平衡体系中的各要素

例 1 水煤气是通过水蒸气与灼热的焦炭反应制成，其反应如下：

$$C(s)+H_2O(g) \rightleftharpoons CO(g)+H_2(g)$$

反应在 800 ℃建立平衡后，CO(g)、H_2(g)与 H_2O(g)的浓度分别为 4.0×10^{-2} mol・L^{-1}、4.0×10^{-2} mol・L^{-1}和 1.0×10^{-2} mol・L^{-1}求算：

(1)反应的 $K_c^{\ominus}$；

(2)通入足量的水蒸气，使瞬时浓度增加到 4.0×10^{-2} mol・L^{-1}，求 CO(g)与 H_2(g)的最终浓度是多少。

(3)增大 H_2O(g)浓度后，反应转化率的提高量。

解 依题意：

(1)反应 $C(s)+H_2O(g) \rightleftharpoons CO(g) + H_2(g)$

平衡浓度 1.0×10^{-2} 4.0×10^{-2} 4.0×10^{-2}

$$K_c^{\ominus}=\frac{[c(CO)/c^{\ominus}]\cdot[c(H_2)/c^{\ominus}]}{[c(H_2O)/c^{\ominus}]}$$

$$=\frac{[4.0\times10^{-2}/1]\times[4.0\times10^{-2}/1]}{[1.0\times10^{-2}/1]}=0.16$$

(2)H_2O(g)的瞬时浓度增大后，反应的转化量增加为 x，则：

$$C(s) \quad + \quad H_2O(g) \rightleftharpoons CO(g) \quad + \quad H_2(g)$$

$4.0\times10^{-2}-x$ $4.0\times10^{-2}+x$ $4.0\times10^{-2}+x$

$$K_c^{\ominus}=\frac{[(4.0\times10^{-2}+x)/1]\times[(4.0\times10^{-2}+x)/1]}{[(4.0\times10^{-2}-x)/1]}=0.16$$

$$x=0.019$$

CO(g)与 H_2(g)的最终浓度是：

$$c(CO)=c(H_2)=4.0\times10^{-2}+0.019$$
$$=0.059(mol\cdot L^{-1})$$

(3)反应的转化率提高量为：

$$\frac{0.019}{4.0\times10^{-2}}\times100\%=47.5\%$$

例 2 25 ℃时，反应：

$$ICl(g)=1/2I_2(g)+1/2Cl_2(g)$$

$K_c^{\ominus}=2.2\times10^{-3}$，计算下列反应的 $K_c^{\ominus}$：

(1)$2ICl(g)\rightleftharpoons I_2(g)+Cl_2(g)$

(2) $I_2(g)+Cl_2(g)\rightleftharpoons 2ICl(g)$

解 依题意，原方程有：

$$K_c^{\ominus}=\frac{[c(I_2)/1]^{1/2}\cdot[c(Cl_2)/1]^{1/2}}{[c(ICl)/1]}=2.2\times10^{-3}$$

(1)原方程×2 得到方程(1)，有：

$$K_{c1}^{\ominus}=\frac{[c(I_2)/1]\cdot[c(Cl_2)/1]}{[c(ICl)/1]^2}=(K_c^{\ominus})^2$$
$$=(2.2\times10^{-3})^2=4.84\times10^{-6}$$

(2)原方程×2，并在等号两边加负号(相当于减的关系)移项，得到方程(2)，有：

$$K_{c2}^{\ominus}=\frac{[c(ICl)/1]^2}{[c(I_2)/1][c(Cl_2)/1]}=(K_c^{\ominus})^{-2}$$
$$=\frac{1}{(2.2\times10^{-3})^2}=2.1\times10^5$$

从以上解题得出方程式与平衡常数 $K^{\ominus}$ 的运算关系：

方程式：加、减、乘、除、移项

平衡常数：乘、除、乘方、开方、倒数

(二)化学等温式的具体应用

例 3 下列反应：

$$CO(g)+2H_2(g)\rightleftharpoons CH_3OH(g)$$

在一定温度下达到化学平衡后，各物质的平衡分压分别为：$p(CO)$、$p(H_2)$、$p(CH_3OH)$，计算回答：

(1)将平衡系统的总压增加到原来的 2 倍，平衡移动的方向。

(2)将平衡系统的总压降低到原来的 0.5 倍，平衡移动的方向。

解 依题意，T 温度下，该反应的标准平衡常数为：

$$K_p^{\ominus}=\frac{[p(CH_3OH)/p^{\ominus}]}{[p(CO)/p^{\ominus}]\cdot[p(H_2)/p^{\ominus}]^2}$$

(1)T 不变，总压增至原来的 2 倍，则各物质的分压分别为 $2p(CO)$、$2p(H_2)$、$2p(CH_3OH)$，则

$$Q_p=\frac{[2p(CH_3OH)/p^{\ominus}]}{[2p(CO)/p^{\ominus}]\cdot[2p(H_2)/p^{\ominus}]^2}=0.25K_p^{\ominus}$$

$Q_p<K_p^{\ominus}$，平衡正向移动。

(2)T 不变，总压降低到原来的 0.5 倍，则各物的分压分别为 $0.5\,p(CO)$、$0.5\,p(H_2)$、$0.5\,p(CH_3OH)$，则

$$Q_p=\frac{[0.5p(CH_3OH)/p^{\ominus}]}{[0.5p(CO)/p^{\ominus}]\cdot[0.5p(H_2)/p^{\ominus}]^2}=4K_p^{\ominus}$$

$Q_p>K_p^{\ominus}$，平衡逆向移动。

(三)平衡常数 $K^{\ominus}$ 与 T 关系式的具体应用

1. 求算温度变化的 $K^{\ominus}$

例 4 已知反应：

$$2NO(g)+F_2(g)\rightleftharpoons 2NOF(g)\quad \Delta_r H_m^{\ominus}=-313\ kJ\cdot mol^{-1}$$

298 K 时 $K^{\ominus}(298\ K)=1.37\times10^{48}$，求反应在 500 K 时的 $K^{\ominus}(500\ K)=?$

解　依题意有：

$$\lg \frac{K^{\ominus}(500\ \text{K})}{K^{\ominus}(298\ \text{K})}=\frac{\Delta_r H_m^{\ominus}}{2.303R}\left(\frac{T_2-T_1}{T_1\times T_2}\right)$$

$$\lg \frac{K^{\ominus}(500\ \text{K})}{1.37\times 10^{48}}=\frac{-313\times 10^{3}}{2.303\times 8.314}\left(\frac{500-298}{298\times 500}\right)$$

$$=-22.16$$

$$\frac{K^{\ominus}(500\ \text{K})}{1.37\times 10^{48}}=6.89\times 10^{-23}$$

$$K^{\ominus}(500\ \text{K})=9.43\times 10^{25}$$

2. 计算不同压力下的沸点

例 5　已知反应：

$$C_2H_5OH(l) \rightleftharpoons C_2H_5OH(g) \quad \Delta_{vap}H_m^{\ominus}=42.2\ \text{kJ}\cdot\text{mol}^{-1}$$

在 101.3 kPa 时，C_2H_5OH 的正常沸点为 352 K，估算 $C_2H_5OH(l)$ 在气压为 60.0 kPa 时的沸点。

解　依题意有(忽略温度对 $\Delta_r H_m^{\ominus}$ 的影响)：

$$\lg \frac{p_2}{p_1}=\frac{\Delta_{vap}H_m^{\ominus}}{2.303R}\left(\frac{T_2-T_1}{T_1\times T_2}\right)$$

$$\lg \frac{60.0}{101.3}=\frac{42.2\times 10^{3}}{2.303\times 8.314}\left(\frac{T_2-352}{352\times T_2}\right)$$

$$T_2=338\ \text{K}$$

3. 推断温度变化时对平衡移动的作用

例 6　给定可逆反应：

$$aA+bB \rightleftharpoons nD+mE$$

根据下列的反应条件变化推断平衡移动的方向：

(1)反应 $\Delta_r H_m^{\ominus}>0$，升温或降温，平衡移动方向；

(2)反应 $\Delta_r H_m^{\ominus}<0$，升温或降温，平衡移动方向。

解　依题意有：

$$\lg \frac{K_{T_2}^{\ominus}}{K_{T_1}^{\ominus}}=\frac{\Delta_r H_m^{\ominus}}{2.303R}\left(\frac{T_2-T_1}{T_1\times T_2}\right)$$

(1)反应 $\Delta_r H_m^{\ominus}>0$

升温，$T_2-T_1>0$，$\lg \dfrac{K_{T_2}^{\ominus}}{K_{T_1}^{\ominus}}>0$

$K_{T_2}^{\ominus} > K_{T_1}^{\ominus}$，平衡正向移动；

降温，$T_2 - T_1 < 0, \lg \dfrac{K_{T_2}^{\ominus}}{K_{T_1}^{\ominus}} < 0$

$K_{T_2}^{\ominus} < K_{T_1}^{\ominus}$，平衡逆向移动。

(2)反应 $\Delta_r H_m^{\ominus} < 0$

升温，$T_2 - T_1 > 0, \lg \dfrac{K_{T_2}^{\ominus}}{K_{T_1}^{\ominus}} < 0$

$K_{T_2}^{\ominus} < K_{T_1}^{\ominus}$，平衡逆向移动；

降温，$T_2 - T_1 < 0, \lg \dfrac{K_{T_2}^{\ominus}}{K_{T_1}^{\ominus}} > 0$

$K_{T_2}^{\ominus} > K_{T_1}^{\ominus}$，平衡正向移动。

4. $\Delta_r H_m^{\ominus}$、$\Delta_r S_m^{\ominus}$、$\Delta_r G_m^{\ominus}$ 与 $K^{\ominus}$ 间的联合计算

例 7 已知下列物质在 298 K 标态下的热力学数据：

物质	$NiSO_4 \cdot 6H_2O(s)$	$NiSO_4(s)$	$H_2O(g)$
$\Delta_f H_m^{\ominus}(kJ \cdot mol^{-1})$	−2 688	−891.2	−241.8
$S_m^{\ominus}(J \cdot K^{-1} \cdot mol^{-1})$	306	77.82	188.7

(1)计算反应：

$$NiSO_4 \cdot 6H_2O(s) \rightleftharpoons NiSO_4(s) + 6H_2O(g)$$

的 $\Delta_r H_m^{\ominus}(298\ K)$、$\Delta_r S_m^{\ominus}(298\ K)$、$\Delta_r G_m^{\ominus}(298\ K)$，并预测 $NiSO_4 \cdot 6H_2O(s)$在298 K 标态下稳定与否。

(2)如果要使 $NiSO_4 \cdot 6H_2O(s)$在空气中不产生风化脱水，应控制的温度是多少?

(3)计算 298 K 时，反应的 $K^{\ominus}(298K)$ 和 $NiSO_4 \cdot 6H_2O(s)$的饱和蒸汽压 $p(H_2O)$；

(4)在 298 K 时，要使 $NiSO_4 \cdot 6H_2O(s)$在空气中不产生风化，空气中水的蒸汽压要维持多大?

解 (1)依题意：

$$\begin{aligned}\Delta_r H_m^{\ominus}(298\ K) &= \Delta_f H_m^{\ominus}(NiSO_4, s) + 6\Delta_f H_m^{\ominus}(H_2O, g) - \Delta_r H_m^{\ominus}(NiSO_4 \cdot 6H_2O, s)\\ &= -891.2 + 6 \times (-241.8) - (-2\ 688)\\ &= 346.0(kJ \cdot mol^{-1})\end{aligned}$$

$$\Delta_r S_m^\ominus(298\text{ K}) = S_m^\ominus(NiSO_4, s) + 6S_m^\ominus(H_2O, g) - S_m^\ominus(NiSO_4 \cdot 6H_2O, s)$$
$$= 77.82 + 6 \times 188.7 - 306$$
$$= 904.0(\text{J} \cdot \text{K}^{-1} \cdot \text{mol}^{-1})$$
$$\Delta_r G_m^\ominus(298\text{ K}) = \Delta_r H_m^\ominus(298\text{K}) - T\Delta_r S_m^\ominus(298\text{K})$$
$$= 346.0 - 298 \times 904.0 \times 10^{-3}$$
$$= 76.6(\text{kJ} \cdot \text{mol}^{-1})$$

$\Delta_r G_m^\ominus(298\text{ K}) > 0$，反应方向不能自发进行，故 $NiSO_4 \cdot 6H_2O(s)$在 298 K 标态下是稳定的。

(2)依题意：

$$T_{转} < \frac{\Delta_r H_m^\ominus}{\Delta_r S_m^\ominus} = \frac{346.0 \times 10^3}{904.0} = 382.7(\text{K})$$

(3)由 $\Delta_r G_m^\ominus(T) = -RT\ln K^\ominus$ 得：

$$\lg K^\ominus(298\text{ K}) = \frac{-\Delta_r G_m^\ominus(298\text{ K})}{2.303RT} = \frac{-76.6 \times 10^3}{2.303 \times 8.314 \times 298}$$
$$= -13.42$$
$$K^\ominus(298\text{ K}) = 3.8 \times 10^{-14}$$

又根据反应方程式知：

$$K^\ominus(298\text{ K}) = \left[\frac{p(H_2O)}{p^\ominus}\right]^6$$

代入 $K^\ominus(298\text{ K})$ 得：

$$\frac{p(H_2O)}{p^\ominus} = \sqrt[6]{K^\ominus(298\text{ K})} = \sqrt[6]{3.8 \times 10^{-14}}$$
$$= 5.80 \times 10^{-3}$$
$$p(H_2O) = 5.80 \times 10^{-3} \times p^\ominus$$
$$= 5.80 \times 10^{-3} \times 100 \times 10^3$$
$$= 580(\text{Pa})$$

(4)根据：
$$\Delta_r G_m = RT\ln \frac{Q_p}{K_p^\ominus}$$

要使 $NiSO_4 \cdot 6H_2O(s)$在空气中不产生风化即上述反应不进行，则应使反应

的 $Q_p > K_p^\ominus$，从(3)计算结果有：$Q_p > 3.8\times10^{-14}$

解得：$p(H_2O) > 580$ Pa

三、练习题

(一)选择题

1. 在某一温度下，反应 $2SO_2(g) + O_2(g) \rightleftharpoons 2SO_3(g)$的平衡常数为 $K^\ominus$，在同一温度下，$SO_3(g) \rightleftharpoons SO_2(g) + 1/2\ O_2(g)$的平衡常数为(　　)。

A. $1/\sqrt{K^\ominus}$　　B. $K^\ominus/2$　　C. $1/K^\ominus$　　D. $1/(K^\ominus)^2$

2. 下列说法正确的是(　　)。

A. 可逆反应定温达平衡态时，$\Delta_r G_m^\ominus = -RT\ln K^\ominus$

B. 可逆反应定温达平衡后，正逆反应速率为零

C. 可逆反应定温达平衡时，反应物与生成物浓度相等

D. 反应前后摩尔总数相等的可逆反应，$k_p^\ominus = k_c^\ominus$

3. 定温、给定可逆反应 $aA(g) + bB(s) \rightleftharpoons mC(g) + nD(g)$，下列命题不正确的是(　　)。

A. 当可逆反应进行到 $\Delta_r G_m = 0$ 时，自发反应达到平衡状态

B. 当可逆反应进行到 $\Delta_r G_m = 0$ 时，$Q_c = K^\ominus$

C. 当可逆反应进行到 $\Delta_r G_m = 0$ 时，$\ln K = -\Delta_r G_m^\ominus/RT$

D. 当可逆反应进行到 $\Delta_r G_m = 0$ 时，反应不再反应

4. 下列命题正确的是(　　)。

A. 化学平衡状态是正逆反应都不再进行的动态平衡

B. 反应 $N_2(g) + 3H_2(g) \rightleftharpoons 2NH_3(g)$ 和反应 $1/2N_2(g) + 3/2H_2(g) = NH_3(g)$的 $K^\ominus$ 相同

C. 反应 $C(s) + O_2(g) \rightleftharpoons 2CO(g)$的 $\Delta_r H_m < 0$，在定压下降温，正逆反应速率都降低，但平衡右移

D. 反应 $C(s) + O_2(g) \rightleftharpoons 2CO(g)$等号两边摩尔数相等，改变压力平衡不移动

5. 相同的温度变化，使 $K^\ominus$ 变化最大的是(　　)。

A. $\Delta_r H_m = -100\ kJ \cdot mol^{-1}$　　B. $\Delta_r H_m = -60\ kJ \cdot mol^{-1}$

C. $\Delta_r H_m = +80\ kJ \cdot mol^{-1}$　　D. $\Delta_r H_m = +20\ kJ \cdot mol^{-1}$

6.定温条件下的多重平衡体系如：

①$N_2(g)+O_2(g) \rightleftharpoons 2NO(g)$　　$K_1^{\ominus}=\dfrac{[c(NO)/c^{\ominus}]^2}{[c(N_2)/c^{\ominus}]\cdot[c(O_2)/c^{\ominus}]}$

②$2NO(g)+O_2(g) \rightleftharpoons 2NO_2(g)$　　$K_2^{\ominus}=\dfrac{[c(NO_2)/c^{\ominus}]^2}{[c(NO)/c^{\ominus}]^2\cdot[c(O_2)/c^{\ominus}]}$

③$N_2(g)+2O_2(g) \rightleftharpoons 2NO_2(g)$　　$K_3^{\ominus}=\dfrac{[c(NO_2)/c^{\ominus}]^2}{[c(N_2)/c^{\ominus}]\cdot[c(O_2)/c^{\ominus}]^2}$

反应达到平衡状态时，下列命题不正确的是(　　)。

A. 平衡体系中 $O_2(g)$的浓度只有一个数值

B. $O_2(g)$的平衡浓度同时满足 $K_1^{\ominus}$、$K_2^{\ominus}$、$K_3^{\ominus}$ 的定量关系

C. 反应③=反应②+反应①，则 $K_3^{\ominus}=K_1^{\ominus}+K_2^{\ominus}$

D. 对总反应 $2N_2(g)+4O_2(g)=4NO_2(g)$，$K_{总}=K_1^{\ominus}\times K_2^{\ominus}\times K_3^{\ominus}$

7.已知 $NH_3+H_2O \rightleftharpoons NH_4^{+}+OH^-$ 的平衡常数为 $K_b^{\ominus}$，反应 $H_2O \rightleftharpoons H^+ + OH^-$ 的平衡常数为 $K_w^{\ominus}$，则下列反应 $NH_3+H^+ \rightleftharpoons NH_4^{+}$ 的平衡常数为(　　)。

A. $K_b^{\ominus}+K_w^{\ominus}$　　B. $K_b^{\ominus}/K_w^{\ominus}$

C. $K_w^{\ominus}/K_b^{\ominus}$　　D. $K_b^{\ominus}\times K_w^{\ominus}$

8.已知 298 K 时，下列反应平衡常数：

①$DCN \rightleftharpoons D^+ + CN^-$　　$K_1^{\ominus}=1.0\times10^{-10}$

②$ND_3+D_2O \rightleftharpoons ND_4^+ + OD^-$　　$K_2^{\ominus}=1.0\times10^{-8}$

③$D_2O \rightleftharpoons D^+ + OD^-$　　$K_3^{\ominus}=1.0\times10^{-14}$

则反应④$ND_3+DCN \rightleftharpoons ND_4^+ + CN^-$ 的平衡常数 $K_4^{\ominus}$ 等于(　　)。

A. 1.0×10^{-12}　　B. 1.0×10^{-16}

C. 1.0×10^{-4}　　D. 1.0×10^{-8}

9.可逆反应 $2A(g)+2B(s) \rightleftharpoons C(g)+2D(g)$ 的 $\Delta_r H_m^{\ominus}>0$，若要提高 A 和 B 的转化率，应采取的措施是(　　)。

A. 升温减压　　B. 升温加压

C. 降温加压　　D. 降温减压

10.可逆反应 $2NO(g)+O_2(g) \rightleftharpoons 2NO_2(g)$ 定温达平衡后，若使平衡向右移动，浓度商 Q_c 与平衡常数 $K_c^{\ominus}$ 应满足的关系是(　　)。

A. $Q_c<K_c^{\ominus}$　　B. $Q_c>K_c^{\ominus}$

C. $Q_c=K_c^{\ominus}$　　D. $Q_c=0$

11.在 2 000 ℃时，可逆反应 $N_2(g)+O_2(g) \rightleftharpoons 2NO(g)$ 的 $K_c^{\ominus}=0.1$，若使反

应在该温度条件下向左进行，应满足的条件是(　　)。(浓度单位为 $mol\cdot L^{-1}$)

A. $c(N_2)=0.1$　　$c(O_2)=0.1$　　$c(NO)=0.01$

B. $c(N_2)=0.1$　　$c(O_2)=0.1$　　$c(NO)=0.001$

C. $c(N_2)=0.02$　　$c(O_2)=0.05$　　$c(NO)=0.04$

D. $c(N_2)=0.08$　　$c(O_2)=0.2$　　$c(NO)=0.04$

12. 已知可逆反应 $CH_4(g)+2O_2(g)\rightleftharpoons CO_2(g)+2H_2O(l)$ 的 $\Delta_r H_m^{\ominus}<0$，对于这个反应下列结论正确的是(　　)。

A. 升高温度平衡常数增大　　B. 降低温度平衡向右移动

C. $K_p^{\ominus}=K_c^{\ominus}$　　D. $Q_c=K_c^{\ominus}$

13. 在 800 ℃时，可逆反应 $CaCO_3(s)\rightleftharpoons CaO(s)+CO_2(g)$ 达到平衡状态时 $p(CO_2)=100$ kPa，若温度不变，使 $p(CO_2)=1.01$ kPa 时，下列结论正确的是(　　)。

A. 平衡向右移动　　B. 平衡向左移动

C 平衡不移动　　D. $K_p^{\ominus}=0.01$

14. 根据 $\ln\frac{K_2^{\ominus}}{K_1^{\ominus}}=\frac{\Delta_r H_m^{\ominus}}{R}\left(\frac{T_2-T_1}{T_1T_2}\right)$ 公式，在什么条件下提高温度使平衡正向移动(　　)。

A. $\Delta_r G_m^{\ominus}>0$　　B. $\Delta_r S_m^{\ominus}>0$

C. $\Delta_r H_m^{\ominus}>0$　　D. $Q_c<K_c^{\ominus}$

15. 给定可逆反应 $A+B\rightleftharpoons D+E$，$\Delta_r H_m^{\ominus}>0$，当反应温度由 T_1 升到 T_2 时，正、逆反应的平衡常数变量 ΔK 的大小关系为(　　)。

A. $\Delta K_{逆}>\Delta K_{正}$　　B. $\Delta K_{逆}=\Delta K_{正}$

C. $\Delta K_{正}>\Delta K_{逆}$　　D. $\Delta K_{逆}=1/2\Delta K_{正}$

(二)填空题

16. 在一定温度下，$Q=K^{\ominus}$ 应满足的条件是________。

17. 在定温等压下，$\Delta_r G_m(T)$ 与 $\Delta_r G_m^{\ominus}(T)$ 及反应商 Q 的定量关系为________，此定量关系称为________，用于判断________对平衡移动的影响。

18. 给定可逆反应，当 $Q<K^{\ominus}$，平衡向________移动；当 $Q>K^{\ominus}$，平衡向向________移动。

19. 对反应前后气体摩尔数相等的反应 $\Delta n=0$，体系的总压力改变使平衡________。

20. 给定气体反应体系，在等温、定容条件下引入不参加反应的气体，使体系的总压力改变，化学平衡________；在等温、定压条件下引入不参加反应的气体，使体系内各组分气体的分压改变，化学平衡向__________的方向移动。

21. 温度对化学平衡影响的本质是导致化学平衡常数__________，由此导致化学平衡发生移动。

22. 给定可逆反应，当 $\Delta_r H_m^{\ominus} > 0$ 时，升高温度（$T_2 > T_1$），使 $K_2^{\ominus} > K_1^{\ominus}$，导致平衡向__________移动。

23. 给定可逆反应，升高温度（$T_2 > T_1$），$K_2^{\ominus} < K_1^{\ominus}$，平衡向左移动，导致这一结果的状况是反应的__________ <0。

24. 克拉贝龙-克劳修斯方程式表达式为____________________，该式主要用于求算给定液体在不同____________________。

25. 在某温度下，反应 $C_2H_6(g) \rightleftharpoons C_2H_4(g) + H_2(g)$ 达到平衡状态，若保持温度和总压力不变，引入不参加反应的水蒸气，乙烯的产率__________。若保持温度和体积不变，引入水蒸气使总压增大，乙烯的产率__________。（用增大、定量关系减小或不变填入）

26. 给定可逆反应：$A(g) + B(g) \rightleftharpoons D(g) + E(l)$，$\triangle_r G_m^{\ominus} < 0$，当升高温度（$T_2 > T_1$）则平衡常数 K_1 与 K_2 的大小关系为__________。

（三）计算题

27. 已知反应：

①$H_2(g) + S(s) \rightleftharpoons H_2S(g)$　　$K_{c1}^{\ominus} = 1.0 \times 10^{-3}$

②$S(s) + O_2(g) \rightleftharpoons SO_2(g)$　　$K_{c2}^{\ominus} = 6.0 \times 10^{6}$

计算反应③$H_2(g) + SO_2(g) \rightleftharpoons H_2S(g) + O_2(g)$ 的 $K_{c3}^{\ominus} = ?$

28. 已知下列反应在给定温度下的 $\Delta G^{\ominus}$ 和 $K^{\ominus}$：

①$N_2(g) + 1/2O_2(g) \rightleftharpoons N_2O(g)$　　$\Delta_r G_{m1}^{\ominus}, K_{c1}^{\ominus}$

②$N_2O_4(g) \rightleftharpoons 2NO_2(g)$　　$\Delta_r G_{m2}^{\ominus}, K_{c2}^{\ominus}$

③$1/2N_2(g) + O_2(g) \rightleftharpoons NO_2(g)$　　$\Delta_r G_{m3}^{\ominus}, K_{c3}^{\ominus}$

计算反应④$2N_2O(g) + 3O_2(g) \rightleftharpoons 2N_2O_4$ 的 $\Delta_r G_{m4}^{\ominus}$ 和 $K_{c4}^{\ominus}$。

29. 反应 $4HCl(g) + O_2(g) \rightleftharpoons 2H_2O(g) + Cl_2(g)$，在一定温度下的 $K_c^{\ominus} = 1.6$，若反应处于下列情况下：

（1）$c(HCl) = c(O_2) = c(Cl_2) = 0.10\ mol \cdot L^{-1}$，$c(H_2O, g)$ 要达到多少，反应才处于平衡状态？

（2）$c(HCl) = 1.20\ mol \cdot L^{-1}$，$c(O_2) = 0.60\ mol \cdot L^{-1}$，$c(H_2O) = 1.40\ mol \cdot L^{-1}$，$c(Cl_2) = 0.80\ mol \cdot L^{-1}$，平衡向什么方向移动才能建立新的平衡。

30. 请证明：

(1)对理想体系：$p=c\cdot RT$

(2)一般气体反应：$aA(g)+bB(g)\rightleftharpoons mD(g)+nE(g)$

$$K_p=\frac{[p(D)]^m\cdot[p(E)]^n}{[p(A)]^a\cdot[p(B)]^b}=K_c\ (RT)^{\Delta n}$$

$$\Delta n=(m+n)-(a+b)$$

31. 用减压蒸馏的方法制苯酚，已知苯酚的正常沸点为 455.15 K，如果外压至 $p=1.33\times10^4$ Pa，苯酚的沸点是多少？（已知苯酚的 $\Delta_{vap}H_m^{\ominus}=48.14\ kJ\cdot mol^{-1}$）

32. 已知反应　　$C(s)+CO_2(g)\rightleftharpoons 2CO(g)$

$$T_1=940\ K, K_1^{\ominus}=0.5; T_2=1\,040\ K, K_2^{\ominus}=4.6$$

计算：

(1)该反应 298 K 的 $\Delta_rH_m^{\ominus}$，$\Delta_rS_m^{\ominus}$。

(2)温度升到 1 140 K 时，$K^{\ominus}$ 值为多少。

33. 在高层大气中的 NO(g) 可能直接破坏臭氧层，其反应为：

$$NO(g)+O_3(g)\longrightarrow NO_2(g)+O_2(g)$$

已知 $\Delta_fG_m^{\ominus}(O_3,g)=163.6\ kJ\cdot mol^{-1}$，$\Delta_fG_m^{\ominus}(NO,g)=86.7\ kJ\cdot mol^{-1}$，

$\Delta_fG_m^{\ominus}(NO_2,g)=51.9\ kJ\cdot mol^{-1}$

(1)求 298 K 反应的 $\Delta_rG_m^{\ominus}(298\ K)$、$K_p^{\ominus}$ 和 $K_c^{\ominus}$。

(2)设高层大气中的 O_3、NO 与 O_2 的起始浓度分别为 $1\times10^{-9}\ mol\cdot L^{-1}$、$2\times10^{-9}\ mol\cdot L^{-1}$、$2\times10^{-3} mol\cdot L^{-1}$，计算 O_3 的平衡浓度和 O_3 被破坏的质量百分数。（设反应前大气中没有 NO_2）

34. 已知碳酸钙分解反应的热力学数据：

	$CaCO_3(s)\overset{\triangle}{\rightleftharpoons}$	$CaO(s)+$	$CO_2(g)$
$\Delta_fH_m^{\ominus}(298\ K)(kJ\cdot mol^{-1})$	$-1\,206.9$	-635.1	-393.5
$S_m^{\ominus}(298\ K)(J\cdot K^{-1}\cdot mol^{-1})$	92.9	39.7	213.6

求算：

(1)298 K 时分解反应的平衡常数 $K_p^{\ominus}(298\ K)$ 和 CO_2 的平衡分压 $p(CO_2)$；

(2)分解反应自发进行的温度条件和此态下的 $p(CO_2)$；

(3)如果通过减少 CO_2 分压使分解反应在常态(298 K)就自发进行，应控制 CO_2 的分压是多少。

参考答案

(一)选择题

1. A　2. A　3. D　4. C　5. A　6. C　7. B　8. C　9. A
10. A　11. C　12. B　13. A　14. C　15. C

(二)填空题

16. 反应到达平衡状态
17. $\Delta_r G_m = \Delta_r G_m^{\ominus} + RT\ln Q$;等温方程式;定温条件下,浓度、分压改变时
18. 正反应方向,逆反应方向
19. 不产生移动
20. 不移动,气体摩尔数减少
21. 改变(升高或降低)
22. 正反应方向
23. $\Delta_r H_m^{\ominus}$
24. $\ln\dfrac{p_2}{p_1} = \dfrac{\Delta_{vap}H_m^{\ominus}}{R}\left(\dfrac{T_2 - T_1}{T_1 \cdot T_2}\right)$,压力下相应的沸点
25. 增大,不变
26. $K_1 > K_2$

(三)计算题

27. **解**　依题意有:反应③=反应①-反应②

$$K_{c3}^{\ominus} = \frac{K_{c1}^{\ominus}}{K_{c2}^{\ominus}} = \frac{1.0\times10^{-3}}{6.0\times10^{6}}$$
$$=1.67\times10^{-10}$$

28. **解**　依题意有:反应④=反应③×4-(反应①-反应②)×2

$$\Delta_r G_{m4}^{\ominus} = \Delta_r G_{m3}^{\ominus}\times4 - (\Delta_r G_{m1}^{\ominus} - \Delta_r G_{m2}^{\ominus})\times2$$
$$\Delta_r G_{m4}^{\ominus} = [\Delta_r G_{m3}^{\ominus}\times2 - (\Delta_r G_{m1}^{\ominus} - \Delta_r G_{m2}^{\ominus})]\times2$$
$$K_{c4}^{\ominus} = \left[\frac{(K_{c3}^{\ominus})^2}{\left(\dfrac{K_{c1}^{\ominus}}{K_{c2}^{\ominus}}\right)^2}\right]^2 = \left[\frac{(K_{c3}^{\ominus})^2 \cdot K_{c2}^{\ominus}}{K_{c1}^{\ominus}}\right]^2$$

29.**解** 依题意有：(1)平衡时，

$$K^{\ominus}=\frac{[c(Cl_2)/c^{\ominus}]\cdot[c(H_2O)/c^{\ominus}]^2}{[c(HCl)/c^{\ominus}]^4\cdot[c(O_2)/c^{\ominus}]}=\frac{0.1\times[c(H_2O)/c^{\ominus}]^2}{[0.1]^4\cdot[0.1]}=1.6$$

$$c(H_2O)=0.0126(mol\cdot L^{-1})$$

$$(2)Q_c=\frac{[c(Cl_2)/c^{\ominus}]\cdot[c(H_2O)/c^{\ominus}]^2}{[c(HCl)/c^{\ominus}]^4\cdot[c(O_2)/c^{\ominus}]}=\frac{0.80\times[1.40]^2}{[1.20]^4\cdot[0.60]}=1.26$$

$Q_c<K^{\ominus}$，平衡向右移动

30.**解** (1)对理想体系：其状态方程为 $pV=nRT$

当在定容体系下，有：
$$p=\frac{n}{V}RT$$
$$=cRT$$

(2)一般气体反应，平衡时有：$K_p=\frac{[p(D)]^m\cdot[p(E)]^n}{[p(A)]^a\cdot[p(B)]^b}$

将 $p=c\cdot RT$ 代入上式得：

$$K_p=\frac{[c(D)\cdot RT]^m\cdot[c(E)\cdot RT]^n}{[c(A)\cdot RT]^a\cdot[c(B)\cdot RT]^b}$$
$$=\frac{[c(D)]^m\cdot[c(E)]^n}{[c(A)]^a\cdot[c(B)]^b}\cdot(RT)^{(m+n)-(a+b)}$$
$$=K_c\cdot(RT)^{\Delta n}$$

其中：$\Delta n=(m+n)-(a+b)$

31.**解** 依题意，根据贝龙-克劳修斯方程求解可得：

$$\ln\frac{p_2}{p_1}=\frac{\Delta_{vap}H_m^{\ominus}}{R}\left(\frac{T_2-T_1}{T_1\times T_2}\right)$$
$$\ln\frac{1.33\times10^4}{1.00\times10^5}=\frac{48.14\times10^3}{8.314}\left(\frac{T_2-455.15}{455.15\times T_2}\right)$$
$$T_2=392.86(K)$$

32.**解** (1)依题意有：$\ln\frac{K_2^{\ominus}}{K_1^{\ominus}}=\frac{\Delta_r H_m^{\ominus}}{R}\left(\frac{T_2-T_1}{T_1\cdot T_2}\right)$

$$\ln\frac{4.6}{0.5}=\frac{\Delta_r H_m^{\ominus}}{R}\left(\frac{1040-940}{940\times1040}\right)$$
$$\Delta_r H_m^{\ominus}=180.37(mol\cdot L^{-1})$$

根据：
$$-RT\ln K^{\ominus}=\Delta_r H_m^{\ominus}-T\Delta_r S_m^{\ominus}$$

$$\ln K_1^{\ominus} = -\frac{\Delta_r H_m^{\ominus}}{RT_1} + \frac{\Delta_r S_m^{\ominus}}{R}$$

$$\Delta_r S_m^{\ominus} = R \times \left(\ln K_1^{\ominus} + \frac{\Delta_r H_m^{\ominus}}{RT_1}\right)$$

$$= 8.314 \times \left(\ln 0.5 + \frac{180.37 \times 10^3}{8.314 \times 940}\right)$$

$$= 186.12(\mathrm{J \cdot K^{-1} \cdot mol^{-1}})$$

(2)根据：
$$\ln \frac{K_2^{\ominus}}{K_1^{\ominus}} = \frac{\Delta_r H_m^{\ominus}}{R}\left(\frac{T_2 - T_1}{T_1 \cdot T_2}\right)$$

$$\ln \frac{K_2^{\ominus}}{0.5} = \frac{180.37}{R}\left(\frac{1\,140 - 940}{940 \times 1\,140}\right)$$

$$K_2^{\ominus} = 28.67$$

33. **解** (1)依题意有：$\Delta_r G_m^{\ominus}(298\ \mathrm{K}) = \sum(\nu_B \Delta_f G_{m生成物}^{\ominus}) + \sum(\nu_B \Delta_f G_{m反应物}^{\ominus})$

$$\Delta_r G_m^{\ominus}(298\ \mathrm{K}) = \Delta_r G_m^{\ominus}(NO_2, g) + \Delta_f G_m^{\ominus}(O_2, g) - \Delta_f G_m^{\ominus}(NO, g) - \Delta_f G_m^{\ominus}(O_3, g)$$

$$= 51.9 + 0.0 - 86.7 - 163.6$$

$$= -198.4(\mathrm{kJ \cdot mol^{-1}})$$

根据：
$$\Delta_r G_m^{\ominus}(298\ \mathrm{K}) = -RT\ln K_c^{\ominus}$$

$$\ln K_c^{\ominus} = \frac{-(-198.4) \times 10^3}{8.314 \times 298} = 80.08$$

$$K_c^{\ominus} = 5.99 \times 10^{34}$$

根据：
$$K_p^{\ominus} = K_c^{\ominus} \cdot (RT)^{\Delta n}, \Delta n = 0$$

$$K_p^{\ominus} = K_c^{\ominus} = 5.59 \times 10^{34}$$

(2)设 O_3 的平衡浓度为 x

$$NO(g) + O_3 \rightleftharpoons NO_2(g) + O_2(g)$$

	NO(g)	O_3	NO_2(g)	O_2(g)
起始浓度	2×10^{-9}	1×10^{-9}	0	2×10^{-3}
平衡时	$(2-1) \times 10^{-9} + x$	x	$1 \times 10^{-9} - x$	$2 \times 10^{-3} + 1 \times 10^{-9} - x$

$$K_c = \frac{[c(NO_2)/c^{\ominus}] \cdot [c(O_2)/c^{\ominus}]}{[c(NO)/c^{\ominus}] \cdot [c(O_3/c^{\ominus})]}$$

$$= \frac{(1 \times 10^{-9} - x) \cdot (2 \times 10^{-3} + 1 \times 10^{-9} - x)}{[(2-1) \times 10^{-9} + x]x}$$

$$=5.99\times10^{34}$$

近似处理的： $5.99\times10^{34}=\dfrac{[1\times10^{-9}]\times[2\times10^{-3}]}{[1.0\times10^{-9}]\cdot x}$

解得 $x=3.3\times10^{-38}(\text{mol}\cdot\text{L}^{-1})$

O_3被破坏的质量百分数$=\dfrac{c(O_3)-x}{c(O_3)}=\times100\%=100\%$

34. **解** 依题意：(1)298 K，根据

$$\Delta_r H_m^\ominus=\sum(\nu_B\Delta_f H^\ominus_{m生成物})+\sum(\nu_B\Delta_f H^\ominus_{m反应物})$$

$$\Delta_r H_m^\ominus=(-393.5)+(-635.1)-(-1\,206.9)=178.3(\text{kJ}\cdot\text{mol}^{-1})$$

$$\Delta_r S_m^\ominus=\sum(\nu_B S^\ominus_{m生成物})+\sum(\nu_B S^\ominus_{m反应物})$$

$$\Delta_s S_m^\ominus=213.6+39.7-92.9=160.4\ \text{J}\cdot\text{K}^{-1}\cdot\text{mol}^{-1}$$

$$\Delta_r G_m^\ominus=\Delta_r H_m^\ominus-T\Delta_r S_m^\ominus=178.3-298\times160.4\times10^{-3}$$
$$=130.5(\text{kJ}\cdot\text{mol}^{-1})$$

再根据 $\Delta_r G_m^\ominus=-RT\ln K^\ominus$

$$\ln K^\ominus=-\frac{\Delta_r G_m^\ominus}{RT}$$

$$\ln K^\ominus=-\frac{130.5\times1\,000}{8.314\times298}=-52.67$$

$$K^\ominus=1.33\times10^{-23}$$

或再根据 $\ln K_p^\ominus(298\ \text{K})=-\dfrac{\Delta_r H_m^\ominus}{RT}+\dfrac{\Delta_r S_m^\ominus}{R}$

$$=-\frac{178.3\times10^3}{8.314\times298}+\frac{160.4}{8.314}=-52.67$$

$$K_p^\ominus(298\ \text{K})=1.33\times10^{-23}$$

$$p(CO_2)/p^\ominus=K_p^\ominus(298\ \text{K})=1.33\times10^{-23}(\text{kPa})$$

此时的平衡分压是：$p(CO_2)=1.33\times10^{-23}\times100=1.33\times10^{-21}(\text{kPa})$

(2)若使反应自发进行，则 $\Delta_r G_m^\ominus=\Delta_r H_m^\ominus-T\Delta_r S_m^\ominus\leqslant0$

此时的反应温度为：$T\geqslant\dfrac{\Delta_r H_m^\ominus}{\Delta_r S_m^\ominus}\geqslant\dfrac{178.3}{160.4\times10^{-3}}=1\,111.6(\text{K})$

再根据 $\ln K_p^\ominus(T)=-\dfrac{\Delta_r H_m^\ominus}{RT}+\dfrac{\Delta_r S_m^\ominus}{R}$

$$\ln K_p^{\ominus}(1\,111.6\ \text{K})=-\frac{178.3\times10^3}{8.314\times1\,111.6}+\frac{160.4}{8.314}$$

$$=6.93\times10^{-5}$$

$$K_p^{\ominus}(1\,111.6\ \text{K})=1.0$$

因为 $K_p^{\ominus}(1\,111.6\ \text{K})=p(CO_2)/p^{\ominus}$，所以 $p(CO_2)=100\ \text{kPa}$

(3)若使反应在常态(298 K)下能自发进行，则有：

$$\ln[p(CO_2)/p^{\ominus}]=-\frac{\Delta_r H_m^{\ominus}}{RT}+\frac{\Delta_r S_m^{\ominus}}{R}$$

$$=-\frac{178.3\times1\,000}{8.314\times298}+\frac{160.4}{8.314}$$

$$=-52.67$$

$$p(CO_2)=1.33\times10^{-21}\ \text{kPa}$$

第五章　稀溶液的依数性

一、基本概念与基本公式

(一)溶液的组成标度

1. 物质的量浓度

定义:1 000 mL 溶液中含溶质 B 的物质的量(n_B)。

符号:$c(B)$

单位:$mol \cdot L^{-1}$

公式:$$c(B)=\frac{W_B}{GM_B}\times\frac{1\,000}{V(mL)} \tag{5-1}$$

式中:W_B为溶质 B 的质量;GM_B为溶质 B 的摩尔质量;V 为溶液的体积。

2. 质量摩尔浓度

定义:1 000 g 溶剂中含溶质 B 的物质的量(n_B)。

符号:m

单位:$mol \cdot kg^{-1}$

公式:$$m=\frac{W_B}{GM_B}\times\frac{1\,000}{W_A(g)} \tag{5-2}$$

式中 W_A为溶剂的质量。

3. 摩尔分数

定义:物系中组分 i 的物质的量与物系中各物质的物质的量的总和的比值。给定物系为溶液,则组分 i 为溶质 B 和溶剂 A,若溶液中含有多种溶质,则:

$$n_B(总)=n_{B1}+n_{B2}+n_{B3}+\cdots=\sum_{i=1}^{i}n_{Bi}$$

符号：X_i

若物系仅由两组分组成，则有公式：

$$X_B=\frac{n_B}{n_A+n_B} \tag{5-3}$$

$$X_A=\frac{n_A}{n_A+n_B}$$

$$X_A+X_B=1$$

4. 质量分数 W_B

定义：组分 B 的质量与混合物($W_{总}$)的质量之比。

$$W_{总}=W_{B1}+W_{B2}+W_{B3}+\cdots=\sum_{i=1}^{i}W_{Bi}$$

符号：W_B

公式：
$$W_B=\frac{W_B}{W_{总}}\times100\% \tag{5-4}$$

式中：W_B 为组分 B 的质量数(kg)；$W_{总}$ 为混合物的质量数(kg)。

5. ppm 浓度(百万份浓度)

定义：百万份(10^6)溶液中含溶质的份数或 1 L 溶液中含溶质的毫克数(溶液的密度 $d=1$)。

符号：ppm

公式：
$$\text{ppm}=\frac{W_B}{W_{液}}\times10^6 \tag{5-5}$$

(二)难挥发非电解质稀溶液的依数性

1. 溶液的蒸汽压下降

符号：ΔP

公式：拉乌尔定律　$P_{液}=P^{\circ}\cdot X(A)$

经数学处理　$\Delta P=K\cdot m$　(5-6)

溶液的蒸汽压：　$P_{液}=P^{\circ}-\Delta P$

式中：K 为溶液蒸汽压下降常数；m 为质量摩尔浓度；P°为纯溶剂的蒸汽压；$X(A)$ 为溶剂的摩尔分数。

2. 溶液的沸点上升

符号：ΔT_b

公式：
$$\Delta T_b = K_b \cdot m = K_b \cdot \frac{W_B}{GM_B} \times \frac{1\,000}{W_A} \tag{5-7}$$

溶液的沸点：$T_b = T_b^{\circ} + \Delta T_b$

式中：K_b为沸点上升常数，K_b(水)$=0.52\ K \cdot kg \cdot mol^{-1}$；$T_b^{\circ}$ 为纯溶剂的沸点。

3. 溶液的凝固点下降

符号：ΔT_f

公式：
$$\Delta T_f = K_f \cdot m = K_f \cdot \frac{W_B}{GM_B} \times \frac{1\,000}{W_A} \tag{5-8}$$

溶液的凝固点：$T_f = T_f^{\circ} + \Delta T_f$

式中：K_f为凝固点下降常数；T_f° 为纯溶剂的凝固点。

4. 溶液的渗透压

符号：π

公式：
$$\pi = c(B)RT \tag{5-9}$$

极稀溶液：$c(B) \approx m$

$$\pi = mRT$$

式中：T 为绝对温度(K)；R 为气体常数($8.314\ kPa \cdot L \cdot K^{-1} \cdot mol^{-1}$)。

给定渗透体系：π 相同的互为等渗体系；π 不相同，π 大为高渗体系，π 小为低渗体系。

上述式(5-6)至式(5-9)的计算公式，当选定温度 T，综合得计算通式：

$$\Delta = K \cdot m = K \cdot \frac{W_B}{GM_B} \times \frac{1\,000}{W_A} \tag{5-10}$$

式中：Δ 为 ΔP、ΔT_b、ΔT_f、π；K 为 K_b、K_f、RT。

(三)难挥发电解质稀溶液依数性

1. 计算公式

电解质在溶液中发生电离，其行为不遵守依数性定律，按下列公式计算电解质稀溶液的依数性值：

$$\left.\begin{aligned} \Delta P' &= i \cdot Km \\ \Delta T_b' &= i \cdot K_b m \\ \Delta T_f' &= i \cdot K_f m \\ \pi' &= i \cdot c_B RT \approx i \cdot mRT \end{aligned}\right\} \tag{5-11}$$

计算通式：

$$\Delta' = i \cdot Km = i \cdot \Delta \tag{5-12}$$

2. i 的意义

(1)从式(5-12)得：

$$i = \frac{\Delta'}{\Delta} \tag{5-13}$$

式中 i 是电解质稀溶液的依数性值比非电解质稀溶液依数性值大的倍数，例如，0.10 mol·kg^{-1} NaCl 水溶液的 i 值为 1.87。

(2)i 与电解质化学式中含的离子数目有关。

对于强电解质：

$$i_{理论} = 离子化合物中所含的离子数目$$

如：NaCl　　　$i_{理论}(NaCl) = 2$

　　K_2SO_4　　　$i_{理论}(K_2SO_4) = 3$

对于弱电解质，i 从以下式子求出：

$$\alpha = \frac{i-1}{n-1} \tag{5-14}$$

式中：α 为电离度；n 为电解质完全电离出的离子数。

二、基本计算题型

(一)求算溶液的浓度

例 1　将 1.8 g 葡萄糖溶于水配成 100 mL 溶液，求溶液的物质的量浓度、质量摩尔浓度和摩尔分数(已知溶液的密度 $d = 1.018\ g \cdot mL^{-1}$)。

解　依题意，葡萄糖 $GM_B = 180\ g \cdot mol^{-1}$

(1)按公式(5-1)求 $c(B)$。

$$c(B) = \frac{W_B}{GM_B} \times \frac{1\,000}{V(mL)} = \frac{1.8}{180} \times \frac{1\,000}{100} = 0.10(mol \cdot L^{-1})$$

(2)按公式(5-2)求 m。

$$m=\frac{W_B}{GM_B}\times\frac{1\,000}{W_A(\mathrm{g})}$$
$$=\frac{1.8}{180}\times\frac{1\,000}{100\times1.018-1.8}=0.10(\mathrm{mol\cdot kg^{-1}})$$

(3)按公式(5-3)求 X_A、X_B。

$$X_B=\frac{n_B}{n_A+n_B}=\frac{\frac{1.8}{180}}{\frac{100\times1.018-1.8}{18}+\frac{1.8}{180}}$$
$$=\frac{0.01}{5.56+0.01}=0.001\,795$$
$$X_A(\text{水})=1-0.001\,795=0.998\,2$$

例 2 将 0.1 g 农药“九二〇”溶于水配成 100 mL 溶液，求溶液的 ppm 浓度(已知溶液的 $d=1.000\ \mathrm{g\cdot mL^{-1}}$)。

解 依题意，按公式(5-5)求：

$$\mathrm{ppm}=\frac{W_B}{W_{\text{液}}}\times10^6$$
$$=\frac{0.1}{100\times1.000}\times10^6=1\,000$$

(二)求溶液的依数性值

例 3 将 0.92 g 甘油溶于 100 mL 水，配成甘油溶液，求该溶液的沸点 T_b、凝固点 T_f和溶液的渗透压 π ($T=298$ K、$K_b=0.52$、$K_f=1.86$)。

解 依题意：

$$m=\frac{W_B}{GM_B}\times\frac{1\,000}{W_A}$$
$$=\frac{0.92}{92}\times\frac{1\,000}{100}=0.10(\mathrm{mol\cdot L^{-1}})$$

按公式(5-7)求：

$$\Delta T_b=K_b\cdot m=0.52\times0.10=0.052(℃)$$

溶液的 $T_b=100+0.052=100.052(℃)$

按公式(5-8)求：

$$\Delta T_f=K_f\cdot m=1.86\times0.10=0.186(℃)$$

溶液的 $T_f=0-0.186=-0.186(℃)$

按公式(5-9)求：

$$\begin{aligned}\pi&=mRT=0.1\times8.314\times298\\&=247.8(\text{kPa})\end{aligned}$$

例 4　某化合物 2.40 g 溶于 100 g 水中，测其溶液的凝固点为 -0.0186 ℃，求 298 K 时溶液的渗透压 π。[已知 K_f(水)$=1.86\ \text{K}\cdot\text{kg}\cdot\text{mol}^{-1}$]

解　依题意，溶液的 $\Delta T_f=0.0186$ ℃

按公式(5-8)求：

$$m=\frac{\Delta T_f}{K_f}=\frac{0.0186}{1.86}=0.01\ (\text{mol}\cdot\text{kg}^{-1})$$

按公式(5-9)求：

$$\begin{aligned}\pi&=mRT=0.01\times8.314\times298\\&=24.78(\text{kPa})\end{aligned}$$

(三)求未知物的摩尔质量，进而求未知物的分子式

例 5　某有机物 90.00 g 溶于 500 g 水中，测其溶液的凝固点为 -0.186 ℃，求该有机物的摩尔质量是多少？推算该有机物的分子式。[已知 K_f(水)$=1.86$，该有机物含碳 40%，含氢 6.7%，含氧 53.3%]

解　依题意：

该溶液的 $\Delta T_f=0.186$ ℃

(1)据公式(5-10)求 Δ。

$$\Delta=K\cdot m=K\cdot\frac{W_B}{GM_B}\times\frac{1000}{W_A}$$

$$\begin{aligned}GM_B&=K_f\cdot\frac{W_B}{\Delta}\times\frac{1000}{W_A}\\&=1.86\cdot\frac{90.0}{0.186}\times\frac{1000}{500}=1800\ \text{g}\cdot\text{mol}^{-1}\end{aligned}$$

(2)据分子中碳、氢、氧的含量求原子数目。

$$碳原子数目=\frac{1\ 800\times 40\%}{12}=60$$

$$氢原子数目=\frac{1\ 800\times 6.7\%}{1}\approx 120$$

$$氧原子数目=\frac{1\ 800\times 53.3\%}{16}\approx 60$$

该有机物的分子式为 $C_{60}H_{120}O_{60}$。

例 6 1.5 g 物质 B_1 溶于 200 g 水的溶液，与 2.25 g 未知物 B_2 溶于 100 g 水的溶液具有相同的凝固点，求未知物的摩尔质量是多少？（物质 B_1 的摩尔质量 60.0 $g \cdot mol^{-1}$）

解 依题意：

$$\Delta T_f(B_1)=\Delta T_f(B_2)$$

根据

$$\Delta T_f=K_f\cdot\frac{W_B}{GM_B}\times\frac{1\ 000}{W_A}$$

有

$$\frac{W_{B_1}}{GM_{B_1}}\times\frac{1\ 000}{W_{A_1}}=\frac{W_{B_2}}{GM_{B_2}}\times\frac{1\ 000}{W_{A_2}}$$

$$GM_{B_2}=\frac{W_{B_2}}{W_{B_1}}\times\frac{W_{A_1}\times GM_{B_1}}{W_{A_2}}=\frac{2.25\times 200\times 60}{1.50\times 100}$$

$$=180.0(g\cdot mol^{-1})$$

(四)推求溶质的属性

例 7 将 4.0 g AB 物质溶于 100 mL 水中，测得溶液的凝固点为 −1.116 ℃，经计算推求 AB 是弱电解质或是强电解质或是非电解质？［已知 K_f(水)＝1.86，AB 的 $GM_B=100\ g\cdot mol^{-1}$］

解 依题意；AB 溶液的质量摩尔浓度为：

$$m(AB)=\frac{W_B}{GM_B}\times\frac{1\ 000}{W_A}$$

$$=\frac{4.0}{100}\times\frac{1\ 000}{100}=0.40(mol\cdot kg^{-1})$$

按公式(5-8)：

$$\Delta T_f=K_f\cdot m=1.116\ ℃$$

求得：$m=\frac{\Delta t_f}{K_f}=\frac{1.116}{1.86}=0.60(mol\cdot kg^{-1})$

当：$m=m(AB)$，则 AB 是非电解质；

$m=2m(AB)$，则 AB 是强电解质；

$m(AB)<m<2m(AB)$，则 AB 是弱电解质。

因为 0.40<0.60<2×0.40,所以 AB 是弱电解质。

如果求算 AB 的电离度,则可:

$$AB \rightleftharpoons A^+ + B^-$$

起始浓度	0.40	0	0
平衡浓度	$0.40-x$	x	x

溶液中未电离的分子与离子的总浓度为 0.6 mol·kg^{-1},则:

$$0.6=0.40-x+x+x$$
$$x=0.20(\text{mol}\cdot\text{kg}^{-1})$$

故 AB 的电离度为:

$$\alpha=\frac{x}{m_{AB}}=\frac{0.20}{0.40}\times 100\%=50.0\%$$

(五)推理溶液依数性值的大小,比较溶液蒸汽压、沸点、凝固点、渗透压的大小

1. 溶质都是非电解质

据公式(5-10): $\Delta=K\cdot\frac{W_B}{GM_B}\times\frac{1\,000}{W_A}$

当给定溶液体系的条件(W_B、W_A、K 值)相同,则 GM_B 越小,m 值越大,Δ 越大;相反亦成立。

当给定体系的条件(W_B、W_A、K 值)不相同,则求出的 m 值越大,Δ 越大,相反亦成立。

此态下:溶液的蒸汽压越低,溶液的沸点越高,溶液的凝固点越低,溶液的渗透压越大;相反亦成立。

例 8 质量百分比浓度都相同的四种水溶液:

①5%尿素溶液($CO(NH_2)_2$);

②5%葡萄糖溶液($C_6H_{12}O_6$);

③5%甘油溶液($C_3H_8O_3$);

④5%蔗糖溶液($C_{12}H_{22}O_{11}$)。

推求溶液的蒸汽压、沸点、凝固点、渗透压由高到低排序。

解 依题意,所给体系的 W_B、W_A、K 值都相同,按式(5-10)推求得:

$$GM_B(C_{12}H_{22}O_{11})>GM_B(C_6H_{12}O_6)>GM_B(C_3H_8O_3)>GM_B(CO(NH_2)_2)$$

$$\Delta④<\Delta②<\Delta③<\Delta①$$

所以溶液的蒸汽压由高到低的排序为：

$$p(C_{12}H_{22}O_{11})>p(C_6H_{12}O_6)>p(C_3H_8O_3)>p(CO(NH_2)_2)$$

溶液的沸点由高到低的排序为：

$$T_b(CO(NH_2)_2)>T_b(C_3H_8O_3)>T_b(C_6H_{12}O_6)>T_b(C_{12}H_{22}O_{11})$$

溶液的凝固点由高到低的排序为：

$$T_f(C_{12}H_{22}O_{11})>T_f(C_6H_{12}O_6)>T_f(C_3H_8O_3)>T_f(CO(NH_2)_2)$$

溶液的渗透压由大至小的排序为：

$$\pi(CO(NH_2)_2)>\pi(C_3H_8O_3)>\pi(C_6H_{12}O_6)>\pi(C_{12}H_{22}O_{11})$$

2. 溶质既有非电解质，又有电解质

此类情况要考虑电解质的 i 值对依数性值的影响，通常取 i 的理论值进行推求。

例 9 推求下列水溶液体系中，沸点最高、凝固点最高、渗透压最大的溶液。

①0.10mHAc 溶液；

②0.10mNaCl 溶液；

③0.10m 乙二醇溶液；

④0.10$m$$CaCl_2$溶液。

解 依题意，按式(5-10)推求，所给溶液中含溶质颗粒数的多少为：

$$m(CaCl_2)>m(NaCl)>m(HAc)>m(\text{乙二醇})$$

溶液依数性值 Δ 的大小为：

$$\Delta(CaCl_2)>\Delta(NaCl)>\Delta(HAc)>\Delta(\text{乙二醇})$$

所以所给溶液体系中：溶液沸点最高的是 $CaCl_2$ 溶液，凝固点最高的是乙二醇溶液，渗透压最大的是 $CaCl_2$ 溶液。

3. 溶液体系中溶剂种类的不同

此类情况要考虑因溶剂种类不同而依数性常数(K_b、K_f)不同对溶液依数性值的影响。

例 10 将 0.10 g 有机物 A 分别溶于 20.0 g 的水、苯、环己烷、萘四种溶剂中，测定这四种溶液的凝固点。请预测测定结果的大小。[已知 K_f(水)=1.86，K_f(环

己烷)=20.2，K_f(苯)=5.12，K_f(萘)=6.90]

解　依题意，相同质量的有机物A溶于相同质量的四种溶剂中，故四种溶液的质量摩尔浓度相同。

据公式(5-8)：　$\Delta T_f = K_f \cdot m$

m值相同，K_f值大，ΔT_f值大，相反亦成立。

所以预测四种溶液凝固点的高低排序为：

$$T_f(\text{环己烷}) < T_f(\text{萘}) < T_f(\text{苯}) < T_f(\text{水})$$

三、练习题

(一)选择题

1. 1 L 100 ppm“九二〇”农药溶液中，含“九二〇”农药(　　)g。

A. 0.1　　B. 100　　C. 1 000　　D. 920

2. 将质量百分浓度换算为质量摩尔浓度，换算公式为(　　)式。

A. $\dfrac{1\,000 \times d \times a\%}{GM_B}$　　B. $\dfrac{1\,000 \times a\%}{GM_B \times (1-a\%)}$

C. $\dfrac{1\,000 \times a\%}{GM_B}$　　D. $\dfrac{W_B \times 1\,000}{GM_B \times W_A}$

(GM_B为摩尔质量，d为溶液密度，W_A为溶剂质量，W_B为溶质质量)

3. 物质的量浓度为1.0 $mol \cdot L^{-1}$的溶液，其质量摩尔浓度为(　　)$mol \cdot kg^{-1}$。(已知密度为1.1 $g \cdot cm^{-3}$，溶质的摩尔质量为100 $g \cdot mol^{-1}$)

A. 1.0　　B. 0.1　　C. 1.1　　D. 0.9

4. 10%的物质B水溶液，溶液密度为1.10，溶液中B的摩尔分数为(　　)。(GM_B=100 $g \cdot mol^{-1}$)。

A. 0.019 6　　B. 0.022 0　　C. 0.020 0　　D. 0.980

5. 1.0 $mol \cdot kg^{-1}$ B物质的水溶液中，B物质的物质的量分数为(　　)。

A. 1/56.6　　B. 1/18　　C. 55.6/56.6　　D. 1

6. 分析下列溶液体系，回答问题①～④：

A. 0.10 $mol \cdot kg^{-1}$蔗糖水溶液　　B. 0.10 $mol \cdot kg^{-1}$ HAc水溶液

C. 0.10 $mol \cdot kg^{-1}$ NaCl水溶液　　D. 0.10 $mol \cdot kg^{-1}$ $CaCl_2$水溶液

①含溶质颗粒数最多的溶液体系是(　　)；

②相同条件下试验，首先沸腾的溶液是(　　)；

③相同条件下经冷却，最后出现冰冻的溶液是(　　)；

④下列叙述正确的是(　　)。

A. A、B、C、D 四种溶液的 K_f 具有不同的数值

B. B 溶液体系的 ΔT_f 值不能按 $\Delta T_f = K_f \cdot 2 \times 0.10$ 求算

C. B、C 两体系为等渗溶液

D. 将新鲜萝卜置于 D 体系中，萝卜必定膨胀破裂

7. 10.0 g B_1 物质溶于 1 000 g 水中，测得 B_1 溶液的凝固点为 $T_f(B_1)$，将相同质量的 B_2 物质代替 B_1，测得 B_2 溶液的凝固点为(　　)。(已知 $GM_{B_1} = 60\ g \cdot mol^{-1}$，$GM_{B_2} = 180\ g \cdot mol^{-1}$)

A. $3T_f(A)$　　B. $1/3T_f(A)$　　C. $3T_f(A)$　　D. $T_f(A)$

8. 12.0 g AB 物质($GM_{AB} = 240\ g \cdot mol^{-1}$)溶于 1 000 g 水中，溶液的凝固点为 −0.116 3 ℃，由此推求 AB 物质是(　　)。($K_f = 1.86$)

A. 强电解质　　B. 非电解质

C. 弱电解质　　D. 非极性物质

9. 0.02 $mol \cdot kg^{-1}$ 蔗糖溶液产生的渗透压近似于(　　)溶液产生的渗透压。

A. 0.2 $mol \cdot kg^{-1}$ 甘油溶液　　B. 0.01 $mol \cdot kg^{-1}$ $CaCl_2$ 溶液

C. 0.01 $mol \cdot kg^{-1}$ NaCl 溶液　　D. 0.01 $mol \cdot kg^{-1}$ HAc 溶液

10. 将 20 g 弱电解质 AB 物质溶于 250 g 水中，经测 AB 的电离度为 25%，该溶液的凝固点为(　　)℃。($K_f = 1.86$，AB 的摩尔质量为 200.0 $g \cdot mol^{-1}$)

A. −0.744　　B. −1.116　　C. −0.93　　D. −0.186

11. 将 0.854 g 非电解质 B 溶于 100 g 溶剂 A 中，测定溶液的 $T_f = -1.0$ ℃，可求得 B 的摩尔质量为(　　)$g \cdot mol^{-1}$。[$K_f(A) = 30$]

A. 64　　B. 192　　C. 128　　D. 256

12. 凝固点下降常数 K_f 的数值与(　　)有关。

A. 溶质的性质　　B. 溶剂的性质

C. 溶液的浓度　　D. 溶液的温度

13. 将 10.0 g 弱电解质 AB 溶于 250 g 水中，溶液的冰点为 −0.93 ℃，溶液中未电离 AB 的浓度是(　　)$mol \cdot kg^{-1}$。[K_f(水) = 1.86、AB 的摩尔质量为 100.0 $g \cdot mol^{-1}$]

A. 0.40　　B. 0.50　　C. 0.30　　D. 0.10

14. 给定下列溶体系：

A. 0.10 $mol \cdot kg^{-1}$ 蔗糖水溶液　　B. 0.05 $mol \cdot kg^{-1}$ $CaCl_2$ 水溶液

C. 0.10 $mol \cdot kg^{-1}$ 甲醇苯溶液　　D. 0.10 $mol \cdot kg^{-1}$ I_2-CCl_4 溶液

回答问题①～④：

①体系中溶质颗粒数最大的是(　　)；

②相同条件下渗透压最大的是(　　)；

③溶液的沸点最高的是(　　)；

④溶液的凝固点最高的是(　　)。

[K_b(水)=0.52，K_b(CCl_4)=5.03，K_b(苯)=2.53，K_f(水)=1.86，K_f(CCl_4 = 29.8，K_f(苯)=5.12]

15. 在下列四种水溶液中，渗透压最大的是(　　)。

A. 0.1%葡萄糖($C_6H_{12}O_6$)溶液　B. 0.1%蔗糖($C_{12}H_{22}O_{11}$)溶液

C. 0.1%乙二醇($C_2H_6O_2$)溶液　D. 0.1%甘油($C_3H_8O_3$)溶液

16. 下列四种水溶液：

(a)0.30 mol·kg^{-1} KOH溶液　(b)0.10 mol·kg^{-1}蔗糖溶液

(c)0.25mol·kg^{-1}NH_3溶液　(d)0.03 mol·kg^{-1} $BaCl_2$溶液。

其凝固点由高到低的顺序是(　　)。

A. (a)(c)(d)(b)　B. (d)(b)(c)(a)

C. (c)(a)(b)(d)　D. (d)(c)(a)(b)

17. 有果糖($C_6H_{12}O_6$)(Ⅰ)、葡萄糖($C_6H_{12}O_6$)(Ⅱ)、蔗糖($C_{12}H_{22}O_{11}$)(Ⅲ)三种溶液，质量百分浓度均为1%，则三者渗透压(π)的关系为(　　)。

A. $\pi_{Ⅰ}=\pi_{Ⅱ}=\pi_{Ⅲ}$　B. $\pi_{Ⅰ}=\pi_{Ⅱ}>\pi_{Ⅲ}$

C. $\pi_{Ⅰ}>\pi_{Ⅱ}>\pi_{Ⅲ}$　D. $\pi_{Ⅰ}=\pi_{Ⅱ}<\pi_{Ⅲ}$

18. 实验测得某水溶液的凝固点为−0.52 ℃，估计该溶液在27 ℃的渗透压为(　　)kPa。[K_f(水)=1.86]

A. 0.28×8.31×300　B. 0.28×0.082×300

C. 3.6×8.31×300×10^{-3}　D. 3.6×0.082×300×10^{3}

19. 要使溶液的凝固点降低1 ℃，应向1 000 mL水中加入$CaCl_2$的量是(　　)mol。[K_f(水)=1.86]

A. 0.179　B. 0.62　C. 0.538　D. 1.61

20. 2.50 g某聚合物溶于100 mL水中，27 ℃时渗透压为0.831 3 kPa，该聚合物的摩尔质量是(　　)g·mol^{-1}。

A. 6.75×10^{30}　B. 2.5×10^{3}

C. 9.1×10^{6}　D. 7.50×10^{4}

21. 要制取一种甘油($C_3H_8O_3$)溶液，其凝固点为−0.372 ℃，则在200 g水中应加入甘油是(　　)g。[K_f(水)=1.86]

A. 7.36　　B. 1.84　　C. 9.2　　D. 3.68

(二)填空题

22. 在 $c(KM_nO_4)=0.10\ mol \cdot L^{-1}$与 $c(1/5KM_nO_4)=0.10\ mol \cdot L^{-1}$两种溶液中,溶液中所含 $KMnO_4$的质量分别为__________。

23. 质量摩尔浓度是指________中所含溶质 B 的物质的量。

24. 在水的相图中,水的三相点表示__________三相共存,三相点的压力为________ kPa,温度为________。

25. 在一定温度下,溶液的蒸汽压总是低于纯溶剂的蒸汽压,因而导致溶液的__________上升和溶液的________降低。

26. 溶剂分子从一液相通过半透膜向另一液相作单方向扩散的过程称为________。

27. 电解质稀溶液的依数性不服从拉乌尔定律是因为__________。

28. 给定下列物系,讨论:

A. 5%蔗糖($C_{12}H_{22}O_{11}$)　　B. 5%葡萄糖($C_6H_{12}O_6$)

C. 5%乙二醇($C_2H_6O_2$)　　D. 5%NaCl 溶液

①溶液蒸汽压由高到低排列顺序为____________;

②同时分别加热上述溶液,最先沸腾的是____________;

③溶液的渗透压最大的是____________。

29. 稀溶液的依数性既与________有关,又与溶剂的________有关。

30. 难挥发非电解质稀溶液在不断沸腾时,它的蒸汽压将不断________。

31. 称取某一有机化合物 9.00 g 溶于 500 g 水中,测其溶液凝固点为−0.186 ℃机化合物的摩尔质量是________。已知这种有机物中含碳 40%,含氢 6.6%,含氧 53%,问这种有机物的分子式是____________。

32. 相同质量的尿素(相对分子质量 60)和葡萄糖(相对分子质量 180)分别溶于水制成 1 L 溶液,则相同温度下尿素与葡萄糖溶液的渗透压之比为____________。

33. 医学上用葡萄糖注射液是血液的等渗溶液,测得其凝固点下降值为 0.534 ℃,如果人体血液的温度为 37 ℃,则血液的渗透压是__________ kPa。[K_f(水)=1.86]

(三)计算题

34. 将 24 g 有机物 A 溶于 100 g 水中,测其溶液凝固点为−0.018 6 ℃,求有机物 A 的摩尔质量;已知这种有机物中含碳 40%,含氢 4.5%,含氧 45%,含氮

10.5%，求有机物 A 的分子式。[K_f(水)=1.86]

35. 将 23 g 某有机物溶于 50 g 乙醇中，测得该溶液凝固点 T_f=158.36 K，求有机物的相对分子质量。(已知乙醇的凝固点为 158.4 K；乙醇 K_f=2.0)

36. 医学上用葡萄糖注射液是血液的等渗溶液，测得其凝固点下降值为 0.534 ℃，试计算：

(1) 葡萄糖溶液的质量百分数；

(2) 血液的温度为 37 ℃，则血液的渗透压是多少？[K_f(水)=1.86]

37. 孕酮是一种雌性激素，经分析其中含 H 9.5%，含 O 10.2%，含 C 80.3%。现将 1.50 g 孕酮试样溶于 10.0 g 苯中，所得溶液的凝固点为 3.07 ℃，求孕酮的分子式。[已知 K_f(苯)=5.10，苯的凝固点为 5.50 ℃]

38. 将某样品 5.0 g 溶于 100 g 水中，测得该溶液的凝固点为 −0.186 ℃，求试样的纯度百分量。[已知 K_f(水)=1.86，GM_B=375.0 g·mol^{-1}]

39. 假定树身内部树汁上升是由渗透压引起的。设某树汁为 0.20 mol·L^{-1} 的糖溶液，树根外部土壤中的溶液为 0.01 mol·L^{-1} 的非电解质溶液，试估算 25 ℃ 时树汁能够上升的高度。(已知 1 kPa=10.2 cm 水柱)。

40. 某试样含水溶性海洛因(相对分子质量为 423)和糖(相对分子质量是 342)共 0.100 g 溶于 1.00 g 水中，测得该溶液凝固点为 −0.500 ℃，试估算此海洛因的质量百分数。[K_f(水)=1.86]

41. 某种酒含酒精约为 55%，此酒中酒精的 15% 能直接进入人的血液，当血液中酒精含量达到 0.003 0 g·mL^{-1} 时常被看作醉酒状态。假定某一饮酒爱好者一次饮下 300 g 这种酒，请计算判断饮酒者是否喝醉了。(已知成年人体内血液有 7.0 L)

参考答案

(一)选择题

1. A　2. B　3. A　4. A　5. A　6. ①D　②A　③D　④B
7. B　8. C　9. C　10. C　11. D　12. B　13. C
14. ①B　②B　③D　④A　15. C　16. B　17. B　18. A
19. A　20. D　21. D

(二)填空题

22. 15.80；3.16

23. 1 000 g 溶剂中

24. 气态、液态和固态；0.61；0.01 ℃

25. 沸点；凝固点

26. 渗透

27. 电解质解离，不忽略离子间的作用力

28. ①A>B>C>D ②A ③D

29. 溶质的颗粒数目；溶剂的本质

30. 下降，沸点上升

31. 180；$C_6H_{12}O_6$

32. 3∶1

33. 740 kPa。

(三)计算题

34. **解** 根据：$\Delta t=0-(-0.018\,6)=1.86\times\dfrac{24/M_A}{100}\times1\,000$

$$M_A=\frac{1.86\times24\times1\,000}{0.018\,6\times100}=24\,000$$

依题意有：$C\text{ 原子数}=\dfrac{24\,000\times40\%}{12}=800(\text{个})$

$$O\text{ 原子数}=\frac{24\,000\times45\%}{16}=675(\text{个})$$

$$H\text{ 原子数}=\frac{24\,000\times4.5\%}{1}=1\,080(\text{个})$$

$$N\text{ 原子数}=\frac{24\,000\times10.5\%}{14}=180(\text{个})$$

其分子式为：$C_{800}H_{1\,080}O_{675}N_{180}$

35. **解** 根据 $\Delta T=T_f^{\circ}-T_f=k_fm_b$ 有：

$$\Delta T=158.4-(158.36)=2.0\times\frac{23/M_B}{50}\times1\,000$$

$$M_B=\frac{2.0\times23\times1\,000}{50\times0.04}=23\,000$$

36. **解**　根据 $\Delta T_f = k_f \cdot m_B$ 有：

$$m_B = \frac{0.534}{1.86} = 0.287\,1(\text{mol} \cdot \text{kg}^{-1})$$

设溶剂水为 1 000 g，则葡萄糖为：

$$0.287\,1 \times M_{\text{葡萄糖}} = 0.287 \times 180 = 51.68(\text{g})$$

$$\omega = \frac{W_{\text{葡萄糖}}}{W_{\text{溶液}}} = \frac{51.68}{1\,000 + 51.68} \times 100\% = 4.91\%$$

$$\pi = cRT \approx m_B RT = 0.287 \times 8.314 \times (273.15 + 37) = 740(\text{kPa})$$

37. **解**　依题意：$\Delta t = t(\text{苯}) - t(\text{溶液}) = K_f(\text{苯}) \cdot \frac{1.50/M(\text{孕酮})}{10.0} \times 1\,000$

$$M(\text{孕酮}) = K_f(\text{苯}) \cdot \frac{150}{5.50 - 3.07} = 5.10 \times \frac{150}{2.43}$$

$$= 314.81(\text{g} \cdot \text{mol}^{-1})$$

据分子中碳、氢、氧的含量求原子数目：

$$\text{碳原子数目} = \frac{314.81 \times 80.3\%}{12} \approx 21$$

$$\text{氢原子数目} = \frac{314.81 \times 9.5\%}{1} \approx 30$$

$$\text{氧原子数目} = \frac{314.81 \times 10.2\%}{16} \approx 2$$

所以孕酮的分子式为：$C_{21}H_{30}O_2$

38. **解**　依题意：$\Delta T = T(\text{水}) - T(\text{溶液}) = 0 - (-0.186) = 0.186$

$$\Delta T = K_f(\text{水}) \cdot \frac{W/M_B}{100} \times 1\,000$$

$$W = \frac{\Delta T \cdot M_B}{K_f(\text{水}) \times 10} = \frac{0.186 \times 375}{1.86 \times 10} = 3.75(\text{g})$$

$$\text{纯度百分量} = \frac{3.75}{5.0} \times 100\% = 75.0\%$$

39. **解**　依题意：$\pi = \Delta cRT = (0.20 - 0.01) \times 8.314 \times 298$

$= 470.74(\text{kPa})$

25 ℃时树汁可上升的高度为：$470.74 \times 10.2/100 = 48.02(\text{m})$

40. **解** 依题意：$\Delta T = T(\text{水}) - T(\text{溶液}) = 0-(-0.500)=0.500$
设海洛因为 W g，则糖为$(0.100-W)$g，则：

$$\Delta T_f = K_f(\text{水})\cdot m = \left(\frac{W}{423}+\frac{0.100-W}{342}\right)\times\frac{1\,000}{1.0}$$

$$0.500 = 1.86\times\left(\frac{W}{123}+\frac{0.100-W}{342}\right)\times\frac{1\,000}{1.0}$$

$$W = 0.041$$

故海洛因的质量百分数为：

$$\frac{W}{0.100}\times 100\% = \frac{0.041}{0.100}\times 100\% = 41.0\%$$

41. **解** 依题意，300 g 酒中含酒精：$300\times 55\% = 165(\text{g})$
则进入人体血液的酒精为：$165\times 15\% = 24.75(\text{g})$
进入血液中的酒精含量为：

$$\frac{24.75}{7.0\times 1\,000} = 0.003\,54(\text{g}\cdot\text{mL}^{-1}) > 0.003\,0(\text{g}\cdot\text{mL}^{-1})$$

由此可判断该饮酒者已经喝醉。

第六章　酸碱平衡

一、基本概念与基本公式

(一)酸碱质子理论

1. 共轭酸碱的定义

酸碱质子理论认为:在一定条件下,凡是能给出质子的物质都是酸;凡是能接受质子的物质都是碱,即

$$HB = H^+ + B^-$$

式中 HB 称为 B^- 的共轭酸,B^- 称为 HB 的共轭碱,HB-B^- 称为共轭酸碱对。

2. 质子条件

根据酸碱质子理论的观点,酸碱反应的实质是两个共轭酸碱对之间的质子传递过程。在酸碱反应中,酸给出质子的数量必然与碱接受质子的数量相等,这种数量关系称为质子条件,其数学表达式称为质子条件式或质子等恒式(PBE)。列出 PBE 式时,首先要选定发生质子传递的起点物质,常称这些物质为零水准物质。在共轭酸碱对中,若选共轭酸为零水准物质,则不能再选共轭碱,反之亦然。为计算方便,选为零水准的物质应是大量存在的。如一元弱酸 HB 水溶液的质子条件式:

选 HB 和 H_2O 为零水准物质,零水准物质得失质子的反应为:

$$HB + H_2O = \underset{H_2O\text{得质子产物}}{H_3O^+} + \underset{HB\text{失质子产物}}{B^-}$$

$$H_2O + H_2O = \underset{H_2O\text{得质子产物}}{H_3O^+} + \underset{H_2O\text{失质子产物}}{OH^-}$$

酸给出质子的物质的量必然与碱接受质子的物质的量相等，故

$$1\times c(H_3O^+)\cdot V=1\times c(B^-)\cdot V+1\times c(OH^-)\cdot V$$

改写上式得 PBE 式：$c(H_3O^+)=c(B^-)+c(OH^-)$

3. 定量关系

HB-B⁻共轭酸碱对解离常数的定量关系为：

$$K_a^{\ominus}(HB)\cdot K_b^{\ominus}(B^-)=K_w^{\ominus}$$

(二)弱电解质溶液中离子平衡

1. 一元弱酸(HA)

$$HA+H_2O \rightleftharpoons H_3O^+ +OH^-$$

求 $c(H^+)/c^{\ominus}$ 计算公式：

①当 $c_a/c^{\ominus}\cdot K_a^{\ominus}\geqslant 20K_w^{\ominus}$，忽略水的解离，用近似公式求算：

$$c(H^+)/c^{\ominus}=\frac{-K_a^{\ominus}+\sqrt{(K_a^{\ominus})^2+4K_a^{\ominus}\cdot c_a/c^{\ominus}}}{2} \tag{6-1}$$

②当 $c_a/c^{\ominus}\cdot K_a^{\ominus}\geqslant 20K_w^{\ominus}$，$c_a/c^{\ominus}\div K_a^{\ominus}\geqslant 500$，忽略解离量，用最简式求算：

$$c(H^+)/c^{\ominus}=\sqrt{K_a^{\ominus}\cdot c_a/c^{\ominus}} \tag{6-2}$$

③加入同名强电解质 NaA(c_s)，产生同离子效应使 α(HA)降低，用最简式求 $c(H^+)/c^{\ominus}$：

$$c(H^+)/c^{\ominus}=K_a^{\ominus}\cdot\frac{c_a/c^{\ominus}}{c_s/c^{\ominus}} \tag{6-3}$$

2. 一元弱碱($NH_3\cdot H_2O$)

$$NH_3\cdot H_2O \rightleftharpoons NH_4{}^+ +OH^-$$

求 $c(OH^-)/c^{\ominus}$ 计算公式：

①当 $c_b/c^{\ominus}\cdot K_b^{\ominus}\geqslant 20K_w^{\ominus}$，忽略水的解离，用近似公式求算：

$$c(OH^-)/c^{\ominus}=\frac{-K_b^{\ominus}+\sqrt{(K_b^{\ominus})^2+4K_b^{\ominus}\cdot c_b/c^{\ominus}}}{2} \tag{6-4}$$

②当 $c_b/c^{\ominus}\cdot K_b^{\ominus}\geqslant 20K_w^{\ominus}$，$c_b/c^{\ominus}\div K_a^{\ominus}\geqslant 500$，忽略解离量，用最简式求算：

$$c(OH^-)/c^\ominus = \sqrt{K_b^\ominus \cdot c_b/c^\ominus} \quad (6\text{-}5)$$

③加入同名强电解质 $NH_4Cl(c_s)$，产生同离子效应使 $\alpha(NH_3 \cdot H_2O)$降低，用最简式求 $c(OH^-)/c^\ominus$：

$$c(OH^-)/c^\ominus = K_b^\ominus \cdot \frac{c_b/c^\ominus}{c_s/c^\ominus} \quad (6\text{-}6)$$

3. 多元弱电解质

$K_1^\ominus \gg K_2^\ominus \gg K_3^\ominus \cdots$，求 $c(H^+)/c^\ominus$ 或 $c(OH^-)/c^\ominus$：近似按一元弱酸、弱碱最简式处理。

对二元弱酸，$c(\text{酸根})/c^\ominus \approx K_{a2}^\ominus$

(三)盐溶液中的离子解离平衡

1. 一元强碱弱酸盐(NaAc)溶液

解离反应实质： $Ac^- + H_2O \rightleftharpoons HAc + OH^-$

溶液的酸碱性： $pH > 7$

Ac^- 的解离常数： $$K_b^\ominus = \frac{[c(HAc)/c^\ominus] \cdot [c(OH^\ominus)/c^\ominus]}{[c(Ac^-)/c^\ominus]} = \frac{K_w^\ominus}{K_a^\ominus} \quad (6\text{-}7)$$

求溶液 $c(OH^-)/c^\ominus$：

①当 $c_b/c^\ominus \div K_b^\ominus \geqslant 500$，按最简式：

$$c(OH^-)/c^\ominus = \sqrt{K_b^\ominus \cdot c_s/c^\ominus} = \sqrt{\frac{K_w^\ominus}{K_a^\ominus} \times c_s/c^\ominus} \quad (6\text{-}8)$$

②求解离度(或水解度)h：

$$h = \frac{c(OH^-)/c^\ominus}{c_s/c^\ominus} = \sqrt{\frac{K_w^\ominus}{K_a^\ominus \cdot c_s/c^\ominus}} \quad (6\text{-}9)$$

2. 一元强酸弱碱盐(NH_4Cl)溶液

解离反应实质： $NH_4^+ + H_2O \rightleftharpoons NH_3 \cdot H_2O + H^+$

溶液的酸碱性： $pH < 7$

NH_4^+ 的解离常数： $$K_a^\ominus = \frac{[c(NH_3)/c^\ominus] \cdot [c(H^+)/c^\ominus]}{[c(NH_4^+)/c^\ominus]} = \frac{K_w^\ominus}{K_b^\ominus} \quad (6\text{-}10)$$

求溶液 $c(H^+)/c^\ominus$：

①当 $c_s/c^\ominus \div K_a^\ominus \geqslant 500$，按最简式：

$$c(H^+)/c^\ominus=\sqrt{K_a^\ominus\cdot c_s/c^\ominus}=\sqrt{\frac{K_w^\ominus}{K_b^\ominus}\times c_s/c^\ominus} \tag{6-11}$$

②求解离度(或水解度)h：

$$h=\frac{c(H^+)/c^\ominus}{c_s/c^\ominus}=\sqrt{\frac{K_w^\ominus}{K_b^\ominus\cdot c_s/c^\ominus}} \tag{6-12}$$

3. 一元弱酸弱碱盐溶液(NH_4Ac)

解离反应实质：　$NH_4^+ + Ac^- + H_2O \rightleftharpoons NH_3\cdot H_2O + HAc$

溶液的酸酸性：　$K_a^\ominus \begin{Bmatrix} > \\ = \\ < \end{Bmatrix} K_b^\ominus \begin{cases} pH<7.0 \\ pH=7.0 \\ pH>7.0 \end{cases}$

求 $c(H^+)/c^\ominus$ 最简式：

$$c(H^+)/c^\ominus=\sqrt{\frac{K_a^\ominus\cdot K_w^\ominus}{K_b^\ominus}}=\sqrt{K_{a1}^\ominus(HAc)\cdot K_{a2}^\ominus(NH_4^+)} \tag{6-13}$$

4. 多元弱酸强碱正盐溶液(Na_2CO_3)

解离反应实质：　$CO_3^{2-} + H_2O \rightleftharpoons HCO_3^- + OH^-$

溶液的酸酸性：　$pH>7$

求 $c(OH^-)/c^\ominus$，按一元弱酸强碱处理：

$$c(OH^-)/c^\ominus=\sqrt{K_b^\ominus\cdot c_s/c^\ominus}=\sqrt{\frac{K_w^\ominus}{K_{a2}^\ominus}\times c_s/c^\ominus} \tag{6-14}$$

5. 酸式盐溶液(HCO_3^-、$H_2PO_4^-$、HPO_4^{2-})

解离反应实质：酸式盐为两性物质，同时酸解离和碱解离，如

$$HCO_3^- + H_2O \rightleftharpoons H_3O^+ + CO_3^{2-}$$
$$HCO_3^- + H_2O \rightleftharpoons H_2CO_3 + OH^-$$

求溶液 $c(H^+)/c^\ominus$ 最简公式：

$$c(H^+)/c^\ominus=\sqrt{K_{a1}^\ominus\cdot K_{a2}^\ominus} \tag{6-15}$$

对 HPO_4^{2-} 盐溶液：

$$c(H^+)/c^\ominus=\sqrt{K_{a2}^\ominus\cdot K_{a3}^\ominus} \tag{6-16}$$

6. 利用同离子效应抑制水解盐的解离，配制水解盐溶液

如：$FeCl_3$(s)＋浓 HCl(少量)→溶解液＋H_2O 稀释

类似：$FeSO_4$、$SnCl_2$、$BiCl_3$、$AlCl_3$……

(四)缓冲溶液

1. 缓冲体系的特征

①由共轭酸碱对组成缓冲体系的缓冲对，如：

HAc～NaAc，$NH_3 \cdot H_2O$～NH_4Cl，$H_2PO_4^-$～HPO_4^{2-}

②有一个决定溶液 pH 值的关键的解离平衡反应方程式，如 HAc～NaAc 缓冲体系，决定 pH 的关键解离平衡式为：

$$HAc \rightleftharpoons H^+ + Ac^-$$

③存在相对大量的抗酸、抗碱组分，如 HAc～NaAc 缓冲体系：抗酸组分为 Ac^-，抗碱组分为 HAc。

④通过平衡移动实现缓冲作用。

2. 缓冲溶液 pH 值的求算

缓冲溶液属于同离子效应体系，计算同离子效应体系 pH 的计算公式适用于缓冲体系。

(1)质子酸～共轭碱体系：如 HAc～NaAc 缓冲溶液

$$pH = pK_a^{\ominus} - \lg \frac{c_a/c^{\ominus}}{c_s/c^{\ominus}} \tag{6-17}$$

①当外加少量酸(y mol・L^{-1})：

$$pH = pK_a^{\ominus} - \lg \frac{(c'_a + y)/c^{\ominus}}{(c'_s - y)/c^{\ominus}} \tag{6-18}$$

式中 c'_a，c'_s 为考虑体积效应后的浓度。

②当外加少量碱(y mol・L^{-1})：

$$pH = pK_a^{\ominus} - \lg \frac{(c'_a - y)/c^{\ominus}}{(c'_s + y)/c^{\ominus}} \tag{6-19}$$

(2)质子碱～共轭酸体系：如 $NH_3 \cdot H_2O$～NH_4Cl 缓冲溶液

$$pOH = pK_b^{\ominus} - \lg \frac{c_b/c^{\ominus}}{c_s/c^{\ominus}} \tag{6-20}$$

①当外加少量酸(y mol·L^{-1})：

$$pOH = pK_b^{\ominus} - \lg \frac{(c'_b - y)/c^{\ominus}}{(c'_s + y)/c^{\ominus}} \tag{6-21}$$

②当外加少量碱(y mol·L^{-1})：

$$pOH = pK_b^{\ominus} - \lg \frac{(c'_b + y)/c^{\ominus}}{(c'_s - y)/c^{\ominus}} \tag{6-22}$$

3. 缓冲比(c_a/c_s、c_b/c_s)与缓冲对的缓冲能力

①缓冲比=1，缓冲对抗酸，抗碱的能力相同

②缓冲比>1：$c_a > c_s$，抗碱能力强于抗酸的能力

$c_b > c_s$，抗酸能力强于抗碱的能力

③缓冲比<1：$c_a < c_s$，抗碱能力小于抗酸的能力

$c_b < c_s$，抗酸能力小于抗碱的能力

二、基本计算题型

(一)求解质子条件式

例 1 写出二元弱酸 H_2B 水溶液的 PBE 式。

解 选 H_2B 和 H_2O 为零水准物质，则：

$H_2B + H_2O \quad = \quad H_3O^+ \quad + \quad HB^-$

$H_2B + 2H_2O \quad = \quad 2H_3O^+ \quad + \quad B^-$(B$^-$的 2 倍量为 H_2B 失 H^+ 的量)

$H_2O + H_2O \quad = \quad H_3O^+ \quad + \quad OH^-$

(得质子产物) (失质子产物)

得 PBE 式： $c(H_3O^+) = c(HB^-) + 2c(B^{2-}) + c(OH^-)$

(二)溶液 pH 值求算

例 2 计算 0.20 mol·L^{-1}环己胺 $C_6H_{11}NH_2$ 溶液的 $c(OH^-)$和 pH 值。(已知环己胺的 $K_b^{\ominus} = 5.0 \times 10^{-4}$)

解 依题意：

$$C_6H_{11}NH_2 + H_2O \rightleftharpoons C_6H_{11}NH_3^+ + OH^-$$

$c_{b初始}$	0.20		
$c_{平衡}$	$0.20 - x$	x	x

$$K_b^{\ominus}=\frac{[c(C_6H_{11}NH_2)/c^{\ominus}]\cdot[c(OH^-)/c^{\ominus}]}{[c(C_6H_{11}NH_2)/c^{\ominus}]}=\frac{x\cdot x}{0.20-x}$$

因为 $c_b/c^{\ominus}\div K_b^{\ominus}\geqslant 500$，所以 $0.20-x\approx 0.20$，用最简式计算：

$$c(OH^-)/c^{\ominus}=\sqrt{K_b^{\ominus}\cdot c_b/c^{\ominus}}=\sqrt{5.0\times10^{-4}\times0.20}$$
$$=1.0\times10^{-2}(mol\cdot L^{-1})$$
$$pH=pK_w^{\ominus}-pOH=14-2.0=12.0$$

例 3　计算 0.01 mol · L^{-1} 二氯化乙酸 $CHCl_2COOH$ 溶液的 pH 值。（已知 $K_a^{\ominus}=5.0\times10^{-2}$）

解　依题意，$c_a/c^{\ominus}\div K_a^{\ominus}\leqslant 500$，此时不能用最简式计算，应该用近似公式计算：

$$c(H^+)/c^{\ominus}=\frac{-K_a^{\ominus}+\sqrt{(K_a^{\ominus})^2+4K_a^{\ominus}\cdot c_a/c^{\ominus}}}{2}$$
$$=\frac{-5.0\times10^{-2}+\sqrt{(5.0\times10^{-2})^2+4\times5.0\times10^{-2}\times0.01}}{2}$$
$$=8.54\times10^{-3}(mol\cdot L^{-1})$$

$$pH=2.07$$

例 4　计算 0.050 mol · L^{-1} NH_4Cl 溶液的 pH 值。[已知 $K_b^{\ominus}(NH_3)=1.8\times10^{-5}$]

解　依题意：NH_4^+ 的解离常数 $K_a^{\ominus}$ 为：

$$K_a^{\ominus}=\frac{K_w^{\ominus}}{K_b^{\ominus}(NH_3)}=5.6\times10^{-10}$$

$c_a/c^{\ominus}\div K_a^{\ominus}\geqslant 500$，以最简式进行计算：

$$c(H^+)/c^{\ominus}=\sqrt{K_a^{\ominus}\cdot c_a/c^{\ominus}}=\sqrt{5.6\times10^{-10}\times0.05}$$
$$=5.29\times10^{-6}(mol\cdot L^{-1})$$
$$pH=5.28$$

例 5　计算 0.10 mol · L^{-1} 的 $H_2C_2O_4$ 溶液的 pH 值。（已知 $H_2C_2O_4$ 的 $K_{a1}^{\ominus}=5.9\times10^{-2}$，$K_{a2}^{\ominus}=6.2\times10^{-5}$）

解　依题意：$K_{a1}^{\ominus}\gg K_{a2}^{\ominus}$，可按一元弱酸处理。

$c_a/c^{\ominus}\div K_a^{\ominus}\leqslant 500$，采用近似公式计算：

$$c(H^+)/c^\ominus = \frac{-K_{a1}^\ominus + \sqrt{(K_{a1}^\ominus)^2 + 4K_{a1}^\ominus \cdot c_a/c^\ominus}}{2}$$

$$= \frac{-5.9\times10^{-2} + \sqrt{(5.9\times10^{-2})^2 + 4\times5.9\times10^{-2}\times0.1}}{2}$$

$$= 5.3\times10^{-2}(\text{mol}\cdot\text{L}^{-1})$$

$pH = 1.28$

例 6 计算 0.10 $mol\cdot L^{-1}$ Na_2CO_3 溶液的 pH 值。(已知 H_2CO_3 的 $K_{a1}^\ominus = 4.2\times10^{-7}$,$K_{a2}^\ominus = 5.6\times10^{-11}$)

解 依题意,CO_3^{2-} 的解离平衡常数 $K_{b1}^\ominus$、$K_{b2}^\ominus$分别为:

$$K_{b1}^\ominus = \frac{K_w^\ominus}{K_{a2}^\ominus} = 1.8\times10^{-4}, \quad K_{b2}^\ominus = \frac{K_w^\ominus}{K_{a1}^\ominus} = 2.4\times10^{-8}$$

因为 $K_{b1}^\ominus \gg K_{b2}^\ominus$,所以可以仅考虑第一级解离;又因为$(c_b/c^\ominus)\div K_{b1}^\ominus > 500$,可按最简式计算:

$$c(OH^-) = \sqrt{K_{b1}^\ominus \cdot c_b/c^\ominus} = \sqrt{1.8\times10^{-4}\times0.10}$$

$$= 4.24\times10^{-3}$$

$pOH = 2.37$

$pH = 14 - 2.37 = 11.63$

例 7 常态下,H_2S 气体在水中的饱和浓度为 0.10 $mol\cdot L^{-1}$,求溶液中 $c(H^+)$、$c(HS^-)$和 $c(S^{2-})$。(已知 H_2S 的 $K_{a1}^\ominus = 1.3\times10^{-7}$,$K_{a2}^\ominus = 7.1\times10^{-15}$)

解 依题意:

$$H_2S + H_2O \rightleftharpoons H_3^+O + HS^-$$

平衡 $0.1 - x$ $x + y$ $x - y$

$$HS^- + H_2O \rightleftharpoons H_3^+O + S^{2-}$$

平衡 $x - y$ $x + y$ y

因为 $K_{a1}^\ominus \gg K_{a2}^\ominus$,所以可忽略第二级解离,$c_a/c^\ominus \div K_{a1}^\ominus > 500$,$0.10 - x \approx 0.10$,按最简式计算:

$$K_{a1}^\ominus = \frac{[c(H^+)/c^\ominus]\cdot[c(HS^-)/c^\ominus]}{[c(H_2S)/c^\ominus]} = \frac{x\cdot x}{0.1}$$

$$c(H^+)/c^\ominus \approx c(HS^-)/c^\ominus = x = \sqrt{K_{a1}^\ominus\times0.10}$$

$$= 1.14\times10^{-4}(\text{mol}\cdot\text{L}^{-1})$$

根据 HS^- 的解离过程：

$$K_{a2}^{\ominus}=\frac{[c(H^+)/c^{\ominus}]\cdot[c(S^{2-})/c^{\ominus}]}{[c(HS^-)/c^{\ominus}]}$$

因为　$c(H^+)/c^{\ominus}=c(HS^-)/c^{\ominus}$，

所以　$c(S^{2-})/c^{\ominus}=K_{a2}^{\ominus}=7.1\times10^{-15}(mol\cdot L^{-1})$

例 8　求 0.10 mol·L^{-1}的 NH_4Ac 溶液的 pH 值。[已知 $K_a^{\ominus}(HAc)=1.8\times10^{-5}$，$K_a^{\ominus}(NH_3)=1.8\times10^{-5}$]

解　依题意

$$NH_4^+ + H_2O \rightleftharpoons NH_3\cdot H_2O + H^+$$

$$K_a^{\ominus}(NH_4^+)=\frac{K_w^{\ominus}}{K_b^{\ominus}(NH_3\cdot H_2O)}=5.6\times10^{-10}$$

$$Ac^- + H_2O \rightleftharpoons HAc + OH^-$$

$$K_b^{\ominus}(Ac^-)=\frac{K_w^{\ominus}}{K_a^{\ominus}(HAc)}=5.6\times10^{-10}$$

$$K_a^{\ominus}(HAc)=\frac{K_w^{\ominus}}{K_b^{\ominus}(Ac^-)}=1.8\times10^{-5}$$

按最简式计算：$c(H^+)/c^{\ominus}=\sqrt{K_a^{\ominus}\cdot\frac{K_w^{\ominus}}{K_b^{\ominus}}}=\sqrt{K_a^{\ominus}(NH_4^+)K_a^{\ominus}(HAc)}$

$$=\sqrt{5.6\times10^{-10}\times1.8\times10^{-5}}$$

$$=1.0\times10^{-7}(mol\cdot L^{-1})$$

$$pH=7.0$$

例 9　计算 0.10 mol·L^{-1}的 $NaHCO_3$ 溶液的 pH 值。(已知 H_2CO_3 的 $K_{a1}^{\ominus}=4.2\times10^{-7}$，$K_{a2}^{\ominus}=5.6\times10^{-11}$)

解　依题意，按酸式盐最简式计算：

$$c(H^+)/c^{\ominus}=\sqrt{K_{a1}^{\ominus}\cdot K_{a2}^{\ominus}}=\sqrt{4.2\times10^{-7}\times5.6\times10^{-11}}$$

$$=4.85\times10^{-9}$$

$$pH=8.31$$

例 10　已知 H_3PO_4 的 $K_{a1}^{\ominus}=7.6\times10^{-3}$，$K_{a2}^{\ominus}=6.3\times10^{-8}$，$K_{a3}^{\ominus}=4.4\times10^{-13}$，求 $H_2PO_4^-$、HPO_4^{2-}、PO_4^{3-} 的 $K_b^{\ominus}$，并比较碱性强弱。

解　依题意：

$$PO_4^{3-}+H_2O \rightleftharpoons HPO_4^{2-}+OH^-$$

$$K_{b1}^{\ominus}=\frac{K_w^{\ominus}}{K_{a3}^{\ominus}}=\frac{1.0\times10^{-14}}{4.4\times10^{-13}}=2.3\times10^{-2}$$

$$HPO_4^{2-}+H_2O \rightleftharpoons H_2PO_4^-+OH^-$$

$$K_{b2}^{\ominus}=\frac{K_w^{\ominus}}{K_{a2}^{\ominus}}=\frac{1.0\times10^{-14}}{6.3\times10^{-8}}=1.6\times10^{-7}$$

$$H_2PO_4^{2-}+H_2O \rightleftharpoons H_3PO_4+OH^-$$

$$K_{b3}^{\ominus}=\frac{K_w^{\ominus}}{K_{a1}^{\ominus}}=\frac{1.0\times10^{-14}}{7.6\times10^{-3}}=1.3\times10^{-12}$$

因为 $K_{b1}^{\ominus}>K_{b2}^{\ominus}>K_{b3}^{\ominus}$

所以碱性：$PO_4^{3-}>HPO_4^{2-}>H_2PO_4^-$

例 11 将 H_2S 气体通入 0.10 mol·L^{-1}的 HCl 溶液至饱和，求溶液中 S^{2-} 的浓度。（已知 H_2S 的 $K_{总}^{\ominus}=K_{a1}^{\ominus}\cdot K_{a2}^{\ominus}=9.23\times10^{-22}$）

解 依题意：

$$H_2S+H_2O \rightleftharpoons 2H_3O^+ + S^{2-}$$

平衡 0.10 0.10+x x

同离子效应使 x 值很小，$0.10+x\approx0.10-x\approx0.10$

$$K_{总}^{\ominus}=\frac{[c(H^+)/c^{\ominus}]^2\cdot[c(S^{2-})/c^{\ominus}]}{[c(H_2S)/c^{\ominus}]}=\frac{0.10^2\times x}{0.10}=9.23\times10^{-22}$$

$$c(S^{2-})/c^{\ominus}=9.23\times10^{-21}(\text{mol}\cdot\text{L}^{-1})$$

与例 6 相比，无同离子效应时 $c(S^{2-})/c^{\ominus}=K_{a2}^{\ominus}=7.1\times10^{-15}$(mol·L^{-1})，而在 0.10 mol·L^{-1}的 HCl 产生的同离子效应条件下，溶液中 S^{2-} 的浓度降低了 7.7×10^5倍。

例 12 配制 pH=9.20 的 $NH_3\sim NH_4^+$缓冲溶液 1 000 mL，若使缓冲溶液中 NH_3的浓度为 0.50 mol·L^{-1}，需要浓 $NH_3\cdot H_2O$ 多少和固体 NH_4Cl 多少？

解 依题意，$NH_3\sim NH_4^+$为碱性缓冲溶液：

$$pH=9.20 \qquad pOH=4.80$$

$$pOH=pK_b^{\ominus}-\lg\frac{c_b/c^{\ominus}}{c_s/c^{\ominus}}$$

$$4.80=4.75-\lg\frac{c_b/c^{\ominus}}{c_s/c^{\ominus}}$$

$$\frac{c_b/c^\ominus}{c_s/c^\ominus}=0.89(\text{mol}\cdot\text{L}^{-1})$$

$$c_b/c^\ominus=0.50(\text{mol}\cdot\text{L}^{-1})$$

$$c(\text{NH}_4^+)/c^\ominus=\frac{0.50}{0.89}=0.56(\text{mol}\cdot\text{L}^{-1})$$

配 1 000 mL 缓冲液需 NH_4Cl：

$$0.56\times1.0\times53.5=29.96(\text{g})$$

配 1 000 mL 缓冲溶液需浓 $NH_3\cdot H_2O$(15 mol·L^{-1})：

$$V(\text{NH}_3\cdot\text{H}_2\text{O})=\frac{0.50\times1\,000}{15}=33.3(\text{mL})$$

(三)反应型体系 pH 值的求算

例 13　将 10.0 mL 0.20 mol·L^{-1}的 NaOH 与 10.0 mL 0.40 mol·L^{-1}的 HAc 混合，计算：

(1)混合溶液的 pH 值[$K_a^\ominus(\text{HAc})=1.8\times10^{-5}$]；

(2)若向混合溶液加入 5 mL 0.010 mol·L^{-1}的 NaOH 溶液，溶液的 pH 值为多少？

解　依题意：

(1)混合后，OH^-与 HAc 反应生成 Ac^-，Ac^-与剩余 HAc 构成 HAc～Ac^-缓冲溶液，溶液中：

$$c(\text{Ac}^-)=\frac{0.20\times10.0}{10.0+10.0}=0.10(\text{mol}\cdot\text{L}^{-1})$$

$$c(\text{HAc})=\frac{0.40\times10.0-0.20\times10.0}{10.0+10.0}=0.10(\text{mol}\cdot\text{L}^{-1})$$

$$\text{pH}=\text{p}K_a^\ominus-\lg\frac{c_a/c^\ominus}{c_s/c^\ominus}=4.75-\lg\frac{0.10}{0.10}=4.75$$

(2)加入 NaOH，OH^-与 HAc 反应生成 Ac^-，达平衡后溶液中：

$$c(\text{Ac}^-)=\frac{0.10\times20.0+0.010\times5}{20.0+5}=0.082(\text{mol}\cdot\text{L}^{-1})$$

$$c(\text{HAc})/c^\ominus=\frac{0.10\times20.0-0.010\times5}{20.0+5}=0.078(\text{mol}\cdot\text{L}^{-1})$$

$$\text{pH}=\text{p}K_a^\ominus-\lg\frac{c_a/c^\ominus}{c_s/c^\ominus}=4.75-\lg\frac{0.078}{0.082}=4.77$$

例 14 取 40.00 mL 0.10 mol·L^{-1}巴比酸(以 HB 表示)溶液,用 0.10 mol·L^{-1}的 NaOH 溶液进行滴定,计算加入 NaOH 溶液的体积处于下列状态时溶液的pH 值。[已知 $K^{\ominus}$(HB)=9.8×10^{-5}、p$K^{\ominus}$(HB)=4.01]

(1)40.00 mL 0.10 mol·L^{-1} HB 溶液(未加 NaOH 前);

(2)加入 20.00 mL 0.10 mol·L^{-1}的 NaOH 溶液;

(3)加入 39.96 mL 0.10 mol·L^{-1}的 NaOH 溶液;

(4)加入 40.00 mL 0.10 mol·L^{-1}的 NaOH 溶液;

(5)加入 41.00 mL 0.10 mol·L^{-1}的 NaOH 溶液。

解 依题意:

(1)未加 NaOH 前 HB 为一元弱酸,$c_a/c^{\ominus} \div K_a^{\ominus} \geqslant 500$

$$c(H^+)/c^{\ominus}=\sqrt{K_a^{\ominus} \cdot c_a/c^{\ominus}}=\sqrt{9.8\times10^{-5}\times0.1}=3.13\times10^{-3}$$

$$pH=2.50$$

(2)加入 20.00 mL0.10 mol·L^{-1}的 NaOH,HB 反应掉一半,反应生成 B^-,形成 HB~B^-缓冲体系:

$$c(HB)/c^{\ominus}=\frac{0.10\times40.00-0.10\times20.00}{40.00+20.00}=0.033(mol \cdot L^{-1})$$

$$c(B^-)/c^{\ominus}=\frac{0.10\times20.00}{40.00+20.00}=0.033(mol \cdot L^{-1})$$

$$pH=pK_a^{\ominus}-\lg\frac{c(HB)/c^{\ominus}}{c(B^-)/c^{\ominus}}=4.01-\lg\frac{0.033}{0.033}$$
$$=4.01$$

(3)加入 39.96 mL 0.10 mol·L^{-1}的 NaOH,仅差 0.04 mL 即构成 NaOH 与 HB 等量反应,此时体系仍属于 HB~B^-缓冲体系:

$$c(HB)/c^{\ominus}=\frac{0.10\times40.00-0.10\times39.96}{40.00+39.96}=5.0\times10^{-5}(mol \cdot L^{-1})$$

$$c(B^-)/c^{\ominus}=\frac{0.10\times39.96}{40.00+39.96}=5.0\times10^{-2}(mol \cdot L^{-1})$$

$$pH=pK_a^{\ominus}-\lg\frac{c(HB)/c^{\ominus}}{c(B^-)/c^{\ominus}}=4.01-\lg\frac{5.0\times10^{-5}}{5.0\times10^{-2}}$$
$$=7.01$$

(4)加入 40.00 mL 0.10 mol·L^{-1}的 NaOH 溶液,HB 与 NaOH 等量反应体系为 B^-溶液,B^-进行碱性解离:

$B^- + H_2O \rightleftharpoons HB + OH^-$

$$c(B^-)/c^\ominus = \frac{0.10\times 40.00}{40.00+40.00} = 0.05(\text{mol}\cdot\text{L}^{-1})$$

$$c(OH^-)/c^\ominus = \sqrt{\frac{K_w^\ominus}{K_a^\ominus}\cdot c_s/c^\ominus} = \sqrt{\frac{1.0\times 10^{14}}{9.8\times 10^{-5}}\times 0.05}$$

$$= 2.26\times 10^{-6}(\text{mol}\cdot\text{L}^{-1})$$

$pOH = 5.65 \qquad pH = 8.35$

(5)加入 41.00 mL 0.10 $\text{mol}\cdot\text{L}^{-1}$的 NaOH 溶液，过量的 OH^- 对 B^- 的碱解离产生同离子效应，此时：

$$c(OH^-)_{过量}/c^\ominus = \frac{1.0\times 0.10}{40.00+41.00} = 1.2\times 10^{-3}(\text{mol}\cdot\text{L}^{-1})$$

$c(OH^-)_{过量}/c^\ominus$ 比 B^- 碱解离产生的 OH^- 浓度大得多，故溶液的 pH 值由 $c(OH^-)_{过量}/c^\ominus$ 来求算。

$$pOH = \lg[c(OH^-)_{过量}/c^\ominus] = -\lg(1.2\times 10^{-3})$$

$$= 2.91$$

$pH = 11.09$

三、练习题

(一)选择题

1. 下列说法不正确的是(　　)。
   A. 酸碱反应中，酸给出质子的数量与碱接受质子的数量相等
   B. H_2O 是质子酸，又是质子碱
   C. HS^- 是 H_2S 的共轭酸
   D. 酸碱质子理论认为，$HCl(g) + NH_3(g) = NH_4Cl(s)$是酸碱反应
2. 根据酸碱质子理论，下列物质中只能是质子酸的是(　　)。
   A. $Al(OH)_6^-$　　B. NH_4^+　　C. H_2O　　D. $H_2PO_4^-$
3. 下列各组物质中，共轭酸碱对是(　　)。
   A. H_3PO_4-HPO_4^{2-}　　B. $H_2PO_4^-$-HPO_4^{2-}
   C. $H_2PO_4^-$-PO_4^{3-}　　D. H_3O^+-OH^-

4. $[Al(OH)_2(H_2O)_4]^+$的共轭酸是(　　)。

A. $[Al(H_2O)_6]^{3+}$　　B. $[Al(OH)_3(H_2O)_3]$

C. $[Al(OH)(H_2O)_5]^{2+}$　　D. $[Al(OH)_4(H_2O)_2]^-$

5. $NaHCO_3$水溶液的质子条件数学式为(　　)。

A. $c(H_3O^+)+c(H_2CO_3)=c(OH^-)+c(CO_3^{2-})$

B. $c(H_3O^+)=c(OH^-)+c(CO_3^{2-})$

C. $c(H_3O^+)+c(H_2CO_3)=c(OH^-)+2c(CO_3^{2-})$

D. $c(H_3O^+)+c(H_2CO_3)=2c(OH^-)+c(CO_3^{2-})$

6. 一定温度下的一元弱酸体系($HB=H^++B^-$),下列关系式不成立的是(　　)。

A. $K_a^\ominus(HB)\times K_b^\ominus(B^-)=K_w^\ominus$

B. 解离度 $\alpha=\sqrt{K_a^\ominus\times(c_a/c^\ominus)}$

C. 当 $pH=pK_a^\ominus$时,$c(HB)=c(B^-)$

D. 当 $pH<pK_a^\ominus$时,$c(HB)>c(B^-)$

7. 0.02 $mol\cdot L^{-1}$弱碱 BOH 溶液的 pH=10,则 BOH 的解离常数 $K_b^\ominus$是(　　)。

A. 5.0×10^{-7}　　B. 5.0×10^{-19}

C. 1.0×10^{-8}　　D. 2.0×10^{-12}

8. 对弱碱 BOH 水溶液,不成立的关系式是(　　)。

A. $c(B^+)=c(OH^-)-c(H^+)$

B. $c(BOH)_{始}=c(BOH)_{平衡}+c(OH^-)$

C. $K_a\cdot K_b=K_w$

D. $c(BOH)_{始}=c(BOH)_{平衡}+c(B^+)$

9. 浓度为1.0×10^{-10} $mol\cdot L^{-1}$弱酸 HA 水溶液的 pH=(　　)。[$K_a^\ominus(HA)=1.0\times10^{-6}$]

A. 8　　B. 6　　C. 7　　D. 3

10. 0.1 $mol\cdot L^{-1}$ HAc 在下列何种体系中的电离度最大(　　)。

A. NaCl 溶液　　B. NaAc 溶液

C. $H_2O(l)$　　D. 浓 HAc 溶液

11. 一定温度下的多元弱酸体系($H_2B=2H^++B^-$),下列关系式不成立的是(　　)。

A. 当 $K_{a1}^\ominus\gg K_{a2}^\ominus$,$K_{a2}^\ominus\ll1$,$c(B^{2-})\approx K_{a2}^\ominus$

B. 当 $K_{a1}^{\ominus} \gg K_{a2}^{\ominus}$，$pH = 1/2(pK_{a1}^{\ominus} + pK_{a2}^{\ominus})$ 时，$c(HB^-) = 100\%$

C. 向 H_2B 溶液中加入与 H_2B 等量的 NaOH 时，溶液的 $c(H^+)/c^{\ominus} = \sqrt{K_{a1}^{\ominus} \times K_{a2}^{\ominus}}$

D. 向 H_2B 溶液中加入 H_2B 2 倍量的 NaOH 时，有 $K_{b1}^{\ominus} = K_w^{\ominus}/K_{a1}^{\ominus}(H_2B)$

12. pH = 5.75 的 HAc～NaAc 缓冲溶液，其缓冲比（c_{a}/c_s）是（　　）。[$pK_a^{\ominus}(HAc) = 4.75$]

A. 10∶1　　B. 1∶1　　C. 0　　D. 1∶10

13. 等浓度的 NaH_2PO_4 与 Na_2HPO_4 溶液等体积混合，溶液的 pH 值为（　　）。

A. $pK_{a2}^{\ominus}(H_3PO_4) - pK_{a3}^{\ominus}(H_3PO_4)$　　B. $pK_{a2}^{\ominus}(H_3PO_4)$

C. $1/2[pK_{a2}^{\ominus}(H_3PO_4) + pK_{a3}^{\ominus}(H_3PO_4)]$　　D. $-\lg\sqrt{K_{a2}^{\ominus} \times c_a/c^{\ominus}}$

14. 经测定，给定缓冲溶液的 pH=6.5，由此推知：控制缓冲溶液 pH 的缓冲对是（　　）。（已知缓冲对弱酸 H_3AB 的 $pK_{a1} = 2.1$、$pK_{a2} = 7.2$、$pK_{a3} = 12.7$）

A. $H_2AB^- \sim HAB^{2-}$　　B. $H_3AB \sim H_2AB^-$

C. $HAB^{2-} \sim AB^{3-}$　　D. $H_2AB^- \sim AB^{3-}$

15. 将等浓度、等体积的 $NH_3 \cdot H_2O$ 与 HCl 混合后，溶液的 pH=（　　）。

A. <7　　B. >7　　C. =7　　D. 无法判断

16. 需加适量 NaOH 才能配得澄清溶液的盐类是（　　）。

A. $FeCl_3$　　B. $Na_2S_2O_3$　　C. $SbCl_3$　　D. NaAc

17. 需加入适量的浓 HCl 溶液才能配得澄清溶液的盐类是（　　）。

A. KNO_3　　B. $Na_2S_2O_3$　　C. NaCl　　D. $SnCl_2$

18. 向 22.0 mL 1.0 $mol \cdot L^{-1}$ HAc 加入 1.0 mL 2.0 $mol \cdot L^{-1}$ NaOH 溶液，并稀释至 100 mL，得到溶液的 pH 值是（　　）。（$pK_a^{\ominus} = 4.75$）

A. 4.75　　B. 3.75　　C. 10.25　　D. 9.25

19. 用 0.1 $mol \cdot L^{-1}$ HAc 和 0.1 $mol \cdot L^{-1}$ NaAc 配制 1 000 mL pH=5.75 的缓冲溶液，需量取 NaAc 溶液（　　）mL。

A. 100　　B. 91　　C. 909　　D. 500

20. 0.1 $mol \cdot L^{-1}$ 强碱弱酸盐 NaA 溶液 pH 值是（　　）。[$K_a^{\ominus}(HA) = 1.0 \times 10^{-5}$]

A. 3　　B. 13　　C. 11　　D. 9

21. 酸式盐 Na_2HDO_4 溶液浓度为 0.1 $mol \cdot L^{-1}$，经计算溶液的 pH 值是（　　）。（H_3DO_4 的 $K_{a1}^{\ominus} = 1.0 \times 10^{-4}$，$K_{a2}^{\ominus} = 1.0 \times 10^{-6}$，$K_{a3}^{\ominus} = 1.0 \times 10^{-10}$）

A. 5　　B. 8　　C. 7　　D. 10

22. 给定弱酸 HA 体系，对下列各步操作的结果推理正确的是（　　）。

A. 加入对应盐 NaA，溶液中 $c(A^-)$增大，HA 电离度变大

B. 加入 HCl 溶液，同离子效应使 HA 电离度降低，$c(H^+)$变小，pH 值变大

C. 加入与 HA 等量的 NaOH，溶液为 NaA 溶液的体系，pH<7

D. 当加入少量的 NaOH，决定溶液 pH 值的关键电离平衡是：$HA = H^+ + A^-$

23. 下列缓冲体系缓冲容量大，缓冲能力好的是（　　）。

A. $NH_3 \cdot H_2O(0.1\ mol \cdot L^{-1}) \sim NH_4Cl(0.2\ mol \cdot L^{-1})$

B. $HAc(0.2\ mol \cdot L^{-1}) \sim NaAc(0.02\ mol \cdot L^{-1})$

C. $HAc(0.2\ mol \cdot L^{-1}) \sim NaAc(0.2\ mol \cdot L^{-1})$

D. $NH_3 \cdot H_2O(0.1\ mol \cdot L^{-1}) \sim NH_4Cl(0.1\ mol \cdot L^{-1})$

24. 向 $0.1\ mol \cdot L^{-1}$ HAc 溶液中加水稀释至原体积的 10 倍，则 HAc 电离度增大（　　）倍。

A. 10　　B. 1.4　　C. 3.2　　D. 13.6

25. 欲配制 pH=5.0 的缓冲溶液，在下列缓冲对中选用（　　）较合适。

A. $HNO_2 \sim NaNO_2$ ($pK_a^\ominus = 3.34$)

B. $HAc \sim NaAc$ ($pK_a^\ominus = 4.75$)

C. $NH_3 \cdot H_2O \sim NH_4Cl$ ($pK_b^\ominus = 4.75$)

D. $KHCO_3 \sim K_2CO_3$ ($pK_a^\ominus = 10.25$)

26. 同条件下，下列溶液中 pH 值最大的是（　　）。[已知 $K^\ominus(HPO_4^{2-}) = 2.2 \times 10^{-13}$，$K^\ominus(HClO) = 3.0 \times 10^{-8}$，$K^\ominus(NH_4^+) = 5.6 \times 10^{-10}$，$K^\ominus(HF) = 3.5 \times 10^{-4}$]

A. Na_3PO_4　　B. NaClO　　C. NH_4Cl　　D. NaF

27. 下列溶液中 NH_4^+ 浓度最大的是（　　）。

A. 等体积 $0.1\ mol \cdot L^{-1}\ NH_3 \cdot H_2O$ 和 $0.1\ mol \cdot L^{-1}$ NaOH 混合液

B. 等体积 $0.1\ mol \cdot L^{-1}\ NH_3 \cdot H_2O$ 和 H_2O 混合液

C. 等体积 $0.1\ mol \cdot L^{-1}\ NH_3 \cdot H_2O$ 和 $0.1\ mol \cdot L^{-1}$ HCl 混合液

D. $0.1\ mol \cdot L^{-1}\ NH_3 \cdot H_2O$ 溶液

28. 已知 $0.1\ mol \cdot L^{-1}$ HAc 溶液[$pK_a^\ominus(HAc) = 4.76$]，下列论述正确的是（　　）。

A. 溶液的 pH=2.88

B. 加入水稀释，HAc 的电离度增大，H^+ 浓度也增大

C. 加入 $0.1\ mol \cdot L^{-1}$ HCl，H^+ 浓度增大，HAc 的电离度也增大

D. 加入少量 NaAc 可以增大 HAc 的电离度

29. 某二元酸 H_2A($K_{a1}^{\ominus}=1.0\times10^{-7}$,$K_{a2}^{\ominus}=1.0\times10^{-11}$)下列叙述正确的是(　　)。

A. 0.1 mol·L^{-1} H_2A 溶液 pH≈9.0

B. 等摩尔的 NaHA 和 Na_2A 组成的缓冲溶液 pH<7

C. 该溶液中 $c(H^+)=2c(A^{2-})$

D. 该酸溶液中 $c(A^{2-})=1.0\times10^{-11}$ mol·L^{-1}

30. 在 300 mL 醋酸溶液中加入(　　)mL H_2O,才能使醋酸电离度增大 1 倍(　　)。

A. 300　　B. 1 200　　C. 900　　D. 680

31. 将 NaAc+酚酞溶液加热,溶液颜色将(　　)。

A. 加深　　B. 变浅　　C. 不变　　D. 不确定

32. 若酸碱反应 $HA+B^-\rightleftharpoons HB+A^-$ 的 $K^{\ominus}=1\times10^{-4}$,下列说法正确的是(　　)。

A. HB 是比 HA 强的酸　　B. HA 是比 HB 强的酸

C. HA 和 HB 酸性相同　　D. 酸的强度无法比较

33. 分析 0.4 mol·L^{-1} HAc 溶液与 0.2 mol·L^{-1} NaOH 溶液等体积混合后的体系,请回答问题①~⑤:

①HAc 的电离度(　　)。

A. 增大　　B. 降低

C. 不变　　D. 先增大后降低

②决定混合溶液 pH 值的电离平衡是(　　)。

A. $H_2O\rightleftharpoons H^++OH^-$　　B. $Ac^-+H_2O\rightleftharpoons HAc+OH^-$

C. $HAc\rightleftharpoons H^++Ac^-$　　D. $H^++OH^-\rightleftharpoons H_2O$

③向该体系外加少量酸,能抵抗外加酸而保持溶液 pH 稳定的组分是(　　)。

A. H_2O　　B. HAc　　C. NaOH　　D. Ac^-

④已知 $pK_a^{\ominus}(HAc)=4.75$,则溶液的 pH 值为(　　)。

A. 2.88　　B. 4.75　　C. 8.87　　D. 7

⑤设混合溶液的体积为 2 000 mL,当向混合溶液再加入 0.2 mol 的固体 NaOH 后,溶液的 pH 值(　　)。

A. 大于 7　　B. 小于 7　　C. 等于 7　　D. 无法判断

(二)填空、判断题

34. 按酸碱质子理论,$[Al(OH)(H_2O)_5]^{2+}$ 的共轭酸是__________,共轭碱

是____________。

35. 在 0.10 mol·L^{-1} 氨水中，分别加入 NH_4Cl、NaOH、NaCl、H_2O 后，其中使氨的电离度增大的有______________，使氨的电离度减小的有______________。

36. 常温下，NaAc 溶液中加入酚酞不产生红色，当适当加热，溶液即变红，原因是____________________。

37. 在 H_2S 饱和溶液中 S^{2-} 浓度近似等于______________________。

38. 0.1 mol·L^{-1} $NaHCO_3$ 的 pH=__________。(H_2CO_3 的 $pK_{a1}^{\ominus}=6.4$，$pK_{a2}^{\ominus}=10.2$)

39. 向溶液 $Al_2(SO_4)_3$ 中滴加 $NaHCO_3$ 溶液，反应现象是____________，其离子方程式是______________________。

40. 配制 $FeCl_3$ 水溶液的操作方法是____________________________________。

41. NH_4Cl 水溶液中，决定溶液 pH 值的平衡过程是______________________。

42. 决定 HAc～NaAc 缓冲溶液 pH 值的平衡过程是______________________。

43. 决定 NaH_2PO_4～Na_2HPO_4 溶液 pH 值的平衡过程是________________，该溶液的缓冲作用有效范围 pH 值为______________________。

44. 在 $NaHCO_3$～Na_2CO_3 缓冲溶液混合物中，赖以发挥缓冲作用的平衡是____________，其中抗酸成分是________________。

45. 由 0.2 mol·L^{-1} HAc～0.08 mol·L^{-1} NaAc 组成的缓冲液，对____________的缓冲能力好。

46. 就 1 000 mL 0.1 mol·L^{-1}的弱酸 HA 溶液体系作答[$K^{\ominus}(HA)=1.0\times10^{-5}$]：

(1)0.1 mol·L^{-1}的 HA 溶液 pH 值为____________；

(2)加入 0.05 mol NaOH 后溶液的 pH 值为____________；

(3)加入 0.1 mol NaOH 后溶液的 pH 值为____________；

(4)加入 1 000 mL 0.1 mol·L^{-1}弱减 BOH 后溶液的 pH 值为____________；[$K^{\ominus}(BOH)=1.0\times10^{-5}$]

(5)加入 0.1 mol NaCl 后溶液的 pH 值____________；(填变大、变小或不变)

(6)加入浓 HCl，使 $c(HCl)=0.1$ mol·L^{-1}后溶液的 pH 值为____________。

[说明：除(4)外，其余均忽略体积变化]

47. 给定 500 mL0.2 mol·L^{-1}的二元弱酸 H_2A 溶液，分别经下列各步操作，判断给出结果正确与否(对打√，错打×)。

(1)加水稀释至 1 000 mL，溶液的 pH 值近似为 3；(　　)

(2)加入 500 mL 0.1 mol·L^{-1}NaOH 溶液，反应后决定溶液 pH 值的平衡过程是：$H_2A=H^++HA^-$；(　　)

(3)加入 500 mL 0.2 mol·L^{-1}NaOH 溶液，反应溶液 pH=7；(　　)

(4)加入 500 mL 0.4 mol·L^{-1}NaOH 溶液，反应生成的 Na_2A 水溶液 pH>7；(　　)

(5)加入 500 mL 0.2 mol·L^{-1}HCl 溶液，因产生同离子效应，H_2A 电离度降低，溶液 pH 变大。(　　)

(三)计算题

48. 计算下列溶液的 pH 值：

(1)50 mL 0.2 mol·$L^{-1}$$NH_3·H_2O$ 与 50 mL 0.2 mol·$L^{-1}$$NH_4Cl$ 混合溶液[$K_b^{\ominus}(NH_3·H_2O)=1.8\times10^{-5}$]；

(2)50 mL 0.2 mol·$L^{-1}$$NH_3·H_2O$ 与 50 mL 0.1 mol·L^{-1}HCl 混合溶液[$K_b^{\ominus}(NH_3·H_2O)=1.8\times10^{-5}$]；

(3)50 mL 0.2 mol·$L^{-1}$$NH_3·H_2O$ 与 50 mL 0.2 mol·L^{-1}HCl 混合溶液[$K_b^{\ominus}(NH_3·H_2O)=1.8\times10^{-5}$]；

(4)50 mL 0.2 mol·$L^{-1}$$NH_3·H_2O$ 与 50 mL 0.4 mol·L^{-1}HCl 混合溶液[$K_b^{\ominus}(NH_3·H_2O)=1.8\times10^{-5}$]；

(5)50 mL 0.2 mol·$L^{-1}$$NH_4Cl$ 与 50 mL 0.2 mol·L^{-1}NaOH 混合溶液[$K_b^{\ominus}(NH_3·H_2O)=1.8\times10^{-5}$]；

(6)50 mL 0.2 mol·$L^{-1}$$NH_4Cl$ 与 50 mL 0.1 mol·L^{-1}NaOH 混合溶液[$K_b^{\ominus}(NH_3·H_2O)=1.8\times10^{-5}$]；

(7)50 mL 0.2 mol·$L^{-1}$$NH_4Cl$ 与 50 mL 0.3 mol·L^{-1}NaOH 混合溶液[$K_b^{\ominus}(NH_3·H_2O)=1.8\times10^{-5}$]；

(8)50 mL 0.2 mol·L^{-1}HAc 与 50 mL 0.2 mol·L^{-1}NaAc 混合溶液[$K_a^{\ominus}(HAc)=1.8\times10^{-5}$]；

(9)50 mL 0.2 mol·L^{-1}NaAc 与 50 mL 0.1 mol·L^{-1}HCl 混合溶液[$K_a^{\ominus}(HAc)=1.8\times10^{-5}$]；

(10)50 mL 0.2 mol·L^{-1}NaAc 与 50 mL 0.2 mol·L^{-1}HCl 混合溶液[$K_a^{\ominus}(HAc)=1.8\times10^{-5}$]；

(11)50 mL 0.2 mol·L^{-1}NaAc 与 50 mL 0.4 mol·L^{-1}HCl 混合溶液[$K_a^{\ominus}(HAc)=1.8\times10^{-5}$]；

(12)50 mL 0.2 mol·L^{-1}HAc 与 50 mL 0.1 mol·L^{-1}NaOH 混合溶液[$K_a^{\ominus}(HAc)=1.8\times10^{-5}$]；

(13)50 mL 0.2 mol·L^{-1} HAc 与 50 mL 0.2 mol·L^{-1} NaOH 混合溶液[$K_a^\ominus$(HAc)=1.8×10^{-5}]；

(14)50 mL 0.2 mol·L^{-1} HAc 与 50 mL 0.3 mol·L^{-1} NaOH 混合溶液[$K_a^\ominus$(HAc)=1.8×10^{-5}]；

(15)50 mL 0.2 mol·L^{-1} Na_2CO_3 和 50 mL 0.2 mol·L^{-1} HCl 混合溶液(H_2CO_3的$K_{a1}^\ominus=4.3\times10^{-7}$，$K_{a2}^\ominus=5.6\times10^{-11}$)；

(16)50 mL 0.2 mol·L^{-1} Na_2CO_3和 50 mL 0.4 mol·L^{-1} HCl 混合溶液；

(17)50 mL 0.2 mol·L^{-1} $NaHCO_3$和 50 mL 0.2 mol·L^{-1} NaOH 混合溶液；

(18)50 mL 0.2 mol·L^{-1} Na_2CO_3和 25 mL 0.6 mol·L^{-1} HCl 混合溶液；

(19)50 mL 0.2 mol·L^{-1} Na_2CO_3和 50 mL 0.1 mol·L^{-1} HCl 混合溶液；

(20)0.2 mol·L^{-1} HPO_4^{2-} 溶液和 0.2 mol·L^{-1} $H_2PO_4^-$ 溶液等体积混合(H_3PO_4的 $K_{a1}=7.6\times10^{-3}$，$K_{a2}=6.3\times10^{-8}$，$K_{a3}=4.5\times10^{-13}$)；

(21)0.1 mol·L^{-1} HPO_4^{2-} 溶液；

(22)0.1 mol·L^{-1} $H_2PO_4^-$ 溶液；

(23)$c(H^+)$=0.01 mol·L^{-1}的 H_2S 饱和水溶液(H_2S 的 $K_{a1}^\ominus=9.1\times10^{-8}$，$K_{a2}^\ominus=1.1\times10^{-12}$)

49. 0.1 mol·L^{-1} HCl 溶液中的 $c(H^+)$是 0.1 mol·L^{-1}弱酸 HA 溶液中的 $c(H^+)$的多少倍？[$K_a^\ominus$(HA)=1.0×10^{-5}]

50. 欲配制 pH = 8.25 的缓冲溶液，问需要在 100 mL 0.2 mol·L^{-1} $NH_3\cdot H_2O$溶液中加入 0.5 mol·L^{-1} HCl 多少毫升？($pK_b^\ominus=4.75$)

51. 二元弱酸 H_2B，当溶液的 pH=1.92 时，$c(H_2B)=c(HB^-)$；pH=6.22 时，$c(HB^-)=c(B^{2-})$，试求算：

(1)二元弱酸 H_2B 的 $K_{a1}^\ominus$ 和 $K_{a2}^\ominus$。

(2)将 0.10 mol·L^{-1}的 H_2B 溶液调 pH=4.07 时，溶液中存在的是 H_2B 或 HB^- 或 B^{2-}？

(3)向 0.100 0 mol·L^{-1}的 H_2B 溶液滴加 0.100 0 mol·L^{-1}的 NaOH 溶液，当滴加的体积 V(NaOH)=V(H_2B)；V(NaOH)=$2V$(H_2B)时，溶液 pH 值各是多少？

52. 称取 2.500 0 g 混合碱样品(含有 NaOH、Na_2CO_3、$NaHCO_3$中的两种及不溶性杂质)，配成 250.00 mL 溶液，进行如下操作：

(1)取 25.00 mL 溶液加酚酞 1 滴，滴加浓度为 0.100 0 mol·L^{-1}的 HCl 溶液 30.00 mL，溶液由红色变为无色，发生的反应为：$OH^- + H^+ = H_2O$，CO_3^{2-} +

$H^+ = HCO_3^-$。

(2)又取 25.00 mL 溶液加甲基橙 1 滴，滴加浓度为 0.100 0 mol · L^{-1} 的 HCl 溶液 35.00 mL，溶液由黄色变为橙色，发生的反应为：$OH^- + H^+ = H_2O$，$CO_3^{2-} + H^+ = HCO_3^-$，$HCO_3^- + H^+ = H_2CO_3$。

解答下列问题：

(1)样品的组成是什么？

(2)样品中各组分的质量分数？

[已知 $GM(NaOH) = 40.00\ g \cdot mol^{-1}$　$GM(Na_2CO_3) = 106.00\ g \cdot mol^{-1}$　$GM(NaHCO_3) = 84.01\ g \cdot mol^{-1}$]

53. 称取混合碱样品(含有 NaOH、Na_2CO_3、$NaHCO_3$ 中的两种及不溶性杂质) 0.315 0 g，配成 25.00 mL 溶液，进行如下实验操作：

加酚酞 1 滴，滴加浓度为 0.100 0 mol · L^{-1} 的 HCl 溶液 20.50 mL，溶液由红色变为无色，再加甲基橙一滴，继续滴加浓度为 0.100 0 mol · L^{-1} 的 HCl 溶液 26.50 mL，溶液由黄色变为橙色。解答：

(1)样品的组成是什么？

(2)样品中各组分的质量分数是多少？

参考答案

(一)选择题

1. C	2. B	3. B	4. C	5. A	6. B	7. A	8. B	9. C
10. A	11. D	12. D	13. B	14. A	15. A	16. B	17. D	18. B
19. C	20. D	21. B	22. D	23. C	24. C	25. B	26. A	27. C
28. A	29. D	30. C	31. A	32. A	33. ①B	②C	③D	④B　⑤A

(二)填空、判断题

34. $[Al(H_2O)_6]^{3+}$；$[Al(OH)_2(H_2O)_5]^+$

35. NaCl、H_2O；NH_4Cl、NaOH

36. 升温，利于 Ac^- 的水解，此时其水解度增大

37. $K_{a2}^{\ominus}$

38. 8.3

39. 有白色沉淀及无色气体产生；$Al^3 + 3HCO_3^{2-} = Al(OH)_3 \downarrow + 3CO_2 \uparrow$

40. 将 $FeCl_3$ 溶于少量浓盐酸中,然后加水稀释至所需浓度即可

41. $NH_4^+ + H_2O \rightleftharpoons NH_3 \cdot H_2O + H^+$

42. $HAc \rightleftharpoons H^+ + Ac^-$

43. $H_2PO_4^- \rightleftharpoons H^+ + HPO_4^{2-}$;$pH = pK_{a2}^{\ominus} \pm 1$

44. $HCO_3^- \rightleftharpoons H^+ + CO_3^{2-}$;$CO_3^{2-}$

45. 碱

46. (1)pH=3 (2)pH=5 (3)pH=9.0 (4)pH=7.0 (5)变小 (6)1.0

47. (1)× (2)√ (3)× (4)√ (5)×

(三)计算题

48. **解** 依题意有:

(1)等体积混合后形成 $NH_3 \cdot H_2O \sim NH_4^+$ 缓冲溶液

$$c(NH_3 \cdot H_2O) = c(NH_4^+) = 0.2 \times 50/100 = 0.1(mol \cdot L^{-1})$$

根据
$$p(OH) = pK_b^{\ominus} - \lg\left[\frac{c(NH_3 \cdot H_2O)/c^{\ominus}}{c(NH_4^+)/c^{\ominus}}\right]$$

$$\begin{aligned} pOH &= 4.74 - \lg(0.1/0.1) \\ &= 4.74 \end{aligned}$$
$$pH = 14 - 4.74 = 9.26$$

(2)$NH_3 \cdot H_2O + HCl = NH_4Cl + H_2O$

加入 HCl,$NH_3 \cdot H_2O$ 与 HCl 反应生成 NH_4^+,NH_4^+ 与剩余的 $NH_3 \cdot H_2O$ 组成缓冲液,此时

$$\begin{aligned} c(NH_3 \cdot H_2O) &= (0.2 \times 50 - 0.1 \times 50)/100 \\ &= 0.05(mol \cdot L^{-1}) \end{aligned}$$
$$\begin{aligned} c(NH_4^+) &= (0.1 \times 50)/100 \\ &= 0.05(mol \cdot L^{-1}) \end{aligned}$$

根据
$$p(OH) = pK_b^{\ominus} - \lg\left[\frac{c(NH_3 \cdot H_2O)/c^{\ominus}}{c(NH_4^+)/c^{\ominus}}\right]$$

$$\begin{aligned} pOH &= 4.74 - \lg(0.05/0.05) \\ &= 4.74 \end{aligned}$$
$$pH = 14 - 4.74 = 9.26$$

(3)加入 HCl,$NH_3 \cdot H_2O$ 与 HCl 完全反应生成 NH_4^+,此时

$$c(NH_3 \cdot H_2O)=(0.2\times 50-0.2\times 50)/100$$
$$=0(mol \cdot L^{-1})$$

$$c(NH_4^+)=(0.2\times 50)/100$$
$$=0.10(mol \cdot L^{-1})$$

因为 $c(NH_4^+)/K_b^{\ominus}>500$,可用最简式计算,即

$$c(H^+)/c^{\ominus}=\sqrt{[c(NH_4^+)/c^{\ominus}]K_a^{\ominus}(NH_4^+)}$$

$$c(H^+)/c^{\ominus}=\sqrt{[c(NH_4^+)/c^{\ominus}]\frac{K_w^{\ominus}}{K_b^{\ominus}}}$$

$$=\sqrt{0.10\times\frac{10^{-14}}{1.77\times 10^{-5}}}=7.5\times 10^{-6}$$

$$pH=5.12$$

(4)加入 HCl,$NH_3 \cdot H_2O$ 与 HCl 完全反应生成 NH_4^+,此时剩余的 HCl 与 NH_4^+ 组成的混合液,解离时以 HCl 为主:

$$c(H^+)=c(HCl)_{剩余}=(0.4\times 50-0.2\times 50)/100=0.10(mol \cdot L^{-1})$$
$$pH=-\lg[c(H^+)]=-\lg(0.1)=1.00$$

(5)混合后发生 $NH_4^+ + OH^- = NH_3 \cdot H_2O$,此时:

$$c(NH_4^+)=(0.2\times 50-0.2\times 50)/100=0(mol \cdot L^{-1})$$
$$c(NH_3 \cdot H_2O)=(0.2\times 50)/100=0.10(mol \cdot L^{-1})$$

因为　$c(NH_3 \cdot H_2O)/K_b^{\ominus}>500$,可用最简式计算:

$$c(OH^-)/c^{\ominus}=\sqrt{[c(NH_3 \cdot H_2O)/c^{\ominus}]K_b^{\ominus}(NH_3 \cdot H_2O)}$$
$$=\sqrt{0.1\times 1.8\times 10^{-5}}=1.34\times 10^{-3}$$

$$pH=14-pOH=14-2.87$$
$$=11.13$$

(6)混合后发生 $NH_4^+ + OH^- = NH_3 \cdot H_2O$,此时:

$$c(NH_4{}^+)_{剩余}=(0.2\times 50-0.1\times 50)/100=0.05(mol \cdot L^{-1})$$
$$c(NH_3 \cdot H_2O)=0.1\times 50/100=0.05(mol \cdot L^{-1})$$

根据
$$p(OH)=pK_b^{\ominus}-\lg\left[\frac{c(NH_3\cdot H_2O)/c^{\ominus}}{c(NH_4^+)/c^{\ominus}}\right]$$

$$pOH=pK_b^{\ominus}-\lg(0.05/0.05)=4.75$$
$$pH=14-pOH=14-4.75$$
$$=9.25$$

(7)混合后发生 $NH_4^+ + OH^- = NH_3\cdot H_2O$,此时:

$$c(NH_3\cdot H_2O)=c(NH_4^+)=(0.2\times 50)/100$$
$$=0.1(mol\cdot L^{-1})$$
$$c(OH^-)_{剩余}=(0.3\times 50-0.2\times 50)/100$$
$$=0.05$$

因为 NaOH 过量,故溶液的 pH 值主要以 NaOH 的离解为主:

$$c(OH^-)=0.05$$
$$pH=14-pOH=14-1.30=12.70$$

(8)等体积混合后:

$$c(HAc)=c(Ac^-)=(0.2\times 50)/100=0.1$$

根据
$$pH=pK_a^{\ominus}-\lg\left[\frac{c(HAc)/c^{\ominus}}{c(Ac^-)/c^{\ominus}}\right]$$

$$pH=4.75-\lg(0.01/0.01)$$
$$=4.75$$

(9)混合后发生 $Ac^- + H^+ = HAc$,此时:

$$c(Ac^-)_{剩余}=(0.2\times 50-0.1\times 50)/100$$
$$=0.05(mol\cdot L^{-1})$$
$$c(HAc)=0.1\times 50/100$$
$$=0.05$$

Ac^- 和 HAc 组成缓冲液,可根据:

$$pH=pK_a^{\ominus}-\lg\left[\frac{c(HAc)/c^{\ominus}}{c(Ac^-)/c^{\ominus}}\right]$$
$$pH=4.75-\lg(0.05/0.05)$$
$$=4.75$$

(10)混合后发生　$Ac^- + H^+ = HAc$

$$c(Ac^-) = (0.2\times50 - 0.2\times50)/100 = 0(\mathrm{mol\cdot L^{-1}})$$
$$c(HAc) = c(HCl) = 0.2\times50/100 = 0.1(\mathrm{mol\cdot L^{-1}})$$

$c(HAc)/K_a^{\ominus} > 500$,可用最简式计算：

$$c(H^+)/c^{\ominus} = \sqrt{[c(HAc)/c^{\ominus}]K_a^{\ominus}(HAc)}$$
$$= \sqrt{0.1\times1.8\times10^{-5}}$$
$$= 1.34\times10^{-3}$$
$$pH = 2.87$$

(11)混合后　$c(HAc) = 0.2\times50/100 = 0.1(\mathrm{mol\cdot L^{-1}})$

$$c(HCl)_{剩余} = (0.4\times50 - 0.2\times50)/100 = 0.1(\mathrm{mol\cdot L^{-1}})$$

因为 HCl 过量,此时主要以 HCl 为主：

$$c(H^+) = c(HCl)_{剩余} = 0.1(\mathrm{mol\cdot L^{-1}})$$
$$pH = 1.0$$

(12)混合后发生 $HAc + OH^- = Ac^- + H_2O$,此时：

$$c(HAc) = (0.2\times50 - 0.1\times50)/100 = 0.05(\mathrm{mol\cdot L^{-1}})$$
$$c(Ac^-) = 0.1\times50/100 = 0.05(\mathrm{mol\cdot L^{-1}})$$

可组成 $HAc \sim Ac^-$ 缓冲液,可根据：

$$pH = pK_a^{\ominus} - \lg\left[\frac{c(HAc)/c^{\ominus}}{c(Ac^-)/c^{\ominus}}\right]$$
$$pH = 4.75 - \lg(0.05/0.05) = 4.75$$

(13)混合后发生 $HAc + OH^- = Ac^- + H_2O$

因为等浓度等体积混合,所以反应后全部转化为NaAc,此时：

$$c(Ac^-) = 0.2\times50/100 = 0.10(\mathrm{mol\cdot L^{-1}})$$

$c(Ac^-)/K_b^\ominus>500$,也可用最简式计算:

$$c(OH^-)/c^\ominus=\sqrt{[c(Ac^-)/c^\ominus]K_b^\ominus(Ac^-)}$$
$$=\sqrt{0.1\times1.0\times10^{-14}/1.8\times10^{-5}}$$
$$=7.45\times10^{-6}$$
$$pH=14-pOH=14-5.12=8.87$$

(14)混合后发生 $HAc+OH^-=Ac^-+H_2O$

因为 $c(OH^-)>c(HAc),V(OH^-)=V(HAc)$

所以 NaOH 过量,反应后 $c(OH^-)=(0.3\times50-0.2\times50)/100$
$$=0.05(mol\cdot L^{-1})$$
$$c(Ac^-)=0.2\times50/100=0.1(mol\cdot L^{-1})$$

此时组成 NaAc～NaOH 混合溶液,溶液的 OH^- 以 NaOH 解离为主,即

$$c(OH^-)=0.05\ mol\cdot L^{-1}$$
$$pH=14-pOH=12.7$$

(15)混合后发生 $CO_3^{2-}+H^+=HCO_3^-$

因为 $c(CO_3^{2-})=c(HCl),V(CO_3^{2-})=V(HCl)$,所以反应后全部转化为 $NaHCO_3$,此时可用两性盐近似公式求算:

$$c(H^+)/c^\ominus=\sqrt{K_{a1}^\ominus\cdot K_{a2}^\ominus}=\sqrt{4.3\times10^{-7}\times5.6\times10^{-11}}$$
$$=4.91\times10^{-9}(mol\cdot L^{-1})$$
$$pH=8.31$$

(16)混合后发生 $CO_3^{2-}+2H^+=H_2CO_3$

因为 $2c(CO_3^{2-})=c(HCl),V(CO_3^{2-})=V(HCl)$

所以反应后全部转化成 H_2CO_3,此时:

$$c(H_2CO_3)=0.2\times50/100=0.1(mol\cdot L^{-1})$$

因为 $K_{a1}^\ominus\gg K_{a2}^\ominus$,且 $c(H_2CO_3)/K_{a1}^\ominus>500$,所以可根据一元弱酸的最简式计算:

$$c(H^+)/c^\ominus=\sqrt{[c(H_2CO_3)/c^\ominus]\cdot K_{a1}^\ominus}$$
$$=\sqrt{0.1\times4.3\times10^{-7}}$$
$$=2.07\times10^{-4}(mol\cdot L^{-1})$$
$$pH=3.68$$

(17)混合后发生 $HCO_3^- + OH^- = CO_3^{2-} + H_2O$

因为 $c(HCO_3^{2-}) = c(OH^-)$，$V(HCO_3^-) = V(OH^-)$，所以反应后全部转化成 Na_2CO_3，此时：

$$c(CO_3^{2-}) = 0.2\times 50/100 = 0.1(mol\cdot L^{-1})$$

因为 $K_{b1}^{\ominus} \gg K_{b2}^{\ominus}$，且 $c(H_2CO_3)/K_{b1}^{\ominus} > 500$，所以可根据一元弱碱的最简式计算：

$$c(OH^-)/c^{\ominus} = \sqrt{[c(CO_3^{2-})/c^{\ominus}]\cdot K_{b1}^{\ominus}}$$

$$= \sqrt{0.1\times\frac{K_w^{\ominus}}{K_{a2}^{\ominus}}} = \sqrt{0.1\times\frac{1.0\times 10^{-14}}{5.6\times 10^{-11}}}$$

$$= 4.23\times 10^{-3}(mol\cdot L^{-1})$$

$$pH = 14 - pOH = 14 - 2.37 = 11.63$$

(18)混合后 $c(CO_3^{2-}) = 0.2\times 50/75 = 0.13(mol\cdot L^{-1})$，$c(HCl) = 0.6\times 25/75 = 0.2(mol\cdot L^{-1})$，则混合后有以下反应：

$$CO_3^{2-} + H^+ = HCO_3^-$$

$$HCO_3^- + H^+ = H_2CO_3$$

$$c(H_2CO_3) = 0.2 - 0.13 = 0.07(mol\cdot L^{-1})$$

$$c(HCO_3^-) = 0.13 - 0.07 = 0.06(mol\cdot L^{-1})$$

此时组成 $H_2CO_3 \sim NaHCO_3$ 缓冲液，可根据：

$$pH = pK_{a1}^{\ominus} - \lg\left[\frac{c(H_2CO_3)/c^{\ominus}}{c(HCO_3^-)/c^{\ominus}}\right]$$

$$pH = 6.37 - \lg\frac{0.07}{0.06} = 6.30$$

(19)混合后　$c(CO_3^{2-}) = 0.2\times 50/100 = 0.1(mol\cdot L^{-1})$

$$c(HCl) = 0.1\times 50/100 = 0.05(mol\cdot L^{-1})$$

因为 $c(CO_3^{2-}) > c(HCl)$，$V(CO_3^{2-}) = V(HCl)$，所以混合后有以下反应：

$$CO_3^{2-} + H^+ = HCO_3^-$$

$$c(CO_3^{2-})_{剩余} = 0.1 - 0.05 = 0.05(mol\cdot L^{-1})$$

$$c(HCO_3^-) = 0.05\ mol\cdot L^{-1}$$

组成 $NaHCO_3 \sim Na_2CO_3$ 缓冲溶液，可根据：

$$pH = pK_{a2}^{\ominus} - \lg\left[\frac{c(HCO_3^-)/c^{\ominus}}{c(CO_3^{2-})/c^{\ominus}}\right]$$

$$pH = 10.25 - \lg\frac{0.05}{0.05} = 10.25$$

(20)因为 $c(HPO_4^{2-}) = c(H_2PO_4^-)$，$V(HPO_4^{2-}) = V(H_2PO_4^-)$，所以混合后组成 $NaH_2PO_4 \sim Na_2HPO_4$ 缓冲液，可根据：

$$pH = pK_{a2}^{\ominus} - \lg\left[\frac{c(H_2PO_4^-)/c^{\ominus}}{c(HPO_4^{2-})/c^{\ominus}}\right]$$

$$pH = 7.20 - \lg\frac{0.2\times V/2V}{0.2\times V/2V} = 7.20$$

(21)
$$c(H^+)/c^{\ominus} = \sqrt{K_{a2}^{\ominus}\cdot K_{a3}^{\ominus}} = \sqrt{6.3\times10^{-8}\times4.5\times10^{-13}}$$
$$= 1.68\times10^{-10}(mol\cdot L^{-1})$$
$$pH = 9.77$$

(22)
$$c(H^+)/c^{\ominus} = \sqrt{K_{a1}^{\ominus}\cdot K_{a2}^{\ominus}} = \sqrt{7.6\times10^{-3}\times6.3\times10^{-8}}$$
$$= 2.19\times10^{-5}(mol\cdot L^{-1})$$
$$pH = 4.66$$

(23)
$$H_2S \rightleftharpoons HS^- + H^+$$

平衡时 $\quad 0.1 - x \qquad x \qquad 0.01 + x$

因为 $K_{a1}^{\ominus} \gg K_{a2}^{\ominus}$，且产生同离子效应，所以 $0.1 - x \approx 0.1$，$0.01 + x \approx 0.01$

$$K_{a1}^{\ominus} = \frac{[c(H^+)/c^{\ominus}]\cdot[c(HS^-)/c^{\ominus}]}{[c(H_2S)/c^{\ominus}]}\frac{x\times0.01}{0.1}$$

$$x = K_{a1}^{\ominus}/0.1 = 9.1\times10^{-7}$$

$$c(H^+) = 0.01 + x \approx 0.01$$

$$pH = 2$$

49.**解**　依题意，设盐酸是弱酸的 x 倍，一元弱酸的

$$c(H^+)/c^{\ominus} = \sqrt{K_{a1}^{\ominus}\cdot c(HA)/c^{\ominus}} = \sqrt{0.1\times1.0\times10^{-5}}$$
$$= 10^{-3}(mol\cdot L^{-1})$$

$0.1\ mol\cdot L^{-1}$ HCl 的 $c(H^+) = c(HCl) = 0.10(mol\cdot L^{-1})$，则

$$x = \frac{c(H^+)(HCl)}{c(H^+)(HA)} = \frac{0.10}{10^{-3}} = 100(倍)$$

50.**解**　依题意有：

$$pOH = 14 - pH = 14 - 8.25 = 5.75$$

设需加入的 HCl 为 V(HCl)mL，则

$$c(NH_3 \cdot H_2O)=[0.2\times 100-0.5V(HCl)]/[100+V(HCl)]$$

$$c(NH_4^+)=0.5V(HCl)/[100+V(HCl)]$$

$$pOH=pK_b^{\ominus}-\lg\left[\frac{c(NH_3 \cdot H_2O)/c^{\ominus}}{c(NH_4^+)/c^{\ominus}}\right]$$

$$5.75=4.75-\lg\frac{0.2\times 100-0.5V(HCl)}{0.5V(HCl)}$$

$$\lg\frac{0.2\times 100-0.5V(HCl)}{0.5V(HCl)}=-1.00$$

$$\frac{0.2\times 100-0.5V(HCl)}{0.5V(HCl)}=\frac{1}{10}$$

$$V(HCl)=36.36(mL)$$

51. **解** (1)依题意有：

$$pH=pK_{a1}^{\ominus}-\lg\left[\frac{c(H_2B)/c^{\ominus}}{c(HB^-)/c^{\ominus}}\right]$$

因为 $c(H_2B)=c(HB^-)$，所以 $pK_{a1}^{\ominus}=pH=1.92$

$$K_{a1}^{\ominus}=1.2\times 10^{-2}$$

同理：$pH=pK_{a2}^{\ominus}-\lg\left[\frac{c(HB^-)/c^{\ominus}}{c(B^{2-})/c^{\ominus}}\right]$

因为 $c(HB^-)=c(B^{2-})$，所以 $pK_{a2}^{\ominus}=pH=6.22$

$$K_{a2}^{\ominus}=6.03\times 10^{-7}$$

(2)当 pH＝4.07 时，$pH=pK_{a1}^{\ominus}-\lg\left[\frac{c(H_2B)/c^{\ominus}}{c(HB^-)/c^{\ominus}}\right]$

$$4.07=1.92-\lg\left[\frac{c(H_2B)/c^{\ominus}}{c(HB^-)/c^{\ominus}}\right]$$

$$\lg\left[\frac{c(H_2B)/c^{\ominus}}{c(HB^-)/c^{\ominus}}\right]=-2.15$$

$$\frac{c(H_2B)}{c(HB^-)}=7.08\times 10^{-3}$$

因为 $c(HB^-)$大约是 $c(H_2B)$的 1 000 倍，所以此时溶液中存在的形成体主要是 HB^-。

(3)依题意，$c(H_2B)=c(OH^-)$，当 $V(NaOH)=V(H_2B)$时，有反应：

$$H_2B+OH^-=H_2O+HB^-$$

此时溶液的组成为 NaHB。

$$c(H^+)/c^\ominus=\sqrt{K_{a1}^\ominus\cdot K_{a2}^\ominus}$$

$$pH=\frac{1}{2}(pK_{a1}^\ominus+pK_{a2}^\ominus)$$

$$=4.07$$

当 $V(NaOH)=2V(H_2B)$时，有反应：

$$H_2B+OH^-=H_2O+HB^-$$

$$HB^-+OH^-=H_2O+B^{2-}$$

此时溶液的组成为 Na_2B。

$$c(B^{2-})=0.1V/3V=0.1/3(mol\cdot L^{-1})$$

因为 $K_{b1}^\ominus=\frac{K_w^\ominus}{K_{a2}^\ominus}=1.67\times10^{-8}$，$K_{b2}^\ominus=\frac{K_w^\ominus}{K_{a1}^\ominus}=8.3\times10^{-13}$

所以 $K_{b1}^\ominus\gg K_{b2}^\ominus$，根据

$$[c(OH^-)/c^\ominus]=\sqrt{K_{b1}^\ominus\cdot c(B^{2-})}$$

$$=\sqrt{1.67\times10^{-8}\cdot c(B^{2-})}$$

$$=\sqrt{1.67\times10^{-8}\times\frac{0.1}{3}}=2.36\times10^{-5}(mol\cdot L^{-1})$$

$$pH=14-pOH=14-4.62=9.37$$

52.**解**　依题意，生成 $NaHCO_3$时，溶液的$[c(H^+)/c^\ominus]=\sqrt{K_{a1}^\ominus\cdot K_{a2}^\ominus}=8.31$

生成 H_2CO_3时，溶液的 $c(H^+)/c^\ominus=\sqrt{K_{a1}^\ominus\cdot c(H_2CO_3)}$

$$=\sqrt{4.3\times10^{-7}\times0.04}$$

$$=1.31\times10^{-4}$$

$$pH=3.88$$

酚酞的 pH 变色范围 8.0～9.8，甲基橙的 pH 变色范围 3.1～4.4，由此可推出：

(1)样品的组成是 NaOH 和 $NaCO_3$。

(2) Na_2CO_3 的质量分数$=\dfrac{0.1000\times(35-30)\times2\times\frac{106.00}{2000}}{2.5000\times\frac{25}{250}}\times100\%$

$$=21.2\%$$

$$NaOH 的质量分数=\frac{0.1\times(30-5)\times\frac{40.00}{1\,000}}{2.500\,0\times\frac{25}{250}}\times 100\%$$

$$=40.00\%$$

53. **解**　(1)依题意，生成 $NaHCO_3$ 时，溶液的 $[c(H^+)/c^{\ominus}]=\sqrt{K_{a1}^{\ominus}\cdot K_{a2}^{\ominus}}=8.31$

生成 H_2CO_3 时，溶液的 $c(H^+)/c^{\ominus}=\sqrt{K_{a1}^{\ominus}\cdot c(H_2CO_3)}$

$$=\sqrt{4.3\times10^{-7}\times0.04}$$

$$=1.31\times10^{-4}$$

$$pH=3.88$$

酚酞的 pH 变色范围 8.0～9.8，甲基橙的 pH 变色范围 3.1～4.4。

$$CO_3^{2-}+H^+=HCO_3^-$$

$$HCO_3^-+H^+=H_2CO_3$$

由此可推出：

(1)样品的组成是 $NaCO_3$ 和 $NaHCO_3$。

(2)　$$Na_2CO_3 的质量分数=\frac{0.100\,0\times2\times20.50\times\frac{106.00}{2\,000}}{0.315\,0}\times100\%$$

$$=68.98\%$$

$$NaHCO_3 的质量分数=\frac{0.100\,0\times(26.50-20.50)\times\frac{84.00}{1\,000}}{0.315\,0}\times100\%$$

$$=16.00\%$$

第七章　沉淀溶解平衡

一、基本概念与基本公式

(一)溶度积原理

1. 溶度积常数

难溶物体系　　$A_nB_m(s) \rightleftharpoons nA + mB$　(省略电荷不写)

定温平衡：　　$[c_{eq}(A)/c^{\ominus}]^n \cdot [c_{eq}(B)/c^{\ominus}]^m = K_{sp}^{\ominus}(A_nB_m)$　　(7-1)

式中：$K_{sp}^{\ominus}(A_nB_m)$称为难溶物 $A_nB_m(s)$的溶度积常数，其数值只与温度有关，与浓度无关；$c_{eq}(A)$、$c_{eq}(B)$是 A 和 B 的平衡浓度，也可简写为 $c(A)$、$c(B)$。若非平衡态，则：

$$[c(A)/c^{\ominus}]^n \cdot [c(B)/c^{\ominus}]^m = Q_c$$

式中：Q_c称为离子积，为定温下任意态时离子浓度幂的乘积。给定难溶物系定温下，Q_c有无数个数值，而 $K_{sp}^{\ominus}(A_nB_m)$是该温度下唯一的值，$K_{sp}^{\ominus}(A_nB_m)$是 Q_c 的一个特例。

2. 溶度积 $K^{\ominus}_{sp}(A_nB_m)$与溶解度 S 的互算

对 AB(s)型：　　$S = \sqrt{K_{sp}^{\ominus}(AB)}$　　(7-2)

对 $A_2B(s)$或 $AB_2(s)$：　　$S = \sqrt[3]{K_{sp}^{\ominus}(AB_2)/4}$　　(7-3)

对 AB_3 型　　$S = \sqrt[4]{K_{sp}^{\ominus}(AB_3)/27}$　　(7-4)

上述换算公式的使用条件是体系无副反应(如配合、水解、氧化还原反应等)发生。

3. 溶度积 $K^{\ominus}_{sp}$与 $\Delta_rG_m^{\ominus}$ 的定量关系

对于难溶物的溶解过程：

$$A_nB_m(s) \rightleftharpoons nA + mB$$

$$\Delta_r G_m^{\ominus} = -2.303RT\lg K_{sp}^{\ominus} \tag{7-5a}$$

$$\lg K_{sp}^{\ominus} = \frac{-\Delta_r G_m^{\ominus}}{2.303RT} \tag{7-5b}$$

式中 R 取 $8.314\ J \cdot mol^{-1} \cdot K^{-1}$。

4. 溶度积规则

难溶物体系　　$A_nB_m(s) \rightleftharpoons nA + mB$　(省略电荷不写)

化学等温式用于沉淀溶解平衡：

$$\Delta_r G_m^{\ominus} = RT\ln\frac{Q_c}{K_{sp}^{\ominus}} \tag{7-6}$$

$$Q_c \begin{Bmatrix} > \\ = \\ < \end{Bmatrix} K_{sp}^{\ominus} \begin{cases} \text{产生沉淀,过饱和态} \\ \text{平衡状态,饱和溶液} \\ \text{无沉淀产生,未饱和态} \end{cases}$$

上式为溶度积规则,用于判断沉淀的生成与溶解。

(二)沉淀的生成

生成沉淀的条件:$Q_c > K_{sp}^{\ominus}$

判断方法:求 Q_c 比 $K_{sp}^{\ominus}$,定论沉淀与否。

采取措施:

(1)选择产生沉淀物 $K_{sp}^{\ominus}$ 小的沉淀剂,使沉淀完全;

(2)加入过量沉淀剂,利用同离子效应使沉淀完全;

(3)控制溶液的 pH 值,使沉淀完全。

计算通式:　　$c(OH^-)/c^{\ominus} = \sqrt{K_{sp}^{\ominus}/[c(M^{n+})/c^{\ominus}]}$　　(7-7)

开始产生沉淀:　　$c(M^{n+})/c^{\ominus} = 0.10\ mol \cdot L^{-1}$

定性沉淀完全:　　$c(M^{n+})/c^{\ominus} \leqslant 10^{-5}\ mol \cdot L^{-1}$

将 $c(M^{n+})$ 数值与 $K_{sp}^{\ominus}$ 代入上式,求出使 M^{n+} 开始沉淀至沉淀完全应控制的 pH 范围。

分步沉淀:

(1)被沉淀离子浓度相同:沉淀物类型相同,比较 $K_{sp}^{\ominus}$,$K_{sp}^{\ominus}$ 小者先沉淀;沉淀物类型不相同,比较溶解度 S,溶解度 S 小者先沉淀。

(2)被沉淀离子浓度不相同:求 Q_c 比 $K_{sp}^{\ominus}$,先满足 $Q_c > K_{sp}^{\ominus}$ 者先沉淀。

(三)沉淀的溶解

沉淀溶解的条件：$Q_c < K_{sp}^{\ominus}$

采取措施：

(1)酸溶：

$$MA(s) + nH^+ \rightleftharpoons M^{n+} + H_nA$$

$$K_j^{\ominus} = \frac{[c(M^{n+})/c^{\ominus}] \cdot [c(H_nA)/c^{\ominus}]}{[c(H^+)/c^{\ominus}]^n} = \frac{K_{sp}^{\ominus}}{K_a^{\ominus}} \qquad (7\text{-}8)$$

式中 $K_j^{\ominus}$ 为沉淀溶解反应平衡常数，常称竞争常数。

$$K_j^{\ominus} \begin{cases} \gg 1\text{，可溶} \\ \ll 1\text{，不溶} \\ \leqslant 1 \text{ 取决于 } H^+ \text{ 浓度} \end{cases}$$

先求沉淀溶解平衡时 $c(H^+)$：

$$c(H^+)/c^{\ominus} = \sqrt[n]{\frac{K_a^{\ominus} \cdot [c(M^{n+})/c^{\ominus}] \cdot [c(H_nA)/c^{\ominus}]}{K_{sp}^{\ominus}}}$$

求酸的初始浓度 $c_0(H^+)$：

$$c_0(H^+) = c(H^+)_{\text{平衡}} + \Delta c(\text{耗 } H^+)$$

(2)NH_4^+ 盐溶液溶：

$$M(OH)_2 + 2NH_4^+ \rightleftharpoons M^{2+} + 2NH_3 \cdot H_2O$$

$$K_j^{\ominus} = \frac{[c(M^{2+})/c^{\ominus}] \cdot [c(NH_3)/c^{\ominus}]^2}{[c(NH_4^+)/c^{\ominus}]^2} \qquad (7\text{-}9a)$$

求沉淀溶解平衡时 $c(NH_4^+)$：

$$c(NH_4^+)/c^{\ominus} = \sqrt{\frac{(K_b^{\ominus})^2 \cdot [c(M^{2+})/c^{\ominus}] \cdot [c(NH_3)/c^{\ominus}]^2}{K_{sp}^{\ominus}}} \qquad (7\text{-}9b)$$

求应加入 NH_4Cl 的量：

$$W(NH_4Cl) = [c(NH_4^+) + \Delta c(\text{耗}NH_4^+)] \cdot V_{\text{液}} \times GM(NH_4Cl)$$

(3)生成配合物溶：

$$AgCl(s) + 2NH_3 \rightleftharpoons [Ag(NH_3)_2]^+ + Cl^-$$

$$K_j^{\ominus}=\frac{\{c[Ag(NH_3)_2]^+/c^{\ominus}\}\cdot[c(Cl^-)/c^{\ominus}]}{[c(NH_3)/c^{\ominus}]}=K_f^{\ominus}\cdot K_{sp}^{\ominus}\qquad(7\text{-}10)$$

式中 $K_f^{\ominus}$ 为配离子的稳定常数。

二、基本计算题型

例 1　25 ℃时 Ag_2SO_4、$BaSO_4$ 的溶解度分别为 4.47 g·L^{-1} 和 2.41×10^{-3} g·L^{-1}，求 $K_{sp}^{\ominus}(Ag_2SO_4)$ 和 $K_{sp}^{\ominus}(BaSO_4)$。[$GM(Ag_2SO_4)=312$ g·mol^{-1}，$GM(BaSO_4)=233$ g·mol^{-1}]

解　依题意：

(1)　$S(Ag_2SO_4)=4.47/312=1.4\times10^{-2}(mol\cdot L^{-1})$

$$Ag_2SO_4(s)\rightleftharpoons 2Ag^+ \quad + \quad SO_4^{2-}$$

平衡时　$2\times1.4\times10^{-2}$　　1.4×10^{-2}

$$K_{sp}^{\ominus}=[c(Ag^+)/c^{\ominus}]^2\cdot[c(SO_4^{2-})/c^{\ominus}]=(2\times1.4\times10^{-2})^2\times(1.4\times10^{-2})$$
$$=1.1\times10^{-5}$$

(2)　$S(BaSO_4)=2.41\times10^{-3}/233=1.0\times10^{-5}(mol\cdot L^{-1})$

$$BaSO_4(s)\rightleftharpoons Ba^{2+} \quad + \quad SO_4^{2-}$$

平衡时　1.0×10^{-5}　　1.0×10^{-5}

$$K_{sp}^{\ominus}=[c(Ba^{2+})/c^{\ominus}]\cdot[c(SO_4^{2-})/c^{\ominus}]=(1.0\times10^{-5})\times(1.0\times10^{-5})$$
$$=1.0\times10^{-10}$$

例 2　分别用纯水、1.0×10^{-2} mol·L^{-1} H_2SO_4溶液洗涤 $BaSO_4$沉淀，以除去其他电解质杂质。假设洗涤过程中洗涤液是 $BaSO_4$ 的饱和溶液，计算说明两种洗涤液在洗涤过程中 $BaSO_4$ 的损失量分别是多少？[$K_{sp}^{\ominus}(BaSO_4)=1.0\times10^{-10}$]

解　依题意，洗涤过程中 $BaSO_4$ 溶解在洗涤液中的量即是 $BaSO_4$ 的损失量。

(1)用纯水洗涤：

$$S(BaSO_4)=\sqrt{K_{sp}^{\ominus}(BaSO_4)}=\sqrt{1.0\times10^{-10}}$$
$$=1.0\times10^{-5}(mol\cdot L^{-1})$$

(2)用稀 H_2SO_4洗涤：

$$S(BaSO_4)=\frac{K_{sp}^{\ominus}}{[c(SO_4^{2-})/c^{\ominus}]}=\frac{1.0\times10^{-10}}{1.0\times10^{-2}}$$

$$=1.0\times10^{-8}(mol\cdot L^{-1})$$

计算可见，由于同离子效应，$BaSO_4(s)$在1.0×10^{-2} $mol\cdot L^{-1}$的稀H_2SO_4溶液中的溶解度仅是纯水的0.1%。

例3　利用热力学数据计算$K_{sp}^{\ominus}(BaSO_4)$。

	$BaSO_4(s)\rightleftharpoons$	Ba^{2+}	+	SO_4^{2-}
$\Delta_f G_m^{\ominus}(kJ\cdot mol^{-1})$	−1 362	−560.7		−744.6

解　依题意：

$$\Delta_r G_m^{\ominus}=-560.7-744.6-(-1\,362)$$
$$=56.7(kJ\cdot mol^{-1})$$
$$\lg K_{sp}^{\ominus}=\frac{-\Delta_r G_m^{\ominus}}{2.303RT}$$
$$=\frac{-56.7\times1\,000}{2.303\times8.314\times298}=-9.94$$
$$K_{sp}^{\ominus}(BaSO_4)=1.16\times10^{-10}$$

例4　50 mL含Ba^{2+}浓度为0.02 $mol\cdot L^{-1}$的溶液与50 mL浓度为0.02 $mol\cdot L^{-1}$ Na_2SO_4混合是否产生$BaSO_4$沉淀？若有沉淀，溶液中Ba^{2+}浓度是多少？[$K_{sp}^{\ominus}(BaSO_4)=1.0\times10^{-10}$]

解　依题意：

(1)两液混合，$c(Ba^{2+})=0.01\ mol\cdot L^{-1}$，$c(SO_4^{2-})=0.01\ mol\cdot L^{-1}$

$$Q_c=[c(Ba^{2+})/c^{\ominus}]\cdot[c(SO_4^{2-})/c^{\ominus}]=0.01\times0.01=1.0\times10^{-4}$$

$Q_c>K_{sp}^{\ominus}$，有$BaSO_4$沉淀生成。

(2)沉淀溶液是$BaSO_4$饱和溶液，Ba^{2+}浓度为：

$$c(Ba^{2+})/c^{\ominus}=\sqrt{K_{sp}^{\ominus}(BaSO_4)}=\sqrt{1.0\times10^{-10}}$$
$$=1.0\times10^{-5}(mol\cdot L^{-1})$$

例5　设溶液中Fe^{3+}的浓度为0.1 $mol\cdot L^{-1}$，求开始生成$Fe(OH)_3$沉淀以至沉淀完全时的pH值是多少？[$K_{sp}^{\ominus}(Fe(OH)_3)=1.1\times10^{-36}$]

解　依题意：

(1)开始沉淀时溶液的$c(OH^-)$：

$$c(OH^-)/c^{\ominus}=\sqrt[3]{\frac{K_{sp}^{\ominus}}{c(Fe^{3+})/c^{\ominus}}}=\sqrt[3]{\frac{1.1\times10^{-36}}{0.10}}$$

$$=2.2\times10^{-12}(\text{mol}\cdot\text{L}^{-1})$$

$$\text{pH}=14-\text{pOH}=14-11.66=2.34$$

(2)沉淀完全时 $c(Fe^{3+})=10^{-5}$，溶液的 $c(OH^-)$为：

$$c(\text{OH}^-)/c^{\ominus}=\sqrt[3]{\frac{K_{sp}^{\ominus}}{c(\text{Fe}^{3+})/c^{\ominus}}}=\sqrt[3]{\frac{1.1\times10^{-36}}{1.0\times10^{-5}}}$$

$$=4.79\times10^{-11}(\text{mol}\cdot\text{L}^{-1})$$

$$\text{pH}=14-\text{pOH}=3.68$$

例 6　将 H_2S 气体通入 0.10 mol·L^{-1}的 $ZnCl_2$ 溶液至饱和，若使 ZnS 沉淀产生以致沉淀完全，应控制的 pH 值范围是多少？[$K_{sp}^{\ominus}(ZnS)=1.2\times10^{-23}$]

解　依题意，若使 ZnS 开始产生沉淀，$c(S^{2-})$的最低值为：

$$c(\text{S}^{2-})/c^{\ominus}\geqslant\frac{K_{sp}^{\ominus}(\text{ZnS})}{c(\text{Zn}^{2+})/c^{\ominus}}=\frac{1.2\times10^{-23}}{0.1}=1.2\times10^{-22}(\text{mol}\cdot\text{L}^{-1})$$

S^{2-} 来源于 H_2S 的解离平衡，并满足定量关系：

$$\text{H}_2\text{S}\rightleftharpoons2\text{H}^++\text{S}^{2-}$$

$$K_{a1}^{\ominus}\cdot K_{a2}^{\ominus}=\frac{[c(\text{H}^+)/c^{\ominus}]^2\cdot[c(\text{S}^{2-})/c^{\ominus}]}{[c(\text{H}_2\text{S})/c^{\ominus}]}=9.23\times10^{-22}$$

$$c(\text{H}^+)/c^{\ominus}=\sqrt{\frac{9.23\times10^{-22}\times0.1}{1.2\times10^{-22}}}=0.88$$

$$\text{pH}=0.06$$

同理，ZnS 沉淀完全时，$c(S^{2-})$的最低浓度值为：

$$c(\text{S}^{2-})/c^{\ominus}\geqslant\frac{K_{sp}^{\ominus}(\text{ZnS})}{c(\text{Zn}^{2+})/c^{\ominus}}=\frac{1.2\times10^{-23}}{1.0\times10^{-5}}=1.2\times10^{-18}(\text{mol}\cdot\text{L}^{-1})$$

$$c(\text{H}^+)/c^{\ominus}=\sqrt{\frac{9.23\times10^{-22}\times0.1}{1.2\times10^{-18}}}=8.77\times10^{-3}(\text{mol}\cdot\text{L}^{-1})$$

$$\text{pH}=2.06$$

所以应控制的 pH 值范围是 0.06～2.06。

例 7　混合溶液含 0.03 mol·L^{-1} Pb^{2+} 和 0.02 mol·L^{-1} Cr^{3+}，向溶液滴加 NaOH 溶液(忽略体积变化)请解答：

(1)哪种离子先被沉淀？

(2)若要分离 Pb^{2+} 和 Cr^{3+}，应控制溶液的 pH 值范围。

[已知：$K_{sp}^{\ominus}(Pb(OH)_2)=1.2\times10^{-15}$，$K_{sp}^{\ominus}(Cr(OH)_3)=6.0\times10^{-31}$]

解　依题意：

(1)求产生 $Pb(OH)_2$ 和 $Cr(OH)_3$ 沉淀所需 OH^- 的最低浓度：

对 $Pb(OH)_2$　　　$Pb(OH)_2 \rightleftharpoons Pb^{2+}+2OH^-$

$$c(OH^-)/c^{\ominus}=\sqrt{\frac{K_{sp}^{\ominus}(Pb(OH)_2)}{c(Pb^{2+})/c^{\ominus}}}=\sqrt{\frac{1.2\times10^{-15}}{0.03}}$$

$$=2.0\times10^{-7}(mol\cdot L^{-1})$$

对 $Cr(OH)_3$　　　$Cr(OH)_3 \rightleftharpoons Cr^{3+}+3OH^-$

$$c(OH^-)/c^{\ominus}=\sqrt[3]{\frac{K_{sp}^{\ominus}(Cr(OH)_3)}{c(Cr^{3+})/c^{\ominus}}}=\sqrt[3]{\frac{6.0\times10^{-31}}{0.02}}$$

$$=3.1\times10^{-10}(mol\cdot L^{-1})$$

由计算可知，要产生 $Cr(OH)_3$ 需要的 OH^- 浓度小，故 $Cr(OH)_3$ 先沉淀。

(2)分离 Pb^{2+} 和 Cr^{3+}，则 Cr^{3+} 沉淀完全时 Pb^{2+} 不能沉淀，此时 Cr^{3+} 完全沉淀时的 $c(OH^-)$ 为：

$$c(OH^-)/c^{\ominus}=\sqrt[3]{\frac{K_{sp}^{\ominus}(Cr(OH)_3)}{c(Cr^{3+})/c^{\ominus}}}=\sqrt[3]{\frac{6.0\times10^{-31}}{1.0\times10^{-5}}}$$

$$=3.9\times10^{-9}(mol\cdot L^{-1})$$

$3.9\times10^{-9}\ mol\cdot L^{-1}$ 小于使 Pb^{2+} 沉淀时的 $c(OH^-)=2.0\times10^{-7}(mol\cdot L^{-1})$，故 Cr^{3+} 沉淀完全，Pb^{2+} 不会沉淀，此态下：

$$pOH=8.4 \qquad pH=5.6$$

而使 Pb^{2+} 开始产生沉淀时的 pH 值为：

$$pOH=-\lg(2.0\times10^{-7})=6.7$$

$$pH=14-pOH=14-6.7=7.3$$

所以分离 Pb^{2+} 和 Cr^{3+} 应控制的 pH 值范围是 5.6～7.3。

例 8　物质的量都为 0.1 mol 的 ZnS 和 HgS 分别溶于强酸，问各需多大浓度的强酸才使之溶解？[已知：$K_{sp}^{\ominus}(ZnS)=2.0\times10^{-22}$，$K_{sp}^{\ominus}(HgS)=4.0\times10^{-53}$]

解

(1)ZnS 溶于强酸：

$$ZnS+2H^+ \rightleftharpoons Zn^{2+}+H_2S$$

$$K_j^\ominus=\frac{[c(Zn^{2+})/c^\ominus]\cdot[c(H_2S)/c^\ominus]}{[c(H^+)/c^\ominus]^2}=\frac{K_{sp}^\ominus(ZnS)}{K_{a1}^\ominus(H_2S)\cdot K_{a2}^\ominus(H_2S)}$$

沉淀溶解平衡时

$$c(H^+)/c^\ominus=\sqrt{\frac{K_{a1}^\ominus\cdot K_{a2}^\ominus\cdot[c(Zn^{2+})/c^\ominus]\cdot[c(H_2S)/c^\ominus]}{K_{sp}^\ominus(ZnS)}}$$

$$=\sqrt{\frac{1.3\times10^{-7}\times7.1\times10^{-15}\times0.1\times0.1}{2.0\times10^{-22}}}$$

$$=0.21(mol\cdot L^{-1})$$

ZnS 溶于强酸的浓度为：$0.21+0.2=0.41(mol\cdot L^{-1})$

(2)HgS 溶于强酸：

$$HgS+2H^+\rightleftharpoons Hg^{2+}+H_2S$$

$$K_j^\ominus=\frac{[c(Hg^{2+})/c^\ominus]\cdot[c(H_2S)/c^\ominus]}{[c(H^+)/c^\ominus]^2}=\frac{K_{sp}^\ominus(HgS)}{K_{a1}^\ominus(H_2S)\cdot K_{a2}^\ominus(H_2S)}$$

沉淀溶解平衡时

$$c(H^+)/c^\ominus=\sqrt{\frac{K_{a1}^\ominus\cdot K_{a2}^\ominus\cdot[c(Hg^{2+})/c^\ominus]\cdot[c(H_2S)/c^\ominus]}{K_{sp}^\ominus(HgS)}}$$

$$=\sqrt{\frac{1.3\times10^{-7}\times7.1\times10^{-15}\times0.1\times0.1}{4.0\times10^{-53}}}$$

$$=4.8\times10^{14}(mol\cdot L^{-1})$$

HgS 溶于强酸的浓度为：$4.8\times10^{14}+0.2=4.8\times10^{14}(mol\cdot L^{-1})$

结论：HgS 不溶于非氧化性强酸。

例 9　将 0.1 mol 的 $Mg(OH)_2$完全溶解，需要 1 L 多大浓度的 NH_4Cl 才使之溶解？[已知$K_b^\ominus(NH_3)=1.8\times10^{-5}$，$K_{sp}^\ominus(Mg(OH)_2)=5.6\times10^{-12}$]

解　依题意：$Mg(OH)_2+2NH_4^+\rightleftharpoons Mg^{2+}+2NH_3\cdot H_2O$

$$K_j^\ominus=\frac{[c(Mg^{2+})/c^\ominus]\cdot[c(NH_3)/c^\ominus]^2}{[c(NH_4^+)/c^\ominus]^2}=\frac{K_{sp}^\ominus(Mg(OH)_2)}{[K_b^\ominus(NH_3)]^2}$$

沉淀溶解平衡时

$$c(NH_4^+)/c^\ominus=\sqrt{\frac{[K_b^\ominus(NH_3)]^2[c(Mg^{2+})/c^\ominus]\cdot[c(NH_3)/c^\ominus]^2}{K_{sp}^\ominus(Mg(OH)_2)}}$$

$$=\sqrt{\frac{(1.8\times10^{-5})^2\times0.1\times(0.1)^2}{5.6\times10^{-12}}}$$

$=0.24(\text{mol}\cdot\text{L}^{-1})$

溶解过程中消耗的 NH_4^+ 浓度为 0.1×2 mol·L^{-1}，故：

$$c(NH_4^+)=0.48+0.2=0.68(\text{mol}\cdot\text{L}^{-1})$$

例 10 给定 0.20 mol·L^{-1}的 Mg^{2+} 溶液，与下列溶液等体积混合，是否产生 $Mg(OH)_2$ 沉淀？[已知：$K_{sp}^{\ominus}(Mg(OH)_2)=5.6\times10^{-12}$，$K_{sp}^{\ominus}(MgCO_3)=1.0\times10^{-5}$，$K_a^{\ominus}(HAc)=1.8\times10^{-5}$，$K_{a1}^{\ominus}(H_2CO_3)=4.2\times10^{-7}$，$K_{a2}^{\ominus}(H_2CO_3)=5.6\times10^{-11}$，$K_b^{\ominus}(NH_3)=1.8\times10^{-5}$]

(1)0.20 mol·L^{-1}的 $NH_3\cdot H_2O$ 溶液；

(2)0.20 mol·L^{-1}的 $NH_3\cdot H_2O$ 与 0.20 mol·L^{-1}的 NH_4Cl 混合溶液；

(3)0.20 mol·L^{-1}的 NH_4Cl 溶液；

(4)0.20 mol·L^{-1}的 HAc 与 0.20 mol·L^{-1}的 NaAc 混合溶液；

(5)0.20 mol·L^{-1}NaAc 溶液；

(6)0.20 mol·L^{-1}$NaHCO_3$溶液；

(7)在(6)体系中是否有 $MgCO_3$沉淀产生？

(8)pH=5.0 水溶液。

解 依题意，两液等体积混合浓度将减半：

(1)$NH_3\cdot H_2O$ 为弱碱体系，可用最简式求 $c(OH^-)$：

$$c(OH^-)/c^{\ominus}=\sqrt{K_b^{\ominus}\cdot[c_b/c^{\ominus}]}=\sqrt{1.8\times10^{-5}\times0.1}$$
$$=1.34\times10^{-3}(\text{mol}\cdot\text{L}^{-1})$$
$$Q_c=[c(Mg^{2+})/c^{\ominus}]\cdot[c(OH^-)/c^{\ominus}]^2=0.10\times(1.34\times10^{-3})^2$$
$$=1.8\times10^{-7}>K_{sp}^{\ominus}=5.6\times10^{-12}$$

所以有 $Mg(OH)_2$沉淀产生。

(2)混合溶液为缓冲体系，用缓冲液的最简式求 $c(OH^-)$：

$$c(OH^-)/c^{\ominus}=K_b^{\ominus}\cdot\frac{c_b/c^{\ominus}}{c_s/c^{\ominus}}=1.8\times10^{-5}\times\frac{0.1}{0.1}$$
$$=1.8\times10^{-5}(\text{mol}\cdot\text{L}^{-1})$$
$$Q_c=[c(Mg^{2+})/c^{\ominus}]\cdot[c(OH^-)/c^{\ominus}]^2=0.10\times(1.8\times10^{-5})^2$$
$$=3.24\times10^{-11}>K_{sp}^{\ominus}=5.6\times10^{-12}$$

所以有 $Mg(OH)_2$沉淀产生。

(3)NH_4^+ 为弱碱强酸体系，NH_4^+ 在水中产生解离：

$$NH_4^+ + H_2O \rightleftharpoons NH_3 \cdot H_2O + H^+$$

用最简式计算：

$$c(H^+)/c^\ominus = \sqrt{\frac{K_w^\ominus}{K_b^\ominus} \cdot (c_s/c^\ominus)} = \sqrt{\frac{1.0\times10^{-14}}{1.8\times10^{-5}} \times 0.1}$$
$$= 7.5\times10^{-6}(mol \cdot L^{-1})$$

$$c(OH^-)/c^\ominus = \frac{K_w^\ominus}{c(H^+)/c^\ominus} = \frac{1.0\times10^{-14}}{7.5\times10^{-6}} = 1.3\times10^{-9}(mol \cdot L^{-1})$$

$$Q_c = [c(Mg^{2+})/c^\ominus] \cdot [c(OH^-)/c^\ominus]^2 = 0.10\times(1.3\times10^{-9})^2$$
$$= 1.7\times10^{-19} < K_{sp}^\ominus = 5.6\times10^{-12}$$

所以没有 $Mg(OH)_2$ 沉淀产生。

(4)所给体系为 HAc～NaAc 缓冲体系，可用缓冲体系最简式计算：

$$c(H^+)/c^\ominus = K_a^\ominus \cdot \frac{c_a/c^\ominus}{c_s/c^\ominus} = 1.8\times10^{-5}\times\frac{0.1}{0.1} = 1.8\times10^{-5}(mol \cdot L^{-1})$$

$$c(OH^-)/c^\ominus = \frac{K_w^\ominus}{c(H^+)/c^\ominus} = \frac{1.0\times10^{-14}}{1.8\times10^{-5}} = 5.6\times10^{-10}(mol \cdot L^{-1})$$

$$Q_c = [c(Mg^{2+})/c^\ominus] \cdot [c(OH^-)/c^\ominus]^2 = 0.10\times(5.6\times10^{-10})^2$$
$$= 3.14\times10^{-20} < K_{sp}^\ominus = 5.6\times10^{-12}$$

所以无 $Mg(OH)_2$ 沉淀产生。

(5)Ac^- 为强碱弱酸体系，在水中可解离，溶液显碱性：

$$Ac^- + H_2O \rightleftharpoons HAc + OH^-$$

用最简式计算：

$$c(OH^-)/c^\ominus = \sqrt{\frac{K_w^\ominus}{K_a^\ominus} \cdot (c_s/c^\ominus)} = \sqrt{\frac{1.0\times10^{-14}}{1.8\times10^{-5}} \times 0.1}$$
$$= 7.5\times10^{-6}(mol \cdot L^{-1})$$

$$Q_c = [c(Mg^{2+})/c^\ominus] \cdot [c(OH^-)/c^\ominus]^2 = 0.10\times(7.5\times10^{-6})^2$$
$$= 5.6\times10^{-12} = K_{sp}^\ominus = 5.6\times10^{-12}$$

$Q_c = K_{sp}^\ominus$，无 $Mg(OH)_2$ 产生，溶液为 $Mg(OH)_2$ 的饱和溶液。

(6)所给体系为酸式盐解离平衡体系，用最简式计算：

$$c(H^+)/c^\ominus = \sqrt{K_{a1}^\ominus K_{a2}^\ominus} = \sqrt{4.2\times10^{-7}\times5.6\times10^{-11}}$$

$$=4.8\times10^{-9}(mol\cdot L^{-1})$$

$$c(OH^-)/c^{\ominus}=\frac{K_w^{\ominus}}{c(H^+)/c^{\ominus}}=\frac{1.0\times10^{-14}}{4.8\times10^{-9}}=2.1\times10^{-6}(mol\cdot L^{-1})$$

$$Q_c=[c(Mg^{2+})/c^{\ominus}]\cdot[c(OH^-)/c^{\ominus}]^2=0.10\times(2.1\times10^{-6})^2$$

$$=4.4\times10^{-13}<K_{sp}^{\ominus}=5.6\times10^{-12}$$

所以无 $Mg(OH)_2$ 沉淀产生。

(7)在(6)体系中：

$$HCO_3^- \rightleftharpoons H^+ \quad + \quad CO_3^{2-}$$

$$0.10 \qquad 4.8\times10^{-9} \qquad x$$

$$x=K_{a2}^{\ominus}(H_2CO_3)\frac{c(HCO_3^-)/c^{\ominus}}{c(H^+)/c^{\ominus}}=5.6\times10^{-11}\times\frac{0.10}{4.8\times10^{-9}}$$

$$=1.2\times10^{-3}(mol\cdot L^{-1})$$

$$Q_c=[c(Mg^{2+})/c^{\ominus}]\cdot[c(CO_3^{2-})/c^{\ominus}]=0.10\times(1.2\times10^{-3})=1.2\times10^{-4}$$

$$Q_c>K_{sp}^{\ominus}=1.0\times10^{-5}$$

所以有 $MgCO_3$ 沉淀产生。

(8)pH=5.0 水溶液中：

$$pOH=14-5.0=9.0 \qquad c(OH^-)=1.0\times10^{-9}(mol\cdot L^{-1})$$

$$Q_c=[c(Mg^{2+})/c^{\ominus}]\cdot[c(OH^-)/c^{\ominus}]^2=0.10\times(1.0\times10^{-9})^2$$

$$=1.0\times10^{-19}<K_{sp}^{\ominus}=5.6\times10^{-12}$$

所以无 $Mg(OH)_2$ 沉淀产生。

三、练习题

(一)选择题

1. 难溶物 NH_4MgPO_4 的 $K_{sp}^{\ominus}$ 表达式为(　　)。

   A. $K_{sp}^{\ominus}=[c(NH_4^+)/c^{\ominus}]\cdot[c(Mg^{2+})/c^{\ominus}]\cdot[c(PO_4^{3-})/c^{\ominus}]$

   B. $K_{sp}^{\ominus}=[c(NH_4^+)/c^{\ominus}]\cdot[c(MgPO_4)^-/c^{\ominus}]$

   C. $K_{sp}^{\ominus}=[c(NH_4^+Mg^{2+})/c^{\ominus}]\cdot[c(PO_4^{3-})/c^{\ominus}]$

   D. $K_{sp}^{\ominus}=[c(NH_4^+)/c^{\ominus}]^2\cdot[c(PO_4^{3-})/c^{\ominus}]$

2. 常温下，$Ba^{2+}+SO_4^{2-}=BaSO_4(s)$ 的 $\Delta_rG_m^{\ominus}=-23.03RT$ J·mol^{-1}，此温度

下 $BaSO_4$ 的 $K_{sp}^{\ominus}$ 等于(　　)。

A. 1.0×10^{-10}　　B. $1.0\times10^{-23.03}$

C. $1.0\times10^{-8.8}$　　D. 1.0×10^{10}

3. 在 50 mL 0.02 $mol\cdot L^{-1}$ 的 $MgCl_2$ 溶液中加入 50 mL 0.2 $mol\cdot L^{-1}$ 的 $NH_3\cdot H_2O$ 和 0.2 $mol\cdot L^{-1}$ 的 NH_4Cl 混合液，则溶液中(　　)。[已知：$K_{sp}^{\ominus}(Mg(OH)_2)=1.8\times10^{-11}$，$K_b^{\ominus}(NH_3\cdot H_2O)=1.8\times10^{-5}$]

A. 有 $Mg(OH)_2$ 沉淀产生　　B. 无 $Mg(OH)_2$ 沉淀产生

C. 无 Mg^{2+} 存在　　D. 有 NH_4Cl 固体析出

4. 洗涤 $BaSO_4$ 沉淀物，选用合适的洗涤液是(　　)。

A. 稀 H_2SO_4 溶液　　B. NaCl 溶液

C. 热纯水　　D. 稀 K_2CrO_4 溶液

5. CaF_2(s)的饱和溶液的浓度是 2.0×10^{-4} $mol\cdot L^{-1}$，则 CaF_2 的 $K_{sp}^{\ominus}$ 值为(　　)。

A. 3.2×10^{-11}　　B. 1.6×10^{-11}

C. 8.0×10^{-12}　　D. 4.0×10^{-8}

6. 设 AgCl 在水中，在 0.02 $mol\cdot L^{-1}$ $CaCl_2$ 中，在 0.02 $mol\cdot L^{-1}$ NaCl 中以及在 0.10 $mol\cdot L^{-1}$ $AgNO_3$ 中的溶解度分别为 S_0、S_1、S_2 和 S_3，则溶解度之间的关系为(　　)。

A. $S_0>S_1>S_2>S_3$　　B. $S_0>S_2>S_1>S_3$

C. $S_0>S_1=S_2>S_3$　　D. $S_0>S_2>S_3>S_1$

7. 往含有固体 AgI 的溶液中：①加入 NaI；②加入 H_2O；③加入固体 AgI；④升高温度，能使溶液中 Ag^+ 浓度和 I^- 浓度的乘积变化的是(　　)。

A. ②　　B. ④

C. ②和④　　D. ①②③和④

8. 向浓度都是 0.01 $mol\cdot L^{-1}$ 的 Cu^{2+}、Ag^+、As^{3+}、Mn^{2+} 四种离子的混合溶液中通入 H_2S，沉淀的先后次序正确的是(　　)。(已知：CuS、As_2S_3、MnS、Ag_2S 的 $K_{sp}^{\ominus}$ 值分别为 6.3×10^{-36}、2.1×10^{-22}、2.5×10^{-13}、6.3×10^{-50})

A. CuS、Ag_2S、MnS、As_2S_3　　B. Ag_2S、CuS、MnS、As_2S_3

C. Ag_2S、CuS、As_2S_3、MnS　　D. CuS、MnS、As_2S_3、Ag_2S

9. 在 AgCl(s)和 Ag_2CrO_4(s)共存的平衡体系中，下列答案正确的是(　　)。

A. $c(Cl^-)$ 和 $c(CrO_4^{2-})$ 有同一数值

B. $K_{sp}^{\ominus}(AgCl)/[c(Cl^-)/c^{\ominus}]=\sqrt{\dfrac{K_{sp}^{\ominus}(Ag_2CrO_4)}{[c(CrO_4^{2-})/c^{\ominus}]}}$

C. $c(Ag^+)/c^{\ominus}=\sqrt{K_{sp}^{\ominus}(AgCl)}=\sqrt[3]{K_{sp}^{\ominus}(Ag_2CrO_4)/4}$

D. AgCl 沉淀量多于 Ag_2CrO_4 沉淀量

10. 在 0.05 $mol \cdot L^{-1}$ $CuSO_4$ 溶液中通入 H_2S 至饱和(0.10 $mol \cdot L^{-1}$)，溶液中残留的 $c(Cu^{2+})$ 等于(　　)$mol \cdot L^{-1}$。[已知：$K_{sp}^{\ominus}(CuS)=6.3\times10^{-36}$，$K_{总}^{\ominus}(H_2S)=1.0\times10^{-19}$]

A. 3.6×10^{-6}　　B. 6.3×10^{-18}

C. 6.8×10^{-16}　　D. 3.4×10^{-8}

11. 在给定条件下，可以共存于溶液中的是(　　)。

A. MnO_4^- 和 Fe^{2+}　　B. $Al_2(SO_4)_3$ 和 $NaHCO_3$

C. $HgCl_2$ 和 H_2S　　D. $SnCl_2$ 和 KI

12. 已知 $K_{sp}^{\ominus}(BaSO_4)=1.1\times10^{-10}$，$K_{sp}^{\ominus}(CaSO_4)=9.6\times10^{-6}$，下列实验结果的推理正确的是(　　)。

A. 选 Ba^{2+} 盐作为 SO_4^{2-} 的沉淀剂为好

B. 向等浓度 Ba^{2+} 和 Ca^{2+} 溶液中滴加 SO_4^{2-} 时 $CaSO_4$ 先沉淀

C. 常态下，$BaSO_4$ 的溶解度大于 $CaSO_4$ 的溶解度

D. 当 $BaSO_4$ 沉淀时，Ca^{2+} 已被沉淀完全

13. 在相同条件下，下列物质在水中的溶解度最大的是(　　)。

A. AgCl($K_{sp}^{\ominus}=1.8\times10^{-10}$)　　B. $BaSO_4$($K_{sp}^{\ominus}=1.1\times10^{-10}$)

C. Ag_2CrO_4($K_{sp}^{\ominus}=1.1\times10^{-12}$)　　D. $Mg(OH)_2$($K_{sp}^{\ominus}=1.8\times10^{-11}$)

14. 当 pH＝9.0 时 $Mg(OH)_2$ 的溶解度为 S $mol \cdot L^{-1}$，当 pH＝10.0 时 $Mg(OH)_2$ 的溶解度为(　　)$mol \cdot L^{-1}$。

A. $10S$　　B. $100S$

C. $0.1S$　　D. $0.01S$

15. $CaCO_3$ 溶于醋酸的溶解反应平衡常数为(　　)。

A. $K_j^{\ominus}=\dfrac{K_{sp}^{\ominus}\cdot K_a^{\ominus}(HAc)}{K_{总}^{\ominus}(H_2CO_3)}$　　B. $K_j^{\ominus}=\dfrac{K_{sp}^{\ominus}\cdot K_{总}^{\ominus}(H_2CO_3)}{[K_a^{\ominus}(HAc)]^2}$

C. $K_j^{\ominus}=\dfrac{K_{总}^{\ominus}(H_2CO_3)\cdot[K_a^{\ominus}(HAc)]^2}{K_{sp}^{\ominus}}$　　D. $K_j^{\ominus}=\dfrac{K_{sp}^{\ominus}\cdot K_a^2(HAc)}{K_{总}^{\ominus}(H_2CO_3)}$

16. 下列何种试剂与 NaCl 溶液混合后，加入 $AgNO_3$ 溶液也不产生沉淀(　　)。

A. 浓 HNO_3　　B. KSCN

C. KCN　　D. Na_2SO_4

17. 下列说法正确的是(　　)。

A. 在一定温度下 AgCl 水溶液中 $c(Ag^{+})\cdot c(Cl^{-})=K_{sp}^{\ominus}$

B. 在任何含固体 AgCl 的溶液中 $c(Ag^{+})=c(Cl^{-})=\sqrt{K_{sp}^{\ominus}}$

C. 当溶液中 $c(Ag^{+})\cdot c(Cl^{-})=K_{sp}^{\ominus}$时,溶液为 AgCl 的不饱和溶液

D. AgCl(s)在 $NH_3\cdot H_2O$ 中的溶解度比在纯水中的大

18. 在含有 Cl^{-}、Br^{-}、I^{-}、CrO_4^{2-} 的浓度均为 0.012 mol·L^{-1}的混合液中,逐渐加入 $AgNO_3$溶液以致产生沉淀,沉淀析出的先后次序为(　　)。(已知:AgCl、AgBr、AgI、Ag_2CrO_4的溶度积分别为 1.8×10^{-10}、5.0×10^{-13}、8.3×10^{-17}、1.1×10^{-12})

A. AgCl、AgBr、AgI、Ag_2CrO_4　　B. Ag_2CrO_4、AgI、AgBr、AgCl

C. Ag_2CrO_4、AgBr、AgI、AgCl　　D. AgI、AgBr、AgCl、Ag_2CrO_4

19. 往 0.000 1 mol·L^{-1} K_2CrO_4和 0.1 mol·L^{-1}的 NaCl 混合液中加入等体积的 0.1 mol·L^{-1}的 $AgNO_3$溶液,当 Ag_2CrO_4(s)红色沉淀出现时,下列情况最符合实际的是(　　)。(已知:AgCl、Ag_2CrO_4 的 $K_{sp}^{\ominus}$ 值分别为 1.8×10^{-10}、1.1×10^{-12})

A. 只有 AgCl 沉淀　　B. 只有 Ag_2CrO_4沉淀

C. AgCl(s)和 Ag_2CrO_4(s)都出现　　D. 溶液中的 Cl^{-}已被沉淀完全

20. 向含 Cl^{-}、I^{-}(浓度均为 0.10 mol·L^{-1})的混合液中滴加 $AgNO_3$溶液,当 AgCl 开始沉淀时,溶液中 $c(I^{-})$为(　　)mol·L^{-1}。(已知:AgCl、AgI 的 $K_{sp}^{\ominus}$分别为 1.8×10^{-10}、8.0×10^{-17})

A. 4.4×10^{-8}　　B. 0.10

C. 9.1×10^{-9}　　D. 1.0×10^{-6}

21. 使 10 mL 0.4 mol·L^{-1} $MgCl_2$与 10 mL 2.0 mol·L^{-1}的 $NH_3\cdot H_2O$ 混合后不产生 $Mg(OH)_2$沉淀,溶液的 NH_4^{+} 浓度至少为(　　)mol·L^{-1}。[已知:$K_{sp}^{\ominus}(Mg(OH)_2)=1.8\times10^{-11}$,$K_b^{\ominus}=1.8\times10^{-5}$]

A. 2.0　　B. 6.0

C. 0.1　　D. 4.0

22. 若使 CuSCN 沉淀物转化,下列供选沉淀剂中(　　)是最好的。(已知:CuSCN、CuCl、CuBr、CuI、Cu_2S 的 $K_{sp}^{\ominus}$ 值分别为 1.6×10^{-11}、1.0×10^{-6}、4.2×10^{-8}、5.0×10^{-12}、2.0×10^{-47})

A. S^{2-}　　B. Cl^{-}

C. Br^{-}　　D. I^{-}

(二)填空题

23. 向含 Cl^-、Br^-、I^- 和 CrO_4^{2-} 的混合溶液中逐滴加入 $AgNO_3$ 溶液，使离子产生沉淀，对下列问题填入正确答案。(四种离子浓度都为 0.1 mol·L^{-1}，AgCl、AgBr、AgI、Ag_2CrO_4 的 $K_{sp}^{\ominus}$ 值分别为 1.0×10^{-10}、5.0×10^{-13}、8.3×10^{-17}、1.1×10^{-12})

(1)沉淀析出的先后次序为＿＿＿＿＿＿＿＿＿＿。

(2)当 AgCl 沉淀析出时，溶液残留的 $c(I^-)$=＿＿＿＿＿ mol·L^{-1}；此时加入 Pb^{2+}(大量)，可否产生 PbI_2 沉淀？＿＿＿＿＿＿＿＿[已知：$K_{sp}^{\ominus}(PbI_2)=7.1\times10^{-9}$]

(3)当 Ag_2CrO_4 沉淀时，Cl^- 是否沉淀完全？＿＿＿＿＿。

24. PbI_2 在水中的溶解度为 1.2×10^{-3} mol·L^{-1}，其 $K_{sp}^{\ominus}$=＿＿＿＿＿。若将 PbI_2 溶于 0.01 mol·L^{-1} KI 溶液，其溶解度为＿＿＿＿＿ mol·L^{-1}。

25. 欲使某种离子沉淀完全，应当加入过量沉淀剂，这是＿＿＿＿＿效应的利用；当沉淀剂过量太多时，沉淀的溶解度增大，沉淀反而不完全，这是因为发生了＿＿＿＿＿＿＿的缘故。

26. 已知 298 K 时反应 $Ag^++X^-=AgX(s)$ 的 $\Delta_rG_m^{\ominus}=-55.79$ kJ·mol^{-1}，则 AgX(s)的 $K_{sp}^{\ominus}$ 等于＿＿＿＿＿。

27. 在含 $Mg(OH)_2$ 沉淀的体系中加入适量 NH_4Cl，沉淀即消失，导致此实验现象的条件是＿＿＿＿＿＿＿＿＿。

28. 已知 298 K 时 $K_{sp}^{\ominus}(BaSO_4)=1.0\times10^{-10}$，$K_{sp}^{\ominus}(BaCO_3)=8.1\times10^{-9}$，若将 $BaSO_4$ 转化为 $BaCO_3$，转化反应的标准平衡常数 $K_j^{\ominus}$=＿＿＿＿＿，为提高转化反应程度，通常采取的措施是＿＿＿＿＿＿＿＿＿＿＿＿＿＿。

29. 向盛有无色溶液 A 的试管中加入数滴 NaCl 溶液，产生白色沉淀 B，向 B 的混合液中加入 $NH_3\cdot H_2O$，沉淀 B 溶解，再滴加 KI，则转化为黄色沉淀 D，由此推知，A 是＿＿＿＿＿，B 是＿＿＿＿＿，D 是＿＿＿＿＿。

(三)计算题

30. 将 0.02 mol·L^{-1} $MnCl_2$ 溶液与 0.2 mol·L^{-1} 的 $NH_3\cdot H_2O$ 溶液等体积混合，是否有 $Mn(OH)_2$ 沉淀产生？若向该混合溶液中加入 NH_4Cl 固体，使 $c(NH_4^+)=1$ mol·L^{-1}，$Mn(OH)_2$ 沉淀是否会溶解？[已知：$K_{sp}^{\ominus}(Mn(OH)_2)=1.0\times10^{-13}$，$K_b^{\ominus}(NH_3\cdot H_2O)=1.8\times10^{-5}$]

31. 将 10 mL 0.2 mol·L^{-1} HCl 与 10 mL 0.4 mol·L^{-1} 的弱酸盐 NaA 混

合，求：

(1)溶液的 pH 值是多少？

(2)若向上述混合液中加入 0.01 mol 固体 $MgCl_2$（忽略体积变化），问是否有 $Mg(OH)_2$ 沉淀生成。[已知：$K_{sp}^{\ominus}(Mg(OH)_2)=1.8\times10^{-11}$，$K_a^{\ominus}(HA)=1.0\times10^{-5}$]。

32. 已知含 $c(Fe^{3+})=0.10\ mol\cdot L^{-1}$ 和 $c(Ni^{2+})=0.10\ mol\cdot L^{-1}$ 混合溶液，且 $K_{sp}^{\ominus}(Fe(OH)_3)=1.0\times10^{-38}$，$K_{sp}^{\ominus}(Ni(OH)_2)=2.0\times10^{-15}$，解答：

(1)使 Fe^{3+} 沉淀完全[$c(Fe^{3+})\leqslant10^{-5}\ mol\cdot L^{-1}$]时溶液的 pH 值。

(2)在此 pH 值环境中是否有 $Ni(OH)_2$ 沉淀产生？

(3)分离溶液的 Fe^{3+} 和 Ni^{2+} 应控制的 pH 值。

33. 将 0.1 mol $MgNH_4Cl_3$ 盐加到 1 000 mL 0.1 $mol\cdot L^{-1}$ 的弱碱 $NH_3\cdot H_2O$ 溶液中（忽略体积变化），是否产生 $Mg(OH)_2$ 沉淀？[已知：$K_{sp}^{\ominus}(Mg(OH)_2)=1.8\times10^{-11}$，$K_b^{\ominus}(NH_3\cdot H_2O)=1.8\times10^{-5}$]

34. 向浓度都是 0.1 $mol\cdot L^{-1}$ 的 NaI 和 Na_2SO_4 混合溶液中滴加 $Pb(NO_3)_2$ 溶液，解答：

(1)哪一种化合物（PbI_2 或 $PbSO_4$）首先沉淀？

(2)当易溶的化合物开始沉淀时，难溶化合物的阴离子残留浓度是多少？

(3)当 $PbSO_4$ 沉淀完全[$c(SO_4{}^{2-})\leqslant10^{-5}$]时，$PbI_2$ 是否开始沉淀？已沉淀的 I^- 和 PbI_2 的百分量是多少？[已知：$K_{sp}^{\ominus}(PbI_2)=8.7\times10^{-9}$，$K_{sp}^{\ominus}(PbSO_4)=1.8\times10^{-8}$]

35. 将 H_2S 气体通入含 0.10 $mol\cdot L^{-1}$ Cd^{2+} 和 0.30 $mol\cdot L^{-1}$ HCl 的混合溶液使其饱和，问 CdS 沉淀平衡时，溶液中残留 Cd^{2+} 的浓度是多少？[已知：$K_{sp}^{\ominus}(CdS)=3.6\times10^{-29}$，$H_2S$ 的 $K_{a1}{}^{\ominus}=1.3\times10^{-7}$，$K_{a2}{}^{\ominus}=1.3\times10^{-15}$]

36. 将 50.0 mL 含 0.95 g $MgCl_2$ 的溶液与等体积的 1.8 $mol\cdot L^{-1}$ $NH_3\cdot H_2O$ 混合，求应向混合溶液中加入多少的固体 NH_4Cl 才可防止 $Mg(OH)_2$ 沉淀生成？[已知：$K_{sp}^{\ominus}(Mg(OH)_2)=1.8\times10^{-11}$，$K_b^{\ominus}(NH_3\cdot H_2O)=1.8\times10^{-5}$，$GM(MgCl_2)=95.00$]

37. 向浓度都为 0.10 $mol\cdot L^{-1}$ 的 Zn^{2+}、Mn^{2+} 混合溶液中通入 H_2S 气体至饱和，溶液 pH 值应控制在什么范围才可使这两种离子完全分离？[已知：$K_{sp}^{\ominus}(ZnS)=1.2\times10^{-23}$，$K_{sp}^{\ominus}(MnS)=1.4\times10^{-15}$，$H_2S$ 的 $K_{a1}^{\ominus}=1.3\times10^{-7}$，$K_{a2}^{\ominus}=1.3\times10^{-15}$]

38. 给定 0.20 $mol\cdot L^{-1}$ 的 Cu^{2+} 溶液，经下列操作，计算回答下列问题。[已知：$K_{sp}^{\ominus}(Cu(OH)_2)=5.6\times10^{-20}$，$K_{sp}^{\ominus}(CuS)=8.5\times10^{-45}$，$K_b^{\ominus}(NH_3\cdot H_2O)=1.8\times10^{-5}$，$K_a^{\ominus}(HAc)=1.8\times10^{-5}$，$H_3PO_4$ 的 $K_{a1}^{\ominus}=7.6\times10^{-3}$，$K_{a2}^{\ominus}=6.3\times10^{-8}$，

$K_{a3}^{\ominus}=4.4\times10^{-13}$，$H_2CO_3$ 的 $K_{a1}^{\ominus}=4.2\times10^{-7}$，$K_{a2}^{\ominus}=5.6\times10^{-11}$，$H_2S$ 的 $K_{a1}^{\ominus}=1.3\times10^{-7}$，$K_{a2}^{\ominus}=7.3\times10^{-15}$，$H_3PO_4$ 的 $K_{a1}^{\ominus}=7.6\times10^{-3}$，$K_{a2}^{\ominus}=6.3\times10^{-8}$，$K_{a3}^{\ominus}=4.4\times10^{-13}$]

(1)与 0.20 $mol\cdot L^{-1}$ 的 $NH_3\cdot H_2O$ 等体积混合，是否有 $Cu(OH)_2$ 沉淀产生？

(2)与 0.20 $mol\cdot L^{-1}$ 的 NH_4Cl 等体积混合，是否有 $Cu(OH)_2$ 沉淀产生？

(3)与 0.20 $mol\cdot L^{-1}$ 的 Na_2CO_3 等体积混合，是否有 $Cu(OH)_2$ 沉淀产生？

(4)与 0.20 $mol\cdot L^{-1}$ 的 Na_2HPO_4 等体积混合，是否有 $Cu(OH)_2$ 沉淀产生？

(5)与饱和 H_2S 水溶液等体积混合，是否有 CuS 沉淀产生？

(6)与 0.60 $mol\cdot L^{-1}$ HCl 溶液等体积混合，并通入 H_2S 气体至饱和，是否有 CuS 沉淀产生？若有 CuS 沉淀产生，沉淀平衡时溶液中残留的 Cu^{2+} 浓度是多少？

参考答案

(一)选择题

1.A　2.D　3.B　4.A　5.A　6.B　7.B　8.A　9.B
10.C　11.D　12.A　13.D　14.D　15.D　16.C　17.D　18.D
19.D　20.A　21.A　22.A

(二)填空题

23.(1)AgI—AgBr—AgCl—Ag_2CrO_4　(2)8.3×10^{-8}；不能　(3)接近完全

24.6.91×10^{-9}；　6.91×10^{-5}

25.同离子；盐效应

26.1.66×10^{-10}

27.$Q_c(Mg(OH)_2)<K_{sp}^{\ominus}(Mg(OH)_2)$

28.1.23×10^{-2}；用(饱和碳酸溶液)可溶性碳酸盐反复处理几次

29.$AgNO_3$，AgCl，AgI

(三)计算题

30.**解**　依题意有：

(1)等体积混合后：$c(Mn^{2+})=0.02/2=0.01(mol\cdot L^{-1})$

$$c(NH_3\cdot H_2O)=0.2/2=0.1(mol\cdot L^{-1})$$

因为 $NH_3\cdot H_2O$ 是弱碱体系，所以可用最简式计算：

$$[c(OH^-)/c^\ominus]^2 = K_b^\ominus(NH_3) \cdot c(NH_3)/c^\ominus$$
$$= 1.8\times10^{-5}\times0.1 = 1.8\times10^{-6}(mol \cdot L^{-1})$$
$$Q_c(Mn(OH)_2) = [c(Mn^{2+})/c^\ominus]\cdot[c(OH^-)/c^\ominus]^2$$
$$= 0.01\times1.8\times10^{-6}$$
$$= 1.8\times10^{-8} > K_{sp}^\ominus(Mn(OH)_2)$$

所以有 $Mn(OH)_2$沉淀产生。

(2)当加入固体 NH_4Cl，且 $c(NH_4^+)=1.0\ mol \cdot L^{-1}$时，$NH_4^+$ 与 $NH_3 \cdot H_2O$ 组成缓冲体系，可用碱型缓冲液公式计算：

$$c(OH^-)/c^\ominus = K_b^\ominus(NH_3 \cdot H_2O)\cdot\frac{c(NH_3 \cdot H_2O)/c^\ominus}{c(NH_4^+)/c^\ominus}$$
$$= 1.8\times10^{-5}\times0.1/1.0$$
$$= 1.8\times10^{-6}(mol \cdot L^{-1})$$
$$Q_c(Mn(OH)_2) = [c(Mn^{2+})/c^\ominus]\cdot[c(OH^-)/c^\ominus]^2$$
$$= 0.01\times(1.8\times10^{-6})^2$$
$$= 1.8\times10^{-14} < K_{sp}^\ominus(Mn(OH)_2)$$

所以 $Mn(OH)_2$沉淀会全部溶解。

31. **解**　依题意，混合后：

$$c(A^-) = \frac{0.4\times10-0.2\times10}{20} = 0.1(mol \cdot L^{-1})$$
$$c(HA) = \frac{0.2\times10}{20} = 0.1(mol \cdot L^{-1})$$

此时组成的是 HA～NaA 缓冲系。

(1)$pH = pK_a^\ominus - \lg\frac{c(HA)/c^\ominus}{c(A^-)/c^\ominus} = 5.0 - \lg\frac{0.1}{0.1}$

$= 5.0$

(2)因为 $pOH = 14 - pH = 14 - 5 = 9$，所以 $c(OH^-) = 10^{-9}\ mol \cdot L^{-1}$

$$Q_c(Mg(OH)_2) = [c(Mg^{2+})/c^\ominus]\cdot[c(OH^-)/c^\ominus]^2 = 0.01\times(10^{-9})^2$$
$$= 1.0\times10^{-20} < K_{sp}^\ominus(Mg(OH)_2)$$

所以没有 $Mg(OH)_2$沉淀生成。

32. **解**　依题意：

(1)
$$Fe^{3+} + 3OH^- = Fe(OH)_3\downarrow$$

Fe^{3+}沉淀完全时，$c(Fe^{3+}) \leqslant 10^{-5}\ mol \cdot L^{-1}$

$$c(OH^-)/c^{\ominus}=\sqrt[3]{\frac{K_{sp}^{\ominus}(Fe(OH)_3)}{c(Fe^{3+})/c^{\ominus}}}=\sqrt[3]{\frac{1.0\times10^{-38}}{10^{-5}}}=1.0\times10^{-11}(mol\cdot L^{-1})$$

$$pH=14-pOH=14-11=3$$

(2)

$$pH=3, c(OH^-)=1.0\times10^{-11}$$

$$Q_c(Ni(OH)_2)=[c(Ni^{2+})/c^{\ominus}]\cdot[c(OH^-)/c^{\ominus}]^2$$
$$=0.10\times(1.0\times10^{-11})^2$$
$$=1.0\times10^{-23}$$

因为 $Q_c(Ni(OH)_2)<K_{sp}^{\ominus}(Ni(OH)_2)$，所以没有 $Ni(OH)_2$ 沉淀生成。

(3)Ni^{2+} 开始产生 $Ni(OH)_2$ 时所需要的 $c(OH^-)$ 为：

$$c(OH^-)/c^{\ominus}=\sqrt{\frac{K_{sp}^{\ominus}(Ni(OH)_2)}{[c(Ni^{2+})/c^{\ominus}]}}=\sqrt{\frac{2.0\times10^{-15}}{0.10}}=1.41\times10^{-7}(mol\cdot L^{-1})$$

$$pH=14-pOH=14-6.85=7.15$$

所以要分离 Fe 和 Ni 应控制 $3\leqslant pH<7.5$。

33. **解** 依题意：

$$c(Mg^{2+})=0.10\ mol\cdot L^{-1}, c(NH_3\cdot H_2O)=0.10\ mol\cdot L^{-1}$$

$NH_3\cdot H_2O \sim NH_4^+$ 是碱型缓冲体系，可用碱型缓冲液公式求算：

$$c(OH^-)/c^{\ominus}=K_b^{\ominus}(NH_3\cdot H_2O)\cdot\frac{c(NH_3)/c^{\ominus}}{c(NH_4^+)/c^{\ominus}}$$
$$=1.8\times10^{-5}\times0.10/0.10$$
$$=1.8\times10^{-5}$$

$$Q_c(Mg(OH)_2)=[c(Mg^{2+})/c^{\ominus}]\cdot[c(OH^-)/c^{\ominus}]^2$$
$$=0.10\times(1.8\times10^{-5})^2$$
$$=3.24\times10^{-11}>K_{sp}^{\ominus}(Mg(OH)_2)=1.8\times10^{-11}$$

所以有 $Mg(OH)_2$ 沉淀生成。

34. **解** 依题意：

$$c(I^-)=c(SO_4^{2-})=0.10\ mol\cdot L^{-1}$$
$$2I^-+Pb^{2+}=PbI_2\downarrow$$
$$SO_4^{2-}+Pb^{2+}=PbSO_4\downarrow$$

(1)生成 PbI_2 至少需要的 $c_1(Pb^{2+})$ 为：

$$c_1(Pb^{2+})/c^{\ominus}=\frac{K_{sp}^{\ominus}(PbI_2)}{[c(I^-)/c^{\ominus}]^2}=\frac{8.7\times10^{-9}}{[0.10]^2}=8.7\times10^{-7}(mol\cdot L^{-1})$$

生成 $PbSO_4$ 至少需要的 $c_2(Pb^{2+})$ 为：

$$c_2(Pb^{2+})/c^{\ominus}=\frac{K_{sp}^{\ominus}(PbSO_4)}{[c(SO_4^{2-})/c^{\ominus}]}=\frac{1.8\times10^{-8}}{[0.10]}=1.8\times10^{-7}(mol\cdot L^{-1})$$

因为 $c_2(Pb^{2+})<c_1(Pb^{2+})$，所以 $PbSO_4$ 沉淀首先沉淀。

(2)当 PbI_2 开始产生沉淀时，$c_1(Pb^{2+})=8.7\times10^{-7}\ mol\cdot L^{-1}$，残留 SO_4^{2-} 浓度为：

$$c(SO_4^{2-})/c^{\ominus}=\frac{K_{sp}^{\ominus}(PbSO_4)}{c(Pb^{2+})/c^{\ominus}}\cdot[c(I^-)/c^{\ominus}]^2$$
$$=\frac{1.8\times10^{-8}}{8.7\times10^{-7}}$$
$$=0.021(mol\cdot L^{-1})$$

(3)当 $PbSO_4$ 沉淀完全[$c(SO_4^{2-})\leqslant10^{-5}(mol\cdot L^{-1})$]时，残留 Pb^{2+} 浓度为：

$$c(Pb^{2+})/c^{\ominus}=\frac{K_{sp}^{\ominus}(PbSO_4)}{[c(SO_4^{2-})/c^{\ominus}]}=\frac{1.8\times10^{-8}}{10^{-5}}=1.8\times10^{-3}(mol\cdot L^{-1})$$

$1.8\times10^{-3}\ mol\cdot L^{-1}>8.7\times10^{-7}\ mol\cdot L^{-1}$，$PbI_2$ 早已开始沉淀。

	$2I^-$	$+$	Pb^{2+}	$=PbI_2(s)$
起始	0.1			
应沉淀量	0.1		0.05	
已沉淀量	$2\times(1.8\times10^{-3})$		1.8×10^{-3}	

故当 $PbSO_4$ 沉淀完全[$c(SO_4^{2-})\leqslant10^{-5}(mol\cdot L^{-1})$]时，

已沉 I^- 的百分量$=\frac{2\times1.8\times10^{-3}}{0.1}\times100\%=3.6\%$

已产生 PbI_2 的百分量$=\frac{1.8\times10^{-3}}{0.05}\times100\%=3.6\%$

35. **解**　依题意：

$c(Cd^{2+})=0.10\ mol\cdot L^{-1}$，$c(H^+)=0.30\ mol\cdot L^{-1}$，$c(H_2S)=0.10\ mol\cdot L^{-1}$

$$Cd^{2+}+H_2S\rightleftharpoons CdS\downarrow+2H^+$$

平衡时　　x　　0.10　　　$0.30+0.10\times2-2x\approx0.50$

所以 $K_j^{\ominus}=\frac{[c(H^+)/c^{\ominus}]^2}{[c(Cd^{2+})/c^{\ominus}]\cdot[c(H_2S)/c^{\ominus}]}=\frac{K_{a1}^{\ominus}\cdot K_{a2}^{\ominus}}{K_{sp}^{\ominus}}$

$$=\frac{9.23\times10^{-22}}{3.6\times10^{-29}}$$

$$c_{残留}(Cd^{2+})/c^{\ominus}=\frac{3.6\times10^{-29}\times(0.50)^2}{9.23\times10^{-22}\times0.10}$$

$$=9.8\times10^{-8}(mol\cdot L^{-1})$$

36.**解** 依题意,混合后有:

$$c(Mg^{2+})=\frac{0.95/GM(MgCl_2)}{100.00}\times1\,000$$

$$=\frac{0.95/95.00}{100}\times1\,000$$

$$=0.10(mol\cdot L^{-1})$$

$$c(NH_3\cdot H_2O)=1.8/2=0.9(mol\cdot L^{-1})$$

$$Mg^{2+}+2NH_3\cdot H_2O=Mg(OH)_2+2NH_4^+$$

平衡时 0.10 0.9 x

$$K_j^{\ominus}=\frac{[c(NH_4^+)/c^{\ominus}]^2}{[c(Mg^{2+})/c^{\ominus}]\cdot[c(NH_3\cdot H_2O)/c^{\ominus}]^2}=\frac{[K_b^{\ominus}(NH_3\cdot H_2O)]^2}{K_{sp}^{\ominus}(Mg(OH)_2)}$$

$$c(NH_4^+)/c^{\ominus}=\sqrt{\frac{[c(Mg^{2+})/c^{\ominus}]\cdot[c(NH_3)/c^{\ominus}]^2\cdot(K_b^{\ominus})^2}{K_{sp}^{\ominus}(Mg(OH)_2)}}$$

$$=\sqrt{\frac{0.10\times(0.9)^2\times(1.8\times10^{-5})^2}{1.8\times10^{-11}}}$$

$$=1.21(mol\cdot L^{-1})$$

$$W(NH_4Cl)=c(NH_4^+)\times100\times10^{-3}\times GM(NH_4Cl)$$

$$=1.21\times0.1\times53.5$$

$$=6.47(g)$$

37.**解** 依题意,ZnS先产生沉淀,MnS后产生沉淀,则

(1)ZnS沉淀完全时溶液的pH:

$$Zn^{2+}+H_2S=ZnS\downarrow+2H^+$$

起始 0.1

10^{-5} 0.1 x

$$K_j^{\ominus}=\frac{[c(H^+)/c^{\ominus}]^2}{[c(Zn^{2+})/c^{\ominus}]\cdot[c(H_2S)/c^{\ominus}]}=\frac{K_{a1}^{\ominus}\cdot K_{a2}^{\ominus}}{K_{sp}^{\ominus}}$$

$$c(Zn^{2+})=0.10\ mol\cdot L^{-1},c(H_2S)=0.10\ mol\cdot L^{-1}$$

$$c(H^+)/c^{\ominus}=\sqrt{\frac{10^{-5}\times0.10\times9.23\times10^{-22}}{1.2\times10^{-23}}}$$

$$=8.77\times10^{-3}(mol\cdot L^{-1})$$

$$pH=2.06$$

(2)同理：$c(Mn^{2+})=0.10\ mol\cdot L^{-1}$，$c(H_2S)=0.10\ mol\cdot L^{-1}$

要使 MnS 开始沉淀时溶液的 pH 值为：

$$Mn^{2+}+H_2S=MnS\downarrow+2H^+$$
$$0.1\qquad 0.1\qquad\qquad x$$

$$c(H^+)/c^{\ominus}=\sqrt{\frac{0.10\times0.10\times9.23\times10^{-22}}{1.4\times10^{-15}}}$$
$$=8.11\times10^{-5}(mol\cdot L^{-1})$$
$$pH=4.1$$

要使两种离子分离，应控制的 pH 范围在 2.06～4.1 之间。

38. **解**　依题意，等体积混合后：$c(Cu^{2+})=0.20/2=0.10(mol\cdot L^{-1})$

(1)$c(NH_3\cdot H_2O)=0.2/2=0.10(mol\cdot L^{-1})$

因为 $NH_3\cdot H_2O$ 为弱碱体系，且 $c(NH_3)/K_b^{\ominus}>500$，所以可用最简式计算：

$$[c(OH^-)/c^{\ominus}]^2=K_b^{\ominus}(NH_3)\cdot[c(NH_3)/c^{\ominus}]$$
$$=1.8\times10^{-5}\times0.1$$
$$=1.8\times10^{-6}(mol\cdot L^{-1})$$

$$Q_c=[c(Cu^{2+})/c^{\ominus}]\cdot[c(OH^-)/c^{\ominus}]^2=0.10\times1.8\times10^{-6}$$
$$=1.8\times10^{-7}>K_{sp}^{\ominus}$$

所以有 $Cu(OH)_2$ 沉淀生成。

(2)$c(NH_4{}^+)=0.2/2=0.10\ mol\cdot L^{-1}$，且 $c(NH_4{}^+)/K_a^{\ominus}>500$

$$NH_4^++H_2O=NH_3\cdot H_2O+H^+$$

可用弱酸最简式求算：

$$c(H^+)/c^{\ominus}=\sqrt{K_a^{\ominus}\cdot c(NH_4^+)/c^{\ominus}}$$
$$=\sqrt{\frac{K_w^{\ominus}}{K_b^{\ominus}(NH_3\cdot H_2O)}\times0.1}$$
$$=\sqrt{\frac{1.0\times10^{-14}}{1.8\times10^{-5}}\times0.1}=7.45\times10^{-6}(mol\cdot L^{-1})$$

$$c(OH^-)/c^{\ominus}=\frac{K_w^{\ominus}}{[c(H^+)/c^{\ominus}]}=\frac{1.0\times10^{-14}}{7.45\times10^{-6}}=1.34\times10^{-9}$$

$$Q_c=[c(Cu^{2+})/c^{\ominus}]\cdot[c(OH^-)/c^{\ominus}]^2=0.10\times(1.34\times10^{-9})^2$$
$$=1.8\times10^{-19}>K_{sp}^{\ominus}$$

所以有 $Cu(OH)_2$ 沉淀生成。

(3)
$$c(CO_3^{2-})=0.2/2=0.10(mol\cdot L^{-1})$$
$$CO_3^{2-}+H_2O=HCO_3^-+OH^-$$
$$HCO_3^-+H_2O=H_2CO_3+OH^-$$
$$K_{b1}^{\ominus}=\frac{K_w^{\ominus}}{K_{a2}^{\ominus}}=1.79\times10^{-4},K_{b2}^{\ominus}=\frac{K_w^{\ominus}}{K_{a1}^{\ominus}}=2.38\times10^{-8}$$

因为 $K_{b1}^{\ominus}/K_{b2}^{\ominus}>10^4$，且 $c(CO_3^{2-})/K_{b1}^{\ominus}>400$，所以可按一元弱碱求算：

$$[c(OH^-)/c^{\ominus}]^2=K_{b1}^{\ominus}\cdot c(CO_3^{2-})/c^{\ominus}=1.79\times10^{-4}\times0.1$$
$$=1.79\times10^{-5}(mol\cdot L^{-1})$$
$$Q_c=[c(Cu^{2+})/c^{\ominus}]\cdot[c(OH^-)/c^{\ominus}]^2=0.10\times1.79\times10^{-5}$$
$$=1.79\times10^{-6}>K_{sp}^{\ominus}$$

所以有 $Cu(OH)_2$ 沉淀生成。

(4)体系为酸式盐体系，可用近似公式计算：

$$c(H^+)/c^{\ominus}=\sqrt{K_{a2}^{\ominus}K_{a3}^{\ominus}}=\sqrt{6.3\times10^{-8}\times4.4\times10^{-13}}$$
$$=1.66\times10^{-10}(mol\cdot L^{-1})$$
$$c(OH^-)/c^{\ominus}=\frac{K_w^{\ominus}}{[H^+]}=\frac{1.0\times10^{-14}}{1.66\times10^{-10}}$$
$$=6.0\times10^{-5}(mol\cdot L^{-1})$$
$$Q_c=[c(Cu^{2+})/c^{\ominus}]\cdot[c(OH^-)/c^{\ominus}]^2=0.10\times(6.01\times10^{-5})^2$$
$$=3.61\times10^{-10}>K_{sp}^{\ominus}$$

所以有 $Cu(OH)_2$ 沉淀生成。

(5)因为 H_2S 是二元弱酸，且 $K_{a1}^{\ominus}\gg K_{a2}^{\ominus}$，所以

$$c(S^{2-})\approx K_{a2}^{\ominus}=7.3\times10^{-15}(mol\cdot L^{-1})$$
$$Q_c=[c(Cu^{2+})/c^{\ominus}]\cdot[c(S^{2-})/c^{\ominus}]=0.10\times7.3\times10^{-15}$$
$$=7.3\times10^{-16}>K_{sp}^{\ominus}$$

所以有 CuS 沉淀生成。

(6)$c(H^+)=0.60/2=0.30(mol\cdot L^{-1})$，$c(H_2S)=0.10(mol\cdot L)$，同离子效应，$H_2S$ 的解离量 x、y 很小，可按下式计算：

$$H_2S \rightleftharpoons 2H^+ + S^{2-}$$
$$0.1 \qquad 0.3 \qquad x$$
$$K_{a总}^{\ominus}=\frac{[c(H^+)/c^{\ominus}]^2\cdot[c(S^{2-})/c^{\ominus}]}{[c(H_2S)/c^{\ominus}]}=9.23\times10^{-22}$$

$$c(S^{2-})=9.23\times10^{-22}\times\frac{0.1}{(0.3)^2}=1.0\times10^{-21}(\text{mol}\cdot\text{L}^{-1})$$

$$Q_c=[c(Cu^{2+})/c^{\ominus}]\cdot[c(S^{2-})/c^{\ominus}]=0.10\times1.0\times10^{-21}$$
$$=1.0\times10^{-22}>K_{sp}^{\ominus}$$

所以有 CuS 沉淀生成。

设溶液中残留的 $c(Cu^{2+})$ 为 y,则有下式:

$$Cu^{2+}+H_2S \quad = \quad 2H^{+}+CuS\downarrow$$

平衡时　　y　　0.10　　$0.30-2y$

$$K_j^{\ominus}=\frac{[c(H^{+})/c^{\ominus}]^2}{[c(Cu^{2+})]\cdot[c(H_2S)/c^{\ominus}]}=\frac{K_{a1}^{\ominus}(H_2S)\cdot K_{a2}^{\ominus}(H_2S)}{K_{sp}^{\ominus}(CuS)}$$

$$[c(Cu^{2+})/c^{\ominus}]=y=\frac{K_{sp}^{\ominus}(CuS)\cdot[c(H^{+})/c^{\ominus}]^2}{K_{a1}^{\ominus}(H_2S)K_{a2}^{\ominus}(H_2S)\cdot[c(H_2S)/c^{\ominus}]}$$

因为 $c(H^{+})=0.30-2y\approx0.30(\text{mol}\cdot\text{L}^{-1})$,$c(H_2S)=0.10\ \text{mol}\cdot\text{L}^{-1}$

所以 $c(Cu^{2+})_{残留}=y=\frac{8.5\times10^{-45}\cdot[0.30]^2}{1.3\times10^{-7}\times7.3\times10^{-15}\cdot0.10}$

$$=8.0\times10^{-24}(\text{mol}\cdot\text{L}^{-1})$$

第八章　氧化还原反应

一、基本概念与基本公式

(一)原电池的概念

1. 原电池反应(Cu-Zn 原电池)

负极　　发生氧化反应，由还原剂电对构成

$$Zn-2e \rightleftharpoons Zn^{2+}$$

正极　　发生还原反应，由氧化剂电对构成

+)　　$Cu^{2+}+2e \rightleftharpoons Cu$

电池反应　　$Cu^{2+}+Zn \rightleftharpoons Cu+Zn^{2+}$

2. 原电池符号

通式：(－)导体|还原剂电对‖氧化剂电对|导体(＋)

具体符号书写：

(1)电池反应中有金属单质参与，如

$$Zn+Cu^{2+} \rightleftharpoons Zn^{2+}+Cu$$

电池符号：　(－)Zn(s)|$Zn^{2+}(c_1)$‖$Cu^{2+}(c_2)$|Cu(s)

(2)电池反应中全部是金属离子，如

$$2Fe^{3+}+Sn^{2+} \rightleftharpoons 2Fe^{2+}+Sn^{4+}$$

电池符号：(－)Pt|$Sn^{2+}(c_1)$，$Sn^{4+}(c_2)$‖$Fe^{3+}(c_3)$，$Fe^{2+}(c_4)$|Pt(＋)

(3)电池中有气体参与，如

$$Cu+Cl_2(101 \cdot 3\ kPa) \rightleftharpoons Cu^{2+}+2Cl^-$$

电池符号：(－)$Cu(s)|Cu^{2+}(c_1)\|Cl^-(c_2)|Cl_2(101.3\ kPa)|Pt$(＋)

(4)电池中有沉淀参与，如

$$AgCl(s)+Zn \rightleftharpoons Ag(s)+Cl^-+Zn^{2+}$$

电池符号：(－)$Zn(s)|Zn^{2+}(c_1)\|Cl^-(c_2)|AgCl(s),Ag(s)$(＋)

3. 原电池电动势

标准态　$$\varepsilon^{\ominus}=\varphi^{\ominus}_{(+)}-\varphi^{\ominus}_{(-)} \tag{8-1a}$$

非标准态　$$\varepsilon=\varphi_{(+)}-\varphi_{(-)} \tag{8-1b}$$

4. 原电池电动势 $\varepsilon^{\ominus}$ 与 $\Delta_r G^{\ominus}{}_m$ 和 $K^{\ominus}$ 的定量关系

对原电池反应：非标准态　$$\Delta_r G_m=-nF\varepsilon \tag{8-2a}$$

标准态　$$\Delta_r G_m^{\ominus}=-nF\varepsilon^{\ominus} \tag{8-2b}$$

因为　$$\Delta_r G_m^{\ominus}=-RT\ln K^{\ominus}$$

所以　$$\lg K^{\ominus}=\frac{nF\varepsilon^{\ominus}}{2.303RT}=\frac{n\varepsilon^{\ominus}}{0.059} \tag{8-2c}$$

式中：n 为电池反应中得失的电子总数，与电池反应式的书写形式有关；F 为法拉第常数 96 485C；R 取 8.314 J·mol^{-1}·K^{-1}，T 取 298 K。

(二)能斯特方程的应用

电极反应的能斯特方程主要用来讨论浓度、酸度、沉淀、配合等因素对电极电势的影响。

1. 电极反应的能斯特方程

电极反应　$$a\mathrm{Ox}+ne \rightleftharpoons b\mathrm{Red}$$

能斯特方程　$$\varphi(\mathrm{Ox/Red})=\varphi^{\ominus}(\mathrm{Ox/Red})+\frac{0.059}{n}\lg\frac{[c(\mathrm{Ox})/c^{\ominus}]^a}{[c(\mathrm{Red})/c^{\ominus}]^b} \tag{8-3}$$

式中：$\varphi^{\ominus}$(Ox/Red)为标态电极电势；φ(Ox/Red)为非标态电极电势；n 为氧化剂或还原剂得失电子总数。

2. 能斯特方程的应用

(1)讨论浓度变化对 φ(Ox/Red)值的影响：

$$\varphi(\mathrm{Ox/Red})=\varphi^{\ominus}(\mathrm{Ox/Red})+\frac{0.059}{n}\lg\frac{[c(\mathrm{Ox})/c^{\ominus}]^a}{[c(\mathrm{Red})/c^{\ominus}]^b}$$

当 Ox 浓度增大或 Red 浓度降低时，φ(Ox/Red) 值增大；当 Ox 降低或 Red 增大时，φ(Ox/Red) 值减小。

(2)讨论沉淀对 φ(Ox/Red)值的影响：

①M^{n+}/M 体系加入沉淀剂 A，形成新电对 $M^{n+}A_n/M$：

$$M^{n+}+nA \rightleftharpoons M^{n+}A_n(s)$$

平衡时有： $c(M^{n+})/c^{\ominus}=K_{sp}^{\ominus}/[c(A)/c^{\ominus}]^n$

$$\varphi(M^{n+}/M)=\varphi^{\ominus}(M^{n+}/M)+\frac{0.059}{n}\lg\frac{K_{sp}^{\ominus}(M^{n+}A_n)}{[c(A)/c^{\ominus}]^n} \quad (8\text{-}4a)$$

当 $c(A)/c^{\ominus}$ 一定：

$K_{sp}^{\ominus}(M^{n+}A_n)$越小，$c(M^{n+})/c^{\ominus}$越小，$\varphi(M^{n+}/M)$值越小；

$K_{sp}^{\ominus}(M^{n+}A_n)$越大，$c(M^{n+})/c^{\ominus}$越大，$\varphi(M^{n+}/M)$值越大，

当 $c(A)/c^{\ominus}=1.0\ mol\cdot L^{-1}$，$M^{n+}A_n(s)/M$ 电对体系处于标准态：

$$\varphi(M^{n+}/M)=\varphi^{\ominus}[M^{n+}A_n(s)/M]$$

$$\varphi^{\ominus}(M^{n+}A_n/M)=\varphi(M^{n+}/M)=\varphi^{\ominus}(M^{n+}/M)+\frac{0.059}{n}\lg\frac{K_{sp}^{\ominus}(M^{n+}A_n)}{1} \quad (8\text{-}4b)$$

②M^{n+}/M^{m+} $(n>m)$ 体系加入沉淀剂 A，形成新电对 $M^{n+}A_n(s)/M^{m+}A_m(s)$：

$M^{n+}+nA \rightleftharpoons M^{n+}A_n(s)$ $\quad c(M^{n+})/c^{\ominus}=K_{sp}^{\ominus}(M^{n+}A_n)/[c(A)/c^{\ominus}]^n$

$M^{m+}+mA \rightleftharpoons M^{m+}A_m(s)$ $\quad c(M^{n+})/c^{\ominus}=K_{sp}^{\ominus}(M^{m+}A_m)/[c(A)/c^{\ominus}]^m$

$$\varphi(M^{n+}/M^{m+})=\varphi^{\ominus}(M^{n+}/M^{m+})+\frac{0.059}{n-m}\lg\frac{K_{sp}^{\ominus}(M^{n+}A_n)/[c(A)/c^{\ominus}]^n}{K_{sp}^{\ominus}(M^{m+}A_m)/[c(A)/c^{\ominus}]^m}$$

$$=\varphi^{\ominus}(M^{n+}/M^{m+})+\frac{0.059}{n-m}\lg\frac{K_{sp}^{\ominus}(M^{n+}A_n)}{K_{sp}^{\ominus}(M^{m+}A_m)}\cdot[c(A)/c^{\ominus}]^{m-n}$$

(8-5a)

当 $c(A)/c^{\ominus}$ 一定：

$K_{sp}^{\ominus}(M^{n+}A_n)>K_{sp}^{\ominus}(M^{m+}A_m)$，$\varphi(M^{n+}/M^{m+})$值增大；

$K_{sp}^{\ominus}(M^{n+}A_n)<K_{sp}^{\ominus}(M^{m+}A_m)$，$\varphi(M^{n+}/M^{m+})$值减小。

当 $c(A)/c^{\ominus}=1.0\ mol\cdot L^{-1}$时，电对$M^{n+}A_n/M^{m+}A_m$体系处于标准状态，则：

$$\varphi(M^{n+}/M^{m+})=\varphi^{\ominus}[M^{n+}A_n(s)/M^{m+}A_m(s)]$$

$$\varphi^{\ominus}(M^{n+}A_n/M^{m+}A_m)=\varphi^{\ominus}(M^{n+}/M^{m+})+\frac{0.059}{n-m}\lg\frac{K_{sp}^{\ominus}(M^{n+}A_n)}{K_{sp}^{\ominus}(M^{m+}A_m)} \quad (8\text{-}5b)$$

(3)讨论酸度对 $\varphi(Ox/Red)$值的影响：

电极反应有 H^+ 或 OH^- 参与的，其 $\varphi(Ox/Red)$值受酸度影响。

$$Ox+aH^++ne \rightleftharpoons Red+a/2H_2O$$

$$\varphi(Ox/Red)=\varphi^{\ominus}(Ox/Red)+\frac{0.059}{n}\lg\frac{[c(Ox)/c^{\ominus}]\cdot[c(H^+)/c^{\ominus}]^{a/2}}{[c(Red)/c^{\ominus}]} \quad (8\text{-}6a)$$

$$\varphi(\mathrm{Ox/Red})=\varphi^{\ominus}(\mathrm{Ox/Red})+\frac{0.059}{n}\lg\frac{[c(\mathrm{Ox})/c^{\ominus}]}{[c(\mathrm{Red})/c^{\ominus}]\cdot[c(\mathrm{OH^-})/c^{\ominus}]^{b}} \quad (8\text{-}6b)$$

结论：酸度对 $\varphi(\mathrm{Ox/Red})$ 值的影响总是酸度增大，$\varphi(M^{n+}/M)$ 增大；酸度降低，$\varphi(M^{n+}/M)$ 减小。

(4)讨论配合物对 $\varphi(\mathrm{Ox/Red})$ 值的影响：

在 M^{n+}/M 体系加入配合剂 L：

$$M^{n+}+mL \rightleftharpoons M^{n+}\sim L_m$$

平衡时有：

$$c(M^{n+})/c^{\ominus}=\frac{c(M^{n+}\sim L_m)/c^{\ominus}}{K_f^{\ominus}\cdot[c(L)/c^{\ominus}]^{m}}$$

$$\varphi(M^{n+}/M)=\varphi^{\ominus}(M^{n+}/M)+\frac{0.059}{n}\lg\frac{[c(M^{n+}\sim L_m)/c^{\ominus}]}{K_f^{\ominus}\cdot[c(L)/c^{\ominus}]^{m}} \quad (8\text{-}7)$$

式中 $K_f^{\ominus}$ 为配合物的稳定常数。

(三)标准电极电势的应用

1. 判断氧化剂(Ox)，还原剂(Red)的强弱

判断原则：$\varphi^{\ominus}(\mathrm{Ox/Red})$ 值大，电对中氧化态(Ox)氧化能力强；

$\varphi^{\ominus}(\mathrm{Ox/Red})$ 值小，电对中还原态(Red)还原能力强。

2. 判断反应的先后次序

判断原则：总是 $\varphi^{\ominus}(\mathrm{Ox/Red})$ 大的电对中的氧化态与 $\varphi^{\ominus}(\mathrm{Ox/Red})$ 值小的电对中的还原态首先反应，或总是 $\varepsilon^{\ominus}$ 值大的两电对中的氧化态与还原态首先反应。

3. 选择氧化剂(Ox)或还原剂(Red)

选择原则：

选氧化剂(Ox)：　$\varphi^{\ominus}_{被氧化}<\varphi^{\ominus}_{被选}<\varphi^{\ominus}_{不被氧化}$

选还原剂(Red)：　$\varphi^{\ominus}_{不被还原}<\varphi^{\ominus}_{被选}<\varphi^{\ominus}_{被还原}$

4. 判断反应的方向

$$\varepsilon(\varepsilon^{\ominus})\begin{Bmatrix}>\\=\\<\end{Bmatrix}0\ \begin{matrix}\text{正向进行}\\\text{平衡态}\\\text{逆向进行}\end{matrix}$$

5. 计算反应的平衡常数

$$\lg K^{\ominus}=\frac{n\varepsilon^{\ominus}}{0.059}=\frac{n[\varphi^{\ominus}_{(+)}-\varphi^{\ominus}_{(-)}]}{0.059} \quad (8\text{-}2c)$$

6. 求难溶电解质的 $K_{sp}^{\ominus}$

$$\varphi(\mathrm{Ox/Red})=\varphi^{\ominus}(\mathrm{Ox/Red})+\frac{0.059}{n}\lg\frac{K_{sp}^{\ominus}}{c^{n}(\mathrm{A})} \tag{8-4a}$$

7. 元素电势图

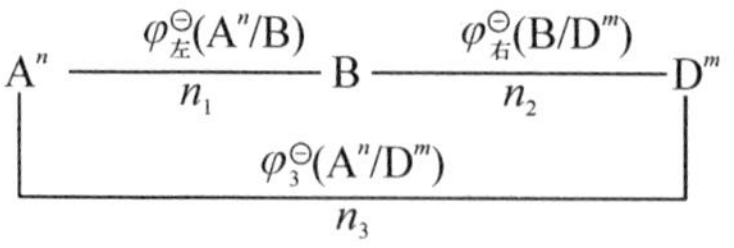

(1)判断歧化反应：

$$\varphi_{右}^{\ominus}>\varphi_{左}^{\ominus}$$

B 可发生歧化反应

(2)求 $\varphi_{3}^{\ominus}$

$$\varphi_{3}^{\ominus}=\frac{n_1\varphi_{左}^{\ominus}+n_2\varphi_{右}^{\ominus}}{n_1+n_2} \tag{8-8}$$

二、基本计算题型

例 1 写出下列电极反应和电池反应的能斯特方程：

(1)$Cr_2O_7^{2-}+14H^{+}+6e=2Cr^{3+}+7H_2O(l)$

(2)$2SO_3^{2-}+3H_2O+4e=S_2O_3^{2-}+6OH^{-}$

(3)$2H^{+}+2e=H_2(g)$

(4)$I_2(s)+2e=2I^{-}$

(5)$AgCl(s)+e=Ag(s)+Cl^{-}$

(6)$O_2(g)+4H^{+}+4e=2H_2O(l)$

(7)$MnO_2(s)+4H^{+}+2Cl^{-}=Mn^{2+}+Cl_2(g)+2H_2O(l)$

解 依题意：

(1)电极反应中参与氧化型物质反应的 H^{+} 写在公式中的氧化型项(分子项)，其能斯特方程为：

$$\varphi(Cr_2O_7^{2-}/Cr^{3+})=\varphi^{\ominus}(Cr_2O_7^{2-}/Cr^{3+})+\frac{0.059}{6}\lg\frac{[c(Cr_2O_7^{2-})/c^{\ominus}][c(H^{+})/c^{\ominus}]^{14}}{[c(Cr^{3+})/c^{\ominus}]^{2}}$$

(2)电极反应中参与还原型物质反应的 OH^{-} 写在公式中的还原型项(分母项)，其能斯特方程为：

$$\varphi(SO_3^{2-}/S_2O_3^{2-})=\varphi^{\ominus}(SO_3^{2-}/S_2O_3^{2-})+\frac{0.059}{4}\lg\frac{[c(SO_3^{2-})/c^{\ominus}]^{2}}{[c(S_2O_3^{2-})/c^{\ominus}]\cdot[c(OH^{-})/c^{\ominus}]^{4}}$$

(3)电极反应有气体参与,将其分压写入公式中:

$$\varphi(H^+/H_2)=\varphi^\ominus(H^+/H_2)+\frac{0.059}{2}\lg\frac{[c(H^+)/c^\ominus]^2}{p(H_2)}$$

(4)电极中有固体参与,其在公式中不出现:

$$\varphi(I_2/I^-)=\varphi^\ominus(I_2/I^-)+\frac{0.059}{2}\lg\frac{1}{[c(I^-)/c^\ominus]^2}$$

(5)能斯特方程为:

$$\varphi(AgCl/Ag)=\varphi^\ominus(AgCl/Ag)+\frac{0.059}{1}\lg\frac{1}{[c(Cl^-)/c^\ominus]}$$

(6)电极反应中有水或纯液体参与,其在公式中不出现,能斯特方程为:

$$\varphi(O_2/H_2O)=\varphi^\ominus(O_2/H_2O)+\frac{0.059}{4}\lg\frac{[p(O_2)/p^\ominus]\cdot[c(H^+)/c^\ominus]^4}{1}$$

(7)电池反应的能斯特方程可以将参与电池反应的氧化剂电对的能斯特方程与还原剂电对的能斯特方程进行代数运算而得到。

氧化剂电对的电极反应:

$$MnO_2(s)+4H^++2e=Mn^{2+}+2H_2O(l)$$

$$\varphi(MnO_2/Mn^{2+})=\varphi^\ominus(MnO_2/Mn^{2+})+\frac{0.059}{2}\lg\frac{[c(H^+)/c^\ominus]^4}{[c(Mn^{2+})/c^\ominus]}\quad\cdots\cdots ①$$

还原剂电对的电极反应:

$$Cl_2(g)+2e=2Cl^-$$

$$\varphi(Cl_2/Cl^-)=\varphi^\ominus(Cl_2/Cl^-)+\frac{0.059}{2}\lg\frac{[p(Cl_2)/p^\ominus]}{[c(Cl^-)/c^\ominus]^2}\quad\cdots\cdots\cdots\cdots ②$$

根据电池反应的电动势 $\varepsilon=\varphi_{(+)}-\varphi_{(-)}$,将①－②得:

$$\varphi(MnO_2/Mn^{2+})-\varphi(Cl_2/Cl^-)=$$

$$\varphi^\ominus(MnO_2/Mn^{2+})-\varphi^\ominus(Cl_2/Cl^-)+\frac{0.059}{2}\lg\frac{[c(H^+)/c^\ominus]^4}{[c(Mn^{2+})/c^\ominus]}-\frac{0.059}{2}\lg\frac{p(Cl_2)/p^\ominus}{[c(Cl^-)/c^\ominus]^2}$$

$$\varepsilon=\varepsilon^\ominus+\frac{0.059}{2}\lg\frac{[c(H^+)/c^\ominus]^4\cdot[c(Cl^-)/c^\ominus]^2}{[c(Mn^{2+})/c^\ominus]\cdot[p(Cl_2)/p^\ominus]}$$

此式为电池反应的能斯特方程,推广到一般氧化还原反应:

$$Ox_1+Red_2=Red_1+Ox_2$$

电池反应能斯特方程通式：

$$\varepsilon=\varepsilon^{\ominus}+\frac{0.059}{n}\lg\frac{[c(Ox_1)/c^{\ominus}]\cdot[c(Red_2)/c^{\ominus}]}{[c(Red_1)/c^{\ominus}]\cdot[c(Ox_2)/c^{\ominus}]} \quad (8\text{-}9)$$

若电池反应中有 H^+ 或 OH^- 参与，按本例中(1)或(2)的原则书写。

例 2 写出下列电池反应对应的原电池符号：

(1)$5Fe^{2+}+MnO_4^-+8H^+=5Fe^{3+}+Mn^{2+}+4H_2O$

(2)$Sn^{2+}+Hg_2Cl_2=Sn^{4+}+2Hg+2Cl^-$

解 依题意：

(1)原电池符号为：

$$(-)Pt|Fe^{2+}(c_1),Fe^{3+}(c_2)\|MnO_4^-(c_3),H^+(c_4),Mn^{2+}(c_5)|Pt(+)$$

(2)原电池符号为：

$$(-)Pt|Sn^{2+}(c_1),Sn^{4+}(c_2)\|Cl^-(c_3)|Hg_2Cl_2,Hg(+)$$

例 3 已知电池反应：

	$Zn(s)$	$+Cl_2(g)$	$=Zn^{2+}(aq)$	$+2Cl^-(aq)$
$\Delta_f G_m^{\ominus}(kJ\cdot mol^{-1})$	0	0	-147.03	-131.26

求电池的标准电动势 $\varphi^{\ominus}$。

解 依题意：

根据公式 $\Delta_r G_m^{\ominus}=\sum\nu_B\Delta_f G^{\ominus}_{m(产物)}+\sum\nu_B\Delta_f G^{\ominus}_{m(反应物)}$

$$\Delta_r G_m^{\ominus}=-147.03+2\times(-131.26)-0$$

$$=-409.55(kJ\cdot mol^{-1})$$

根据 $$\Delta_r G_m^{\ominus}=-nF\varepsilon^{\ominus}$$

$$\varepsilon^{\ominus}=\frac{-\Delta_r G_m^{\ominus}}{nF}=\frac{-(-409.55)\times10^3}{2\times9.65\times10^4}=2.12(V)$$

例 4 已知 298 K 时的电极反应：

$$Sn^{4+}+2e=Sn^{2+} \qquad \varphi^{\ominus}(Sn^{4+}/Sn^{2+})=0.15\ V$$

计算电极物质浓度为下列值时的电极电势：

(1)$c(Sn^{4+})=0.01\ mol\cdot L^{-1}$，$c(Sn^{2+})=1.0\ mol\cdot L^{-1}$

(2)$c(Sn^{4+})=c(Sn^{2+})=1.0\ mol\cdot L^{-1}$

(3)$c(Sn^{4+})=1.0\ mol\cdot L^{-1}$,$c(Sn^{2+})=0.01\ mol\cdot L^{-1}$

解　依题意：

(1)
$$\varphi(Sn^{4+}/Sn^{2+})=\varphi^{\ominus}(Sn^{4+}/Sn^{2+})+\frac{0.059}{2}\lg\frac{[c(Sn^{4+})/c^{\ominus}]}{[c(Sn^{2+})/c^{\ominus}]}$$
$$=0.15+\frac{0.059}{2}\lg\frac{10^{-2}}{1.0}=0.091(V)$$

(2)
$$\varphi(Sn^{4+}/Sn^{2+})=\varphi^{\ominus}(Sn^{4+}/Sn^{2+})=0.15(V)$$

(3)
$$\varphi(Sn^{4+}/Sn^{2+})=\varphi^{\ominus}(Sn^{4+}/Sn^{2+})+\frac{0.059}{2}\lg\frac{[c(Sn^{4+})/c^{\ominus}]}{[c(Sn^{2+})/c^{\ominus}]}$$
$$=0.15+\frac{0.059}{2}\lg\frac{1.0}{10^{-2}}=0.209(V)$$

计算结果表明：　$c(Ox)<c(Red)$,$\varphi(Ox/Red)$减小；

$c(Ox)>c(Red)$,$\varphi(Ox/Red)$增大。

例5　已知电极反应：$MnO_4^-+5e+8H^+=Mn^{2+}+4H_2O$

$\varphi^{\ominus}(MnO_4^-/Mn^{2+})=1.51\ V$,计算：

(1)$c(H^+)=10^{-5}\ mol\cdot L^{-1}$时的$\varphi(MnO_4^-/Mn^{2+})$值；

(2)$c(H^+)=10\ mol\cdot L^{-1}$时的$\varphi(MnO_4^-/Mn^{2+})$值。(其他物质的浓度均为$1\ mol\cdot L^{-1}$)

解　依题意：

$$\varphi(MnO_4^-/Mn^{2+})=\varphi^{\ominus}(MnO_4^-/Mn^{2+})+\frac{0.059}{5}\lg\frac{[c(MnO_4^-)/c^{\ominus}]\cdot[c(H^+)/c^{\ominus}]^8}{[c(Mn^{2+})/c^{\ominus}]}$$

(1)$c(H^+)=10^{-5}\ mol\cdot L^{-1}$时：

$$\varphi(MnO_4^-/Mn^{2+})=1.51+\frac{0.059}{5}\lg\frac{1\times(10^{-5})^8}{1}=1.038(V)$$

(2)$c(H^+)=10\ mol\cdot L^{-1}$时：

$$\varphi(MnO_4^-/Mn^{2+})=1.51+\frac{0.059}{5}\lg\frac{1\times10^8}{1}=1.60(V)$$

结果表明，对于有H^+参加的电极反应，酸度升高，$\varphi(Ox/Red)$值增大。

例6　已知298 K时电池反应：$Cr_2O_7^{2-}+6Cl^-+14H^+=2Cr^{3+}+3Cl_2+7H_2O$

$\varphi^{\ominus}(Cr_2O_7^{2-}/Cr^{3+})=1.33\ V$,$\varphi^{\ominus}(Cl_2/Cl^-)=1.36\ V$,计算说明：$K_2Cr_2O_7$能否将浓HCl[$c(HCl)=10\ mol\cdot L^{-1}$]中的$Cl^-$氧化为$Cl_2(g)$。[其他物质浓度为标准浓度，$p(Cl_2)=100.0\ kPa$]

解　依题意：$c(Cr_2O_7^{2-})=c(Cr^{3+})=1.0\ mol\cdot L^{-1}$,$p(Cl_2)=100.0\ kPa$,

$c(H^+)=10\ mol\cdot L^{-1}$,$c(Cl^-)=10\ mol\cdot L^{-1}$

(1)用电极反应的能斯特方程计算：

$$\varphi(Cr_2O_7^{2-}/Cr^{3+})=\varphi^{\ominus}(Cr_2O_7^{2-}/Cr^{3+})+\frac{0.059}{6}\lg\frac{[c(Cr_2O_7^{2-})/c^{\ominus}]\cdot[c(H^{+})/c^{\ominus}]^{14}}{[c(Cr^{3+})/c^{\ominus}]^{2}}$$

$$=1.33+\frac{0.059}{6}\lg\frac{1\times10^{14}}{1}$$

$$=1.47(V)$$

$$\varphi(Cl_2/Cl^{-})=\varphi^{\ominus}(Cl_2/Cl^{-})+\frac{0.059}{2}\lg\frac{p(Cl_2)/p^{\ominus}}{[c(Cl^{-})/c^{\ominus}]^{2}}$$

$$=1.36+\frac{0.059}{2}\lg\frac{100.0/100.0}{10^{2}}$$

$$=1.31(V)$$

因为 $\varphi(Cr_2O_7^{2-}/Cr^{3+})>\varphi(Cl_2/Cl^{-})$，所以 $Cr_2O_7^{2-}$ 能将浓 HCl 中的 Cl^- 氧化成为 Cl_2。

(2)利用电池反应能斯特方程计算：

$$\varepsilon=\varepsilon^{\ominus}+\frac{0.059}{n}\lg\frac{[c(Cr_2O_7^{2-})/c^{\ominus}]\cdot[c(H^{+})/c^{\ominus}]^{14}[c(Cl^{-})/c^{\ominus}]^{6}}{[c(Cr^{3+})/c^{\ominus}]^{2}\cdot[p(Cl_2)/p^{\ominus}]^{3}}$$

$$=\varphi^{\ominus}(Cr_2O_7^{2-}/Cr^{3+})-\varphi^{\ominus}(Cl_2/Cl^{-})+\frac{0.059}{6}\lg\frac{1\times(10)^{14}\times(10)^{6}}{1^{2}\times(100.0/100.0)^{3}}$$

$$=1.33-1.36+\frac{0.059}{6}g\,10^{20}$$

$$=0.17(V)$$

$\varepsilon>0$，电池反应正向自发，即 $Cr_2O_7^{2-}$ 能将浓 HCl 中的 Cl^- 氧化成为 Cl_2。

例 7 已知 298 K 时电极反应：$Fe^{3+}+e=Fe^{2+}$，$\varphi^{\ominus}(Fe^{3+}/Fe^{2+})=0.71$ V，计算：

(1)pH＝7.0 时的 $\varphi(Fe^{3+}/Fe^{2+})$；

(2)pH＝14.0 时的 $\varphi(Fe^{3+}/Fe^{2+})$ 和 $\varphi^{\ominus}(Fe(OH)_3/Fe(OH)_2)$。

[已知：$K_{sp}^{\ominus}(Fe(OH)_3)=1.0\times10^{-36}$　　$K_{sp}^{\ominus}(Fe(OH)_2)=1.6\times10^{-14}$]

解 依题意，pH＝7.0 和 pH＝14.0 时，Fe^{3+} 和 Fe^{2+} 都可形成氢氧化物沉淀，此态下：

$$Fe^{3+}+3OH^{-}\rightleftharpoons Fe(OH)_3(s)$$

$$c(Fe^{3+})/c^{\ominus}=\frac{K_{sp}^{\ominus}(Fe(OH)_3)}{[c(OH^{-})/c^{\ominus}]^{3}}$$

$$Fe^{2+}+2OH^{-}\rightleftharpoons Fe(OH)_2(s)$$

$$c(Fe^{2+})/c^{\ominus}=\frac{K_{sp}^{\ominus}(Fe(OH)_2)}{[c(OH^{-})/c^{\ominus}]^{2}}$$

$$\varphi(Fe^{3+}/Fe^{2+})=\varphi^{\ominus}(Fe^{3+}/Fe^{2+})+\frac{0.059}{1}\lg\frac{[c(Fe^{3+})/c^{\ominus}]}{[c(Fe^{2+})/c^{\ominus}]}$$

$$=0.771+0.059\lg\frac{K_{sp}^{\ominus}(Fe(OH)_3)/[c(OH^-)/c^{\ominus}]^3}{K_{sp}^{\ominus}(Fe(OH)_2)/[c(OH^-)/c^{\ominus}]^2}$$

$$=0.771+0.059\lg\frac{K_{sp}^{\ominus}(Fe(OH)_3)}{K_{sp}^{\ominus}(Fe(OH)_2)}\cdot[c(OH^-)/c^{\ominus}]^{-1}$$

(1)pH=7.0，pOH=7.0，$c(OH^-)=10^{-7}\ mol\cdot L^{-1}$

$$\varphi(Fe^{3+}/Fe^{2+})=0.771+\frac{0.059}{1}\lg\frac{1.0\times10^{-36}}{1.6\times10^{-14}}\times(10^{-7})^{-1}$$

$$=0.771+(-0.897)=-0.126(V)$$

(2)pH=14.0，pOH=0.0，$c(OH^-)=1.0\ mol\cdot L^{-1}$

$$\varphi(Fe^{3+}/Fe^{2+})=0.771+\frac{0.059}{1}\lg\frac{1.0\times10^{-36}}{1.6\times10^{-14}}\times(1.0)^{-1}$$

$$=0.771+(-1.31)$$

$$=-0.539(V)$$

因为 pH=14.0，pOH=0.0，$c(OH^-)=1.0\ mol\cdot L^{-1}$，电对 $Fe(OH)_3/Fe(OH)_2$ 处于标准态，所以 $\varphi^{\ominus}(Fe(OH)_3/Fe(OH)_2)=\varphi(Fe^{3+}/Fe^{2+})=-0.539(V)$

例 8　已知 298 K 时电极反应：

$$S+2e \rightleftharpoons S^{2-} \qquad \varphi^{\ominus}(S/S^{2-})=-0.48V$$

求 $\varphi^{\ominus}(S/CuS)$。[已知 $K_{sp}^{\ominus}(CuS)=8.5\times10^{-45}$]

解　依题意，所求 $\varphi^{\ominus}(S/CuS)$ 意指标态下，在 S/S^{2-} 电对体系中加入 Cu^{2+} 产生 CuS 沉淀：

$$Cu^{2+}+S^{2-}=CuS(s)$$

平衡时　$[c(Cu^{2+})/c^{\ominus}]\cdot[c(S^{2-})/c^{\ominus}]=K_{sp}^{\ominus}(CuS)$

标态　$c(Cu^{2+})/c^{\ominus}=1.0\ mol\cdot L^{-1}$

故：　$c(S^{2-})/c^{\ominus}=K_{sp}^{\ominus}(CuS)$

代入电极反应的能斯特方程：

$$\varphi^{\ominus}(S/CuS)=\varphi(S/S^{2-})=\varphi^{\ominus}(S/S^{2-})+\frac{0.059}{2}\lg\frac{1}{[c(S^{2-})/c^{\ominus}]}$$

$$=-0.48+\frac{0.059}{2}\lg\frac{1}{8.5\times10^{-45}}$$

$=-0.48+1.30$

$=0.820(V)$

例 9 在碱性介质中，$\varphi^{\ominus}(Cl_2/Cl^-)=1.36\ V$，$\varphi^{\ominus}(ClO^-/Cl_2)=0.40\ V$，试分析推断：在两电对 Cl_2/Cl^- 和 ClO^-/Cl_2 中最强的氧化剂和最强的还原剂，并写出两电对构成原电池的电池反应。

解 依题意，碱性介质中 $\varphi^{\ominus}(Cl_2/Cl^-)>\varphi^{\ominus}(ClO^-/Cl_2)$，故：

电对 Cl_2/Cl^- 中 Cl_2 为最强的氧化剂，电对 ClO^-/Cl_2 中 Cl_2 为最强的还原剂。

电池反应为： $Cl_2+2OH^-=Cl^-+ClO^-+H_2O$

例 10 已知 $\varphi^{\ominus}(Sn^{2+}/Sn)=-0.137\,5\ V$，$\varphi^{\ominus}(Pb^{2+}/Pb)=-0.126\,2\ V$

计算判断下列反应自发进行的方向。

(1) $Sn^{2+}(1.0\ mol\cdot L^{-1})+Pb(s)=Sn(s)+Pb^{2+}(1.0\ mol\cdot L^{-1})$

(2) $Sn^{2+}(1.0\ mol\cdot L^{-1})+Pb(s)=Sn(s)+Pb^{2+}(0.1\ mol\cdot L^{-1})$

解 依题意：

(1)反应处于标准状态，求 $\varepsilon^{\ominus}$ 后判断反应的方向。

$$\begin{aligned}\varepsilon^{\ominus}&=\varphi^{\ominus}(Sn^{2+}/Sn)-\varphi^{\ominus}(Pb^{2+}/Pb)\\&=-0.137\,5-(-0.126\,2)\\&=-0.011\,3(V)\end{aligned}$$

因为 $\varepsilon<0$，所以反应正向非自发。

(2) $\varphi(Sn^{2+}/Sn)=\varphi^{\ominus}(Sn^{2+}/Sn)=-0.137\,5\ V$

$$\begin{aligned}\varphi(Pb^{2+}/Pb)&=\varphi^{\ominus}(Pb^{2+}/Pb)+\frac{0.059}{2}\lg[c(Pb^{2+})/c^{\ominus}]\\&=-0.126\,2+\frac{0.059}{2}\lg 0.1\\&=-0.126\,2+\frac{0.059}{2}\times(-1)\\&=-0.155\,7(V)\end{aligned}$$

$\varepsilon=\varphi(Sn^{2+}/Sn)-\varphi(Pb^{2+}/Pb)=0.018\,2(V)$

因为 $\varepsilon>0$， 所以反应正向自发。

例 11 求下列电池反应的平衡常数：

$$2Ag^++Zn(s)\rightleftharpoons 2Ag(s)+Zn^{2+}$$

[已知：$\varphi^{\ominus}(Ag^+/Ag)=0.799\ V$，$\varphi^{\ominus}(Zn^{2+}/Zn)=-0.763\ V$]

解　依题意：

$$\varepsilon^{\ominus}=\varphi^{\ominus}(Ag^{+}/Ag)-\varphi^{\ominus}(Zn^{2+}/Zn)$$
$$=0.799-(-0.763)$$
$$=1.562(V)$$

根据
$$\lg K^{\ominus}=\frac{n\varepsilon^{\ominus}}{0.059}=\frac{2\times1.562}{0.059}=52.95$$

所以
$$K^{\ominus}=8.91\times10^{52}$$

例 12　已知 $\varphi^{\ominus}(AgCl/Ag)=0.2223$ V，$\varphi^{\ominus}(Ag^{+}/Ag)=0.799$ V，利用电化学方法求反应 $Ag^{+}+Cl^{-}\rightleftharpoons AgCl(s)$ 的 $K_{sp}^{\ominus}(AgCl(s))$。

解　依题意，所给沉淀反应可看作是在电对 Ag^{+}/Ag 体系中加入沉淀剂 Cl^{-}，即

$$Ag^{+}/Ag+Cl^{-}\rightleftharpoons AgCl/Ag$$

从已知条件可知，该反应处于标准状态，$c(Cl^{-})=1.0\ mol\cdot L^{-1}$，且满足定量关系：

$$\varphi^{\ominus}(AgCl/Ag)=\varphi^{\ominus}(Ag^{+}/Ag)+\frac{0.059}{1}\lg c(Ag^{+})$$
$$c(Ag^{+})/c^{\ominus}=K_{sp}^{\ominus}(AgCl)/1$$
$$0.2223=0.799+\frac{0.059}{1}\lg K_{sp}^{\ominus}(AgCl)/1$$
$$K_{sp}^{\ominus}(AgCl(s))=1.68\times10^{-10}$$

例 13　已知 $\varphi^{\ominus}(Cu^{2+}/Cu^{+})=0.17$ V，$\varphi^{\ominus}(I_2/I^{-})=0.535$ V，$K_{sp}^{\ominus}(CuI(s))=1.3\times10^{-12}$，设溶液中 $c(Cu^{2+})=c(I^{-})=1.0\ mol\cdot L^{-1}$，通过计算说明下列反应能自发进行，且非常完全。

$$2Cu^{2+}+4I^{-}\rightleftharpoons 2CuI(s)+I_2(s)$$

解　依题意，所给反应产生 CuI 沉淀，使溶液中的 Cu^{+} 浓度降低：

$$Cu^{2+}+I^{-}\rightleftharpoons CuI(s)\qquad c(Cu^{+})/c^{\ominus}=K_{sp}^{\ominus}(CuS)/[c(I^{-})/c^{\ominus}]$$

改变 Cu^{2+}/Cu^{+} 电对的电极电势：

$$\varphi(Cu^{2+}/Cu^{+})=\varphi^{\ominus}(Cu^{2+}/Cu^{+})+\frac{0.059}{1}\lg\frac{[c(Cu^{2+})/c^{\ominus}]}{[c(Cu^{+})/c^{\ominus}]}$$
$$=0.17+\frac{0.059}{1}\lg\frac{1.0}{K_{sp}^{\ominus}(CuI)/1.0}$$
$$=0.17+\frac{0.059}{1}\lg\frac{1.0}{1.3\times10^{-12}}$$

$$=0.87(V)$$

$\varphi(Cu^{2+}/Cu^{+})>\varphi(I_2/I^{-})$，反应正向自发进行。

由于所给反应处于标准状态，有

$$\varphi^{\ominus}(Cu^{2+}/CuI)=\varphi(Cu^{2+}/Cu^{+})=0.87(V)$$

据：
$$\lg K^{\ominus}=\frac{n\varepsilon^{\ominus}}{0.059}=\frac{2\times(0.87-0.54)}{0.059}=11.19$$

$$K^{\ominus}=1.54\times10^{11}$$

因为 $K^{\ominus}>>1$，所以反应进行得非常完全。

例 14　给定下列电池反应：

(−)Pt, H_2(100 kPa) | HA(0.1 mol·L^{-1}) ‖ KCl(饱和) | Hg_2Cl_2(s), Hg(s)(+)

经测定电池电动势 ε=0.39 V，已知 $\varphi(Hg_2Cl_2/Hg)=0.24$ V，求：

(1)弱酸 HA 溶液的 $c(H^{+})$；

(2)弱酸 HA 的解离常数 $K_a^{\ominus}$。

解　依题意：

(1)据：
$$\varepsilon=\varphi_{(+)}-\varphi_{(-)}=\varphi(Hg_2Cl_2/Hg)-\varphi(H^{+}/H_2)$$

有：
$$\varphi(H^{+}/H_2)=\varphi(Hg_2Cl_2/Hg)-\varepsilon$$
$$=0.24-0.39=-0.15(V)$$

又据：
$$\varphi(H^{+}/H_2)=\varphi^{\ominus}(H^{+}/H_2)+\frac{0.059}{2}\lg\left\{\frac{[c(H^{+})/c^{\ominus}]^2}{p(H_2)/p^{\ominus}}\right\}$$

$$-0.15=0+\frac{0.059}{2}\lg[c(H^{+})/c^{\ominus}]^2$$

$$c(H^{+})=2.87\times10^{-3}(mol\cdot L^{-1})$$

(2)弱酸 HA 在溶液中解离平衡：

$$HA\rightleftharpoons H^{+}+A^{-}$$

$$K_a^{\ominus}=\frac{[c(H^{+})/c^{\ominus}]\cdot[c(A^{-})/c^{\ominus}]}{[c(HA)/c^{\ominus}]}=\frac{2.87\times10^{-3}\times2.87\times10^{-3}}{0.10-2.87\times10^{-3}}$$
$$=8.48\times10^{-5}$$

三、练习题

(一)选择题

1.下列电对电极电势最小的是(　　)。[已知：$K_{sp}^{\ominus}(CaF_2)=2.7\times10^{-11}$,

$K_a^{\ominus}(HF)=6.6\times10^{-4}$，$K_f^{\ominus}(FeF_6^{3-})=1.0\times10^{16}$]

A. $\varphi^{\ominus}(F_2/CaF_2(s))$　　B. $\varphi^{\ominus}(F_2/HF)$

C. $\varphi^{\ominus}(F_2/F^-)$　　D. $\varphi^{\ominus}(F_2/FeF_6^{3-})$

2. 标态下，下列物质氧化性最强的是(　　)。[已知：$\varphi^{\ominus}(S/H_2S)=0.14$ V，$\varphi^{\ominus}(H_2SO_3/S)=0.45$ V，$\varphi^{\ominus}(H_2SO_4/H_2SO_3)=0.20$ V]

A. H_2S　　B. S

C. H_2SO_4　　D. H_2SO_3

3. 下列各组物质中 C 元素氧化数相等的是(　　)。

A. C_2H_2　C_2H_4　C_2H_6　　B. C_2H_8O　HCHO　$C_6H_{12}O_6$

C. CH_4　CO_2　CCl_4　　D. HCOOH　CO　$CHCl_3$

4. 在 pH=5，$c(MnO_4^-)=c(Mn^{2+})=1\ mol\cdot L^{-1}$溶液体系中，电对 MnO_4^-/Mn^{2+} 的 φ 值是(　　)V。[已知：$\varphi^{\ominus}(MnO_4/Mn^{2+})=1.51$ V]

A. 1.96　　B. 1.04

C. −1.49　　D. 0.64

5. 向电对 Fe^{3+}/Fe^{2+} 体系中加足量的 KCN，形成配离子$[Fe(CN)_6]^{3-}$和$[Fe(CN)_6]^{4-}$达平衡后，电对 Fe^{3+}/Fe^{2+} 的 φ 值变化是(　　)。{已知：$[Fe(CN)_6]^{3-}$、$[Fe(CN)_6]^{4-}$的 $K_f^{\ominus}$ 值分别为 1.0×10^{42}、1.0×10^{35}}

A. 变大　　B. 先变小，再变大

C. 条件不足，无法判断　　D. 变小

6. 在标准条件下，下列反应均向正方向进行：

$$Cr_2O_7^{2-}+6Fe^{2+}+14H^+=2Cr^{3+}+6Fe^{3+}+7H_2O$$

$$2Fe^{3+}+Sn^{2+}=2Fe^{2+}+Sn^{4+}$$

它们中最弱的氧化态物质和最弱的还原态物质是(　　)。

A. Sn^{2+} 和 Fe^{3+}　　B. $Cr_2O_7^{2-}$ 和 Sn^{2+}

C. Sn^{4+} 和 Cr^{3+}　　D. $Cr_2O_7^{2-}$ 和 Fe^{3+}

7. 配平反应式 $IO_3^-+I^-+H^+\rightarrow I_2+H_2O$ 后，H_2O 的系数是(　　)。

A. 1　　B. 2

C. 4　　D. 3

8. 已知 $Fe^{3+}+e\rightleftharpoons Fe^{2+}$ 的 $\varphi^{\ominus}=0.771$ V，在 298 K 时测得电对 Fe^{3+}/Fe^{2+} 的 $\varphi=0.78$ V，则该电极溶液中浓度关系为(　　)。

A. $c(Fe^{3+})/c(Fe^{2+})>1$　　B. $c(Fe^{3+})/c(Fe^{2+})<1$

C. $c(Fe^{3+})>1\ mol\cdot L^{-1}$　　D. $c(Fe^{3+})<1\ mol\cdot L^{-1}$

9. 在含离子浓度相同的 I^-、Br^-、Cl^- 混合溶液中，若仅将 I^- 氧化而不氧化 Br^-、Cl^-，则应选氧化剂(　　)最合适。(已知：电对 NO_3^-/NO_2^-、$Cr_2O_7^{2-}/Cr^{3+}$、Fe^{3+}/Fe^{2+}、Sn^{4+}/Sn^{2+}、Cl_2/Cl^-、Br_2/Br^-、I_2/I^- 的 $\varphi^\ominus$ 值分别为 0.80、1.33、0.771、0.15、1.36、1.07、0.54 V)

A. HNO_3　　B. $K_2Cr_2O_7$

C. $FeCl_3$　　D. $SnCl_4$

10. 标态下，对电池反应 $Cu+2Ag^+=Cu^{2+}+Ag$，下列等式成立的是(　　)。

A. 电池电动势 $\varepsilon^\ominus=2\varphi^\ominus(Ag^+/Ag)-\varphi^\ominus(Cu^{2+}/Cu)$

B. 电池电动势 $\varepsilon^\ominus=\varphi^\ominus(Ag^+/Ag)-\varphi^\ominus(Cu^{2+}/Cu)$

C. 电池电动势 $\varepsilon^\ominus=\varphi^\ominus(Cu^{2+}/Cu)-\varphi^\ominus(Ag^+/Ag)$

D. 电池电动势 $\varepsilon^\ominus=\varphi^\ominus(Ag^+/Ag)-0.5\varphi^\ominus(Cu^{2+}/Cu)$

11. 标态下，下列溶液中 Fe^{3+} 氧化能力最弱的是(　　)。

A. Fe^{3+}

B. $[FeF_6]^{3-}$ ($K_f^\ominus=1.6\times10^{16}$)

C. $[Fe(SCN)_6]^{3-}$ ($K_f^\ominus=1.2\times10^{25}$)

D. $[Fe(CN)_6]^{3-}$ ($K_f^\ominus=1.0\times10^{42}$)

12. 用两铅片分别插入两 Pb^{2+} 溶液中，做成电极Ⅰ和Ⅱ，分别测得电极电位 $\varphi_{\text{I}}=-0.13$ V，$\varphi_{\text{II}}=-0.15$ V，说明两溶液中 $c(Pb^{2+})$ 为(　　)。

A. Ⅰ>Ⅱ　　B. Ⅱ>Ⅰ

C. Ⅰ=Ⅱ　　D. 无法判断

13. 在 0.1 $mol\cdot L^{-1}$ 的 $Pb(NO_3)_2$ 溶液中投入 Sn 片，达平衡状态时 $c(Sn^{2+})/c(Pb^{2+})$ 等于(　　)V。[已知：$\varphi^\ominus(Sn^{2+}/Sn)=-0.136$ V，$\varphi^\ominus(Pb^{2+}/Pb)=-0.126$ V]

A. $10^{0.676}$　　B. $10^{0.169}$

C. $10^{16.8}$　　D. $10^{0.338}$

14. 可在溶液中稳定共存的一组离子是(　　)。(已知：电对 Fe^{3+}/Fe^{2+}、Sn^{4+}/Sn^{2+}、Zn^{2+}/Zn、I_2/I^- 的 $\varphi^\ominus$ 值分别是 0.771、0.151、−0.763、0.535 V)

A. Fe^{3+} 和 Sn^{2+}　　B. HCO_3^- 和 Al^{3+}

C. Ag^+ 和 CN^-　　D. Zn^{2+} 和 I^-

15. 向电对 Fe^{3+}/Fe^{2+} 系统中加入 NaOH，在沉淀平衡后，$c(OH^-)=1.0\ mol\cdot L^{-1}$，此态下电对的 φ 与 $\varphi^\ominus$ 值满足关系是(　　)。[已知：$Fe(OH)_3$、

$Fe(OH)_2$的 $K_{sp}^{\ominus}$ 值分别为 1.0×10^{-36}、1.6×10^{-14}]

A. $\varphi<\varphi^{\ominus}$　　B. $\varphi>\varphi^{\ominus}$

C. $\varphi=\varphi^{\ominus}$　　D. 无法判断

16. 电对 A^+/A 的标准电极电势为正值，且该值应为(　　)电池的电动势。

A. 标准状态下，电池(－)$A|A^+\|H^+|H_2|Pt$(＋)

B. 标准状态下，电池(－)$Pt|H_2|H^+\|A^+|A$(＋)

C. 电池(－)$Pt|H_2|H^+(0.1\ mol\cdot L^{-1})\|A^+(0.1\ mol\cdot L^{-1})|A$(＋)

D. 电池(－)$Pt|H_2(80.00\ kPa)|H^+(1\ mol\cdot L^{-1})\|A^+(1\ mol\cdot L^{-1})|A$(＋)

17. 下列物质中最易被氧化的物质是(　　)。[已知：$\varphi^{\ominus}(Fe^{3+}/Fe^{2+})=0.771\ V$，$\varphi^{\ominus}(Sn^{4+}/Sn^{2+})=0.15\ V$，$\varphi^{\ominus}(I_2/I^-)=0.535\ V$，$\varphi^{\ominus}(S/S^{2-})=-0.508\ V$]

A. $FeCl_2$　　B. $SnCl_2$

C. NaI　　D. Na_2S

18. 在标态下，反应 $Hg_2Cl_2+2Cl^-+Sn^{4+}=2HgCl_2+Sn^{2+}$ 的自发方向是(　　)。[已知：$\varphi^{\ominus}(Hg^{2+}/Hg_2{}^{2+})=0.905\ V$，$\varphi^{\ominus}(Cl_2/Cl^-)=1.36\ V$，$\varphi^{\ominus}(Sn^{4+}/Sn^{2+})=0.15\ V$]

A. 平衡状态　　B. 正向进行

C. 逆向进行　　D. 正逆反应都不能

19. 在含 Cu^{2+}、Cu^+、Fe^{3+}、Sn^{4+} 等的溶液中，欲使 Fe^{3+} 被还原而其他离子不被还原，下列还原剂中最好的是(　　)。(已知：电对 Cu^{2+}/Cu、Sn^{4+}/Sn^{2+}、Cu^+/Cu、Fe^{3+}/Fe^{2+}、O_2/H_2O_2、I_2/I^-、Zn^{2+}/Zn、MnO_2/Mn^{2+} 的 $\varphi^{\ominus}$ 值分别为 0.340 2、0.15、0.522、0.771、0.695、0.535、－0.762、1.224 V)

A. H_2O_2　　B. Zn

C. I^-　　D. Mn^{2+}

20. 下列电对的电极电势值不受介质的 pH 值影响的是(　　)。

A. MnO_2/Mn^{2+}　　B. H_2O_2/H_2O

C. MnO_4^-/MnO_4^{2-}　　D. S/H_2S

(二)填空、判断题

21. 经配平：$Cr_2O_7^{2-}+Fe^{2+}+H^+\rightarrow Cr^{3+}+Fe^{3+}+H_2O$ 的反应中，H_2O 的系数是__________。配平反应式：$Zn+NO_3^-+H^+\rightarrow Zn^{2+}+NH_4^++H_2O$ 后 Zn^{2+} 的系数应为__________。

22. 反应 $Cu(s)+Cl_2(101.3\ kPa)\rightarrow Cu^{2+}(1\ mol\cdot L^{-1})+2Cl^-(1\ mol\cdot L^{-1})$ 可用原电池符号表示为________________。

23. 在酸性溶液中，Cu 元素的电位图为：$Cu^{2+}\ \underline{+0.158}\ Cu^{+}\ \underline{+0.522}\ Cu$，则 $\varphi^{\ominus}(Cu^{2+}/Cu)=$______ V，$Cu^+$ 在酸性溶液中不能存在的原因是__________（用反应式表示）。

24. 在 $Pb(NO_3)_2$ 溶液中，加数滴 Na_2S 溶液，生成____________沉淀，再加数滴 3% H_2O_2 摇动后，生成__________沉淀。

25. 根据下列在 298.15 K，酸性溶液中 Mn 元素的标准电极电势图：

$MnO_4^-\ \underline{0.56}\ MnO_4^{2-}\ \underline{2.26}\ MnO_2\ \underline{0.95}\ Mn^{3+}\ \underline{1.51}\ Mn^{2+}\ \underline{-1.18}\ Mn$ 在水溶液中能发生歧化反应的物质是______________。

26. $KMnO_4$ 和 Na_2SO_3 在强碱性溶液中反应后，溶液呈现__________颜色，该离子反应式为__________________。

27. 在化合物 $Na_2S_4O_6$ 中，S 的氧化数为__________。

28. 当 $c(H^+)=10\ mol\cdot L^{-1}$，$c(MnO_4^-)=c(Mn^{2+})=1\ mol\cdot L^{-1}$，电对 MnO_4^-/Mn^{2+} 的 φ 值是__________ V。[已知：$\varphi^{\ominus}(MnO_4^-/Mn^{2+})=1.491$ V]

29. 试计算 298.15 K 时，反应 $Sn(s)+Pb^{2+}(aq)=Sn^{2+}(aq)+Pb(s)$ 的平衡常数 $K^{\ominus}$ 是__________，平衡时 Pb^{2+} 的浓度为__________，而 Sn^{2+} 的浓度为__________。[已知：反应开始时，$c(Pb^{2+})=2.0\ mol\cdot L^{-1}$，$\varphi^{\ominus}(Pb^{2+}/Pb)=-0.126$ V，$\varphi^{\ominus}(Sn^{2+}/Sn)=-0.136$ V]

30. 已知电池 $(-)Ag|AgCl|Cl^-(1\ mol\cdot L^{-1})\|I^-(1\ mol\cdot L^{-1})|I_2|Pt(+)$，该电池的正极反应为______________，负极反应为______________，电池反应为__________________。

31. 超氧化物歧化酶(SOD)是通过催化超氧离子歧化成 H_2O_2 和 O_2 的反应，起到减灭生物体中有害的超氧离子的“清道夫”的作用。已知元素的电势图为：

$$O_2\ \underline{-0.32\ V}\ HO_2\ \underline{\text{未知}}\ H_2O_2,$$

$$\underbrace{O_2 \longrightarrow H_2O_2}_{0.68\ V}$$

则 SOD 催化反应 $2HO_2\rightarrow H_2O_2+O_2$ 的标准电势是____________ V。

32. 用电对 MnO_4^-/Mn^{2+} 和 Fe^{3+}/Fe^{2+} 组成原电池，则电池的电动势为__________ V；电池符号为__________________；电池反应式为__________________；电池反应的平衡常数为__________。[已知：$c(MnO_4^-)=0.1\ mol\cdot L^{-1}$、$c(Mn^{2+})=0.1\ mol\cdot L^{-1}$、$c(H^+)=1\ mol\cdot L^{-1}$、$c(Fe^{3+})=0.1\ mol\cdot L^{-1}$、$c(Fe^{2+})=0.1\ mol\cdot L^{-1}$、

$\varphi^{\ominus}(MnO_4^-/Mn^{2+})=1.49\ V$、$\varphi^{\ominus}(Fe^{3+}/Fe^{2+})=0.77\ V$]

33. 在 $1.0\ mol\cdot L^{-1}$ 的 HI 溶液中，银电极 Ag^+/Ag 的电极电位 $\varphi(Ag^+/Ag)$ 的值为________ V。[已知：$K_{sp}^{\ominus}(AgI)=1.0\times10^{-16}$，$\varphi^{\ominus}(Ag^+/Ag)=0.799\ V$]

34. 在 298.15 K 时，原电池的组成为：

$$(-)Zn|Zn^{2+}(0.010\ mol\cdot L^{-1})\|Fe^{2+}(1.0\ mol\cdot L^{-1})|Fe(+)$$

问：(1)该电池电动势是________ V。

(2)该电池反应式为________________。

(3)该电池反应的平衡常数是________________。

[已知：$\varphi^{\ominus}(Fe^{2+}/Fe)=-0.409\ V$，$\varphi^{\ominus}(Zn^{2+}/Zn)=-0.7628\ V$]

35. 向 $FeCl_3$ 溶液中加入 KI 溶液，有 I_2 析出；再取 $FeCl_3$ 溶液中加入 KBr，没有 Br_2 析出。实验结果表明：电对 Fe^{3+}/Fe^{2+}、I_2/I^-、Br_2/Br^- 中，最强的还原剂是________，最强的氧化剂是________，三电对的 $\varphi^{\ominus}$ 值由大到小排列顺序是________________。

36. 配制 $SnCl_2$ 溶液时，常加入 Sn 粒，目的是________________。

37. 给定电对 Ag^+/Ag，$\varphi^{\ominus}(Ag^+/Ag)=0.799\ V$，进行下列各步实验操作：

①标态下与电对 Fe^{3+}/Fe^{2+} 构成原电池，测定电池电动势 $\varphi^{\ominus}=0.028\ V$，且电子由 Fe^{3+}/Fe^{2+} 极流向 Ag^+/Ag 极；

②加入足量的 $NH_3\cdot H_2O$ 后，测 $\varphi(Ag^+/Ag)$；

③分别加入沉淀剂 Cl^-、Br^-、I^-，产生 AgX 沉淀达平衡后，$c(X^-)=1.0\ mol\cdot L^{-1}$，分别测定 $\varphi^{\ominus}(AgCl/Ag)$、$\varphi^{\ominus}(AgBr/Ag)$、$\varphi^{\ominus}(AgI/Ag)$。

(已知：AgCl、AgBr、AgI 的 $K_{sp}^{\ominus}$ 值分别为 1.8×10^{-10}、5.0×10^{-13}、8.3×10^{-17})

判断下列测定结果正确与否：

(1)与 Fe^{3+}/Fe^{2+} 电对构成原电池的电池符号如下：(　　)

$$(-)C|Fe^{3+}(c_1),Fe^{2+}(c_2)\|Ag^+(c_3)|Ag(+)$$

(2)根据 $\varepsilon^{\ominus}=0.028\ V$，推知 $\varphi^{\ominus}(Fe^{3+}/Fe^{2+})>\varphi^{\ominus}(Ag^+/Ag)$。(　　)

(3)加入 $NH_3\cdot H_2O$ 后，测定 $\varphi(Ag^+/Ag)<\varphi^{\ominus}(Ag^+/Ag)$。(　　)

(4)加入 X^- 沉淀剂后，测定 $\varphi(Ag^+/Ag)>\varphi^{\ominus}(Ag^+/Ag)$。(　　)

(5)测得 $\varphi^{\ominus}(AgX/Ag)$ 大小顺序为：$\varphi^{\ominus}(AgCl/Ag)>\varphi^{\ominus}(AgBr/Ag)>\varphi^{\ominus}(AgI/Ag)$。(　　)

(三)计算题

38.根据所给的电极(电池)符号,写出电极(电池)反应;或根据电极(电池)反应,写出电极(电池)符号。

(1)$Zn(s)|ZnSO_4(c)$

(2)$Pt, H_2(p)|H^+(c)$

(3)$(-)Pt|Fe^{2+}(c_1), Fe^{3+}(c_2)||MnO_4^-(c_3), Mn^{2+}(c_4), H^+(c_5)|Pt(+)$

(4)$(-)Zn(s)|Zn^{2+}(c_1)||H^+(c_2)|H_2(p), Pt(+)$

(5)$AgCl+e=Ag+Cl^-$

(6)$Hg_2Cl_2+2e=2Hg+2Cl^-$

(7)$6Fe^{2+}+Cr_2O_7^{2-}+14H^+=6Fe^{3+}+2Cr^{3+}+7H_2O$

(8)$Hg^{2+}+Hg=Hg_2^{2+}$

(9)$2Ag+Cu^{2+}=2Ag^++Cu$

(10)$Hg^{2+}+1/2H_2=1/2Hg_2^{2+}+H^+$

39.写出下列电极反应或电池反应的能斯特方程:

(1)$Br_2(l)+2e=2Br^-$

(2)$2H^++2e=H_2(g)$

(3)$O_2(g)+4H^++4e=2H_2O(l)$

(4)$Hg_2Cl_2(s)+2e=2Hg(l)+2Cl^-$

(5)$MnO_2(s)+2Cl^-+4H^+=Mn^{2+}+Cl_2(g)+2H_2O$

(6)$Sn(s)+Pb^{2+}=Sn^{2+}+Pb(s)$

40. 298 K 时, Fe^{3+}/Fe^{2+} 电极[$c(Fe^{3+})=1\ mol\cdot L^{-1}$, $c(Fe^{2+})=0.1\ mol\cdot L^{-1}$]和 Ag^+/Ag 电极[$c(Ag^+)=1\ mol\cdot L^{-1}$]构成原电池。[已知:$\varphi^\ominus(Fe^{3+}/Fe^{2+})=0.77\ V$,$\varphi^\ominus(Ag^+/Ag)=0.799\ V$]

(1)求算原电池的 ε 值。

(2)写出原电池符号和电池反应。

(3)求电池反应的平衡常数。

41.已知反应 $Cr_2O_7^{2-}+14H^++6Br^-=2Cr^{3+}+3Br_2+7H_2O$,$\varphi^\ominus(Cr_2O_7^{2-}/Cr^{3+})=1.33\ V$,$\varphi^\ominus(Br_2/Br^-)=1.08\ V$,求:

(1)pH=6,其他离子浓度处于标态浓度时,$\varphi(Cr_2O_7^{2-}/Cr^{3+})$等于多少?

(2)计算说明在上述条件下反应的方向。

42.已知电对 MnO_4^-/Mn^{2+}、Fe^{3+}/Fe^{2+}、I_2/I^-、Br_2/Br^- 的 $\varphi^\ominus$ 值分别为1.51、0.771、0.535、1.08 V,试求:

(1)将电对 MnO_4^-/Mn^{2+} 和 Fe^{3+}/Fe^{2+} 构成原电池，写出电池符号。

(2)将电对 MnO_4^-/Mn^{2+} 处于 0.1 mol·L^{-1}HAc 和 0.1 mol·L^{-1}NaAc 混合液中，求 $\varphi(MnO_4^-/Mn^{2+})$；此态下的 MnO_4^- 能否将 I^- 和 Br^- 氧化？[已知：$c(MnO_4^-)=1$ mol·L^{-1}，$c(Mn^{2+})=1$ mol·L^{-1}，$K_a^\ominus(HAc)=1.8\times10^{-5}$]

(3)求电池反应 $2Fe^{3+}$(1 mol·L^{-1})$+2I^-$(1 mol·L^{-1})$=2Fe^{2+}$(0.1 mol·L^{-1})$+I_2(s)$的平衡常数 $K^\ominus$。

43. 给定电池反应 $2Ag^+ + Zn(s) = 2Ag(s) + Zn^{2+}$，利用 $\varphi^\ominus(Ag^+/Ag)=0.799$ V，$\varphi^\ominus(Zn^{2+}/Zn)=-0.763$ V，计算 298 K 时该反应的 $\Delta_r G_m^\ominus=$？

44. 已知电池反应：　　$Zn(s)+2Ag^+=Zn^{2+}+2Ag(s)$

$\Delta_f G_m^\ominus$(kJ·mol^{-1})　　77.12　　−147.03

$\varphi^\ominus(Zn^{2+}/Zn)=-0.763$ V，计算：

(1)原电池的标准电极电势 $\varepsilon^\ominus$；

(2)电对 Ag^+/Ag 的标准电极电势 $\varphi^\ominus(Ag^+/Ag)$。

45. 查表得，298 K 时的 $\Delta_f G_m^\ominus(Na^+)=-261.89$ kJ·mol^{-1}，求钠电极的标准电极电势 $\varphi^\ominus(Na^+/Na)=$？

46. 设计如下原电池：

(−)Ag(s),AgI(s)|I^-(1.0 mol·L^{-1})||Ag^+(1.0 mol·L^{-1})|Ag(s)(+)

已知 $\varphi^\ominus(Ag^+/Ag)=0.799$ V，$\varphi^\ominus(AgI/Ag)=-0.14$ V，求反应 $Ag^+ + I^- = AgI(s)$的平衡常数 $K^\ominus$ 和 AgI 的 $K_{sp}^\ominus(AgI)$。

47. 已知 298 K 时，$\varphi^\ominus(S/S^{2-})=-0.48$ V，$K_{sp}^\ominus(ZnS)=1.2\times10^{-23}$，求 $\varphi^\ominus(S/ZnS)=$？

48. 已知 298 K 时，$\varphi^\ominus(Cu^{2+}/Cu^+)=0.153$ V，$K_{sp}^\ominus(CuBr)=6.9\times10^{-29}$，求 $\varphi(Cu^{2+}/Cu^+)$和 $\varphi^\ominus(Cu^{2+}/CuBr)$。

49. 已知 Hg 元素电势图：

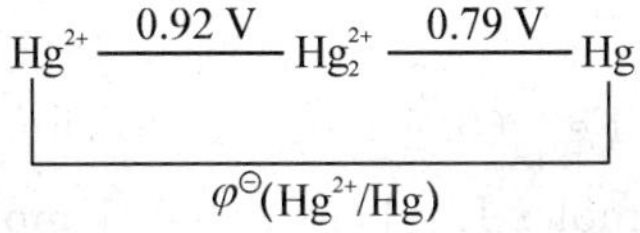

求　$\varphi^\ominus(Hg^{2+}/Hg)=$？

50. 已知电势图：

$$MnO_4^- \xrightarrow{1.70\ V} MnO_2 \xrightarrow{1.23\ V} Mn^{2+}$$

$$IO_3^- \xrightarrow{1.20\ V} I_2 \xrightarrow{0.53\ V} I^-$$

写出酸性条件下，MnO_4^- 与 KI 在下列反应条件下的反应产物：

(1)$KMnO_4$ 过量；

(2)KI 过量。

参考答案

(一)选择题

1. C　2. D　3. D　4. B　5. D　6. C　7. D　8. A　9. A
10. B　11. D　12. A　13. D　14. D　15. A　16. B　17. D　18. C
19. A　20. C

(二)填空、判断题

21. 7；4

22. (－)Cu(s)|Cu^{2+}(1 mol·L^{-1})‖Cl^-(1 mol·L^{-1})|Cl_2(101.3 kPa)|Pt(＋)

23. 0.34；$2Cu^+ = Cu^{2+} + Cu$

24. PbS 黑色；白色 $PbSO_4$

25. MnO_4^{2-}，Mn^{3+}

26. 绿；$2MnO_4^- + SO_3^{2-} + 2OH^- = 2MnO_{4\,绿色}^{2-} + SO_4^{2-} + H_2O$

27. $+2\frac{1}{2}$

28. 1.586

29. $K^{\ominus} = 2.18$；$c(Pb^{2+}) = 0.63$(mol·L^{-1})；$c(Sn^{2+}) = 1.37$(mol·L^{-1})

30. $I_2 + 2e = 2I^-$；$Ag + Cl^- - e = AgCl(s)$；$I_2 + 2Ag + 2Cl^- = 2I^- + 2AgCl\downarrow$

31. $\varphi^{\ominus} = 1.68$

32. $\varepsilon^{\ominus} = 0.72$；(－)Pt|$Fe^{3+}$(0.1 mol·$L^{-1}$)，$Fe^{2+}$(0.1 mol·$L^{-1}$)‖$MnO_4^-$(0.1 mol·$L^{-1}$)，$H^+$(0.1 mol·$L^{-1}$)，$Mn^{2+}$(0.1 mol·$L^{-1}$)|Pt(＋)；$MnO_4^- + 5Fe^{2+} + 8H^+ = Mn^{2+} + 5Fe^{3+} + 4H_2O$；$K^{\ominus} = 8.20\times10^{60}$

33. $= -0.147$

34. (1)$\varepsilon = 0.413$；(2)$Fe^{2+} + Zn = Fe + Zn^{2+}$；(3)$K^{\ominus} = 9.40\times10^{11}$

35. KI；Br_2；$\varphi^{\ominus}(Br_2/Br^-) > \varphi^{\ominus}(Fe^{3+}/Fe^{2+}) > \varphi^{\ominus}(I_2/I^-)$

36. 防止 Sn^{2+} 被空气氧化成 Sn^{4+}，发生的反应是 $Sn^{4+} + Sn = 2Sn^{2+}$

37. ①√　②×　③√　④×　⑤√

(三)计算题

38. **解**　(1)$Zn^{2+}+2e=Zn$　　(2)$2H^{+}+2e=H_2$

(3)$MnO_4^{+}+5Fe^{2+}+8H^{+}=Mn^{2+}+5Fe^{2+}+4H_2O$

(4)$Zn+2H^{+}=Zn^{2+}+H_2$　　(5)$Ag(s),AgCl|Cl^{-}(c_1)$

(6)$Pt|Hg_2Cl_2(s)|Hg(l)|Cl^{-}(c_1)||$

(7)$(-)Pt|Fe^{2+}(c_1),Fe^{3+}(c_2)||Cr_2O_7^{2-}(c_3),H^{+}(c_4),Cr^{3+}(c_5)|Pt(+)$

(8)$(-)Pt|Hg(l)|Hg_2^{2+}(c_1)||Hg^{2+}(c_2),Hg_2^{2+}(c_2)|Pt(+)$

(9)$(-)Ag|Ag^{+}(c_1)||Cu^{2+}(c_2)|Cu(+)$

(10)$(-)Pt|H_2(p,kPa)|H^{+}(c_1)||Hg^{2+}(c_2),Hg_2^{2+}(c_3)|Pt(+)$

39. **解**　(1)$\varphi(Br_2/Br^{-})=\varphi^{\ominus}(Br_2/Br^{-})+\dfrac{0.059}{2}\lg\left\{\dfrac{[c(Br_2)/c^{\ominus}]}{[c(Br^{-})/c^{\ominus}]}\right\}$

(2)$\varphi(H^{+}/H_2)=\varphi^{\ominus}(H^{+}/H_2)+\dfrac{0.059}{2}\lg\left\{\dfrac{[c(H^{+})/c^{\ominus}]^2}{[p(H_2)/p^{\ominus}]}\right\}$

(3)$\varphi(O_2/H_2O)=\varphi^{\ominus}(O_2/H_2O)+\dfrac{0.059}{4}\lg\{[p(O_2)/p^{\ominus}]\cdot[c(H^{+})/c^{\ominus}]^4\}$

(4)$\varphi(Hg_2Cl_2/Hg)=\varphi^{\ominus}(Hg_2Cl_2/Hg)+\dfrac{0.059}{2}\lg\left[\dfrac{1}{[c(Cl^{-})/c^{\ominus}]^2}\right]$

(5)$\varepsilon=\varepsilon^{\ominus}+\dfrac{0.059}{2}\lg\dfrac{[c(H^{+})/c^{\ominus}]^4\cdot[c(Cl^{-})/c]^2}{[c(Mn^{2+})/c^{\ominus}]\cdot[p(Cl_2)/p^{\ominus}]}$

(6)$\varepsilon=\varepsilon^{\ominus}+\dfrac{0.059}{2}\lg\left[\dfrac{c(Pb^{2+})/c^{\ominus}}{c(Sn^{2+})/c^{\ominus}}\right]$

40. **解**　(1)依题意有:$\varphi(Ag^{+}/Ag)=\varphi^{\ominus}(Ag^{+}/Ag)+0.059\lg[c(Ag^{+})/c^{\ominus}]$

$=\varphi^{\ominus}(Ag^{+}/Ag)$

$=0.799(V)$

$$\varphi(Fe^{3+}/Fe^{2+})=\varphi^{\ominus}(Fe^{3+}/Fe^{2+})+0.059\lg\frac{c(Fe^{3+})/c^{\ominus}}{c(Fe^{2+})/c^{\ominus}}$$

$$=0.771+0.059\lg\frac{1.0}{0.1}$$

$$=0.83(V)$$

$$\varepsilon=\varphi(Fe^{3+}/Fe^{2+})-\varphi(Ag^{+}/Ag)$$

$$=0.83-0.799=0.031(V)$$

(2)电池符号:$(-)Ag|Ag^{+}(1.0\ mol\cdot L^{-1})||Fe^{3+}(1.0\ mol\cdot L^{-1}),Fe^{2+}(0.1\ mol\cdot L^{-1})|Pt(+)$

电池反应：$Ag+Fe^{3+}=Ag^{+}+Fe^{2+}$

(3)求反应的平衡常数：$\lg K^{\ominus}=\dfrac{n\varepsilon^{\ominus}}{0.059}$

$$\lg K^{\ominus}=\frac{1\times[\varphi^{\ominus}(Fe^{3+}/Fe^{2+})-\varphi^{\ominus}(Ag^{+}/Ag)]}{0.059}$$

$$=\frac{0.771-0.799}{0.059}=-0.47$$

$K^{\ominus}=0.33$

41. **解** 依题意有：$c(H^{+})=10^{-6}(mol\cdot L^{-1})$，$c(Cr_2O_7^{2-})=c(Cr^{3+})=c(Br^{-})=1.0(mol\cdot L^{-1})$

(1)$\varphi(Cr_2O_7^{2-}/Cr^{3+})=\varphi^{\ominus}(Cr_2O_7^{2-}/Cr^{3+})+\dfrac{0.059}{6}\lg[c(H^{+})/c^{\ominus}]^{14}$

$$=1.33+\frac{0.059}{6}\lg(10^{-6})^{14}$$

$$=0.503(V)$$

(2)$\varepsilon=\varphi(Cr_2O_7^{2-}/Cr^{3+})-\varphi(Br_2/Br^{-})$

$=0.503-1.08=-0.577(V)$

因为$\varepsilon<0$，所以反应在 pH=6 的条件下向逆反应方向进行。

42. **解** 依题意有：

(1)电池符号为：

$(+)Pt|Fe^{3+}(c_1),Fe^{2+}(c_2)||MnO_4^{-}(c_3),H^{+}(c_4),Mn^{2+}(c_5)|Pt(+)$

(2)电对处于 HAc～NaAc 缓冲体系中：

$$c(H^{+})/c^{\ominus}=K_a^{\ominus}\cdot\frac{[c(HA)/c^{\ominus}]}{[c(Ac^{-})/c^{\ominus}]}$$

因为 $c(HAc)=c(Ac^{-})=0.1\ mol\cdot L^{-1}$，所以 $c(H^{+})=K_a^{\ominus}=1.8\times10^{-5}\ mol\cdot L^{-1}$。

$\varphi(MnO_4^{-}/Mn^{2+})=\varphi^{\ominus}(MnO_4^{-}/Mn^{2+})+\dfrac{0.059}{5}\lg[c(H^{+})/c^{\ominus}]^{8}$

$$=1.51+\frac{0.059}{5}\lg[1.8\times10^{-5}]^{8}$$

$$=1.06(V)$$

因为 $\varphi^{\ominus}(I_2/I^{-})<\varphi(MnO_4^{-}/Mn^{2+})<\varphi^{\ominus}(Br_2/Br^{-})$，所示此态下，$MnO_4^{-}$ 可将 I^{-} 氧化，而不能将 Br^{-} 氧化。

(3)根据：$nF\varepsilon^{\ominus}=RT\ln K^{\ominus}\Rightarrow\lg K^{\ominus}=\dfrac{nF\varepsilon^{\ominus}}{2.303RT}$

$$\lg K^{\ominus}=\frac{2\times[\varphi^{\ominus}(Fe^{3+}/Fe^{2+})-\varphi^{\ominus}(I_2/I^-)]}{0.059}$$

$$=\frac{2\times(0.77-0.535)}{0.059}=8.0$$

$$K^{\ominus}=1.0\times10^{8}$$

43. **解**　依题意，利用该反应设计为原电池，则正极为 Ag^+/Ag，负极为 Zn^{2+}/Zn

根据　$\Delta_r G_m^{\ominus}=-nF\varepsilon^{\ominus}$

$$\Delta_r G_m^{\ominus}=-2\times96\,500\times[\varphi^{\ominus}(Ag^+/Ag)-\varphi^{\ominus}(Zn^{2+}/Zn)]$$
$$=-2\times96\,500\times[0.799-(-0.763)]$$
$$=-301\,466(J\cdot mol^{-1})$$

44. **解**　依题意：

$$\Delta_r G_m^{\ominus}=\Delta_f G_m^{\ominus}(Zn^{2+},aq)-2\Delta_f G_m^{\ominus}(Ag^+,aq)$$
$$=-147.03-2\times77.12$$
$$=-301.27(kJ\cdot mol^{-1})$$

(1)根据　$\Delta_r G_m^{\ominus}=-nF\varepsilon^{\ominus}$

$$\varepsilon^{\ominus}=\frac{-(-301.27)\times10^{3}}{2\times96\,500}=1.561(V)$$

(2)根据　$\varepsilon^{\ominus}=\varphi^{\ominus}(Ag^+/Ag)-\varphi^{\ominus}(Zn^{2+}/Zn)$

$$\varphi^{\ominus}(Ag^+/Ag)=\varepsilon^{\ominus}+\varphi^{\ominus}(Zn^{2+}/Zn)$$
$$=1.561-0.763$$
$$=0.798(V)$$

45. **解**　根据　$\Delta_f G_m^{\ominus}=-nF\varphi^{\ominus}$

$$\varphi^{\ominus}(Na^+/Na)=\frac{\Delta_f G_m^{\ominus}(Na^+,aq)}{nF}$$
$$=\frac{-261.89\times10^{3}}{1\times96\,500}$$
$$=-2.714(V)$$

46. **解**　依题意有：

(1)负极反应：$Ag+I^--e=AgI(s)$　　$\varphi^{\ominus}(AgI/Ag)=-0.14\ V$

正极反应：　$Ag^++e=Ag$　　$\varphi^{\ominus}(Ag^+/Ag)=0.799\ V$

电池反应：　$Ag^++I^-=AgI(s)$

根据 $\lg K^{\ominus}=\frac{n\varepsilon^{\ominus}}{0.059}=\frac{n[\varphi^{\ominus}_{(+)}-\varphi^{\ominus}_{(-)}]}{0.059}$

$$\lg K^{\ominus}=\frac{1\times[\varphi^{\ominus}(Ag^+/Ag)-\varphi^{\ominus}(AgI/Ag)]}{0.059}$$

$$=\frac{0.799-(-0.14)}{0.059}=15.92$$

$$K^{\ominus}=8.32\times10^{15}$$

(2)溶解反应 $AgI=Ag^{+}+I^{-}$ 是电极反应的逆反应

$$所以\ K_{sp}^{\ominus}=\frac{1}{K^{\ominus}}=\frac{1}{8.32\times10^{15}}=1.20\times10^{-16}$$

47. **解** 依题意：

正极反应：$Zn^{2+}+S+2e \rightleftharpoons ZnS$

负极反应：$S^{2-} \rightleftharpoons S+2e$

电池反应：$Zn^{2+}+S^{2-} \rightleftharpoons ZnS$

$$根据\ \lg K^{\ominus}=\frac{n\varepsilon^{\ominus}}{0.059}=\frac{n[\varphi_{(+)}^{\ominus}-\varphi_{(-)}^{\ominus}]}{0.059}$$

$$K^{\ominus}=\frac{1}{K_{sp}^{\ominus}}$$

$$\lg\frac{1}{K_{sp}^{\ominus}(ZnS)}=\frac{2\times[\varphi^{\ominus}(S/ZnS)-\varphi^{\ominus}(S/S^{2-})]}{0.059}$$

$$\varphi^{\ominus}(S/ZnS)=\frac{0.059\lg\frac{1}{1.2\times10^{-23}}+2\varphi^{\ominus}(S/S^{2-})}{2}$$

$$=\frac{0.059\times22.92+2\times(-0.48)}{2}=0.196(V)$$

48. **解** 依题意：

$$\varphi(Cu^{2+}/Cu^{+})=\varphi^{\ominus}(Cu^{2+}/Cu)+\frac{0.059}{1}\lg\frac{[c(Cu^{2+})/c^{\ominus}]}{[c(Cu^{+})/c^{\ominus}]}$$

体系处在标准态，$c(Br^{-})=1.0\ mol\cdot L^{-1}$，$c(Cu^{2+})=1.0\ mol\cdot L^{-1}$

$$平衡时有：c(Cu^{+})/c^{\ominus}=\frac{K_{sp}^{\ominus}(CuBr)}{[c(Br^{-})/c^{\ominus}]}=6.9\times10^{-29}$$

$$\varphi(Cu^{2+}/Cu^{+})=0.153+\frac{0.059}{1}\lg\frac{1\times1}{6.9\times10^{-29}}$$

$$=0.635(V)$$

体系处在标准态，$\varphi^{\ominus}(Cu^{2+}/CuBr)=\varphi(Cu^{2+}/Cu^{+})=0.635(V)$

49. **解** 依题意，根据 $\varphi_3^{\ominus}=\frac{n_1\varphi_{左}^{\ominus}+n_2\varphi_{右}^{\ominus}}{n_3}$ 有：

$$\varphi^{\ominus}(Hg^{2+}/Hg)=\frac{2\cdot\varphi^{\ominus}(Hg^{2+}/Hg_2^{2+})+2\varphi^{\ominus}(Hg_2^{2+}/Hg)}{4}$$

$$=\frac{2\times0.92+2\times0.79}{4}=0.855(V)$$

50. **解**　依题意有：

(1) $KMnO_4$ 过量：

$$5MnO_4^- + 5I^- + 10H^+ = 6Mn^{2+} + 5IO_3^- + 5H_2O$$

(2) KI 过量：

$$2MnO_4^- + 10I^- + 16H^+ = 2Mn^{2+} + 5I_2 + 8H_2O$$

第九章　配位化合物

一、基本概念与基本公式

(一)有关组成的概念术语

1. 中心离子

位于配离子的中心，具有空的价轨道，通常为过渡金属离子或原子。

2. 配位体

与中心离子(原子)结合的分子、离子称为配位体，仅提供 1 个配位原子的配位体称为单基位体，提供 2 个或 2 个以上配位原子的配体称为多基配体。

3. 配位原子

配位体中直接与中心离子(原子)键合的原子称为配位原子，每个配位原子拥有 1 对孤对电子。

4. 配位数

与中心离子(原子)结合的配位原子数为中心离子(原子)的配位数。

5. 配合物的命名

(1)遵循无机化合物的一般命名原则，称“某化某”、“某酸某”或“某酸”。

(2)配离子的命名顺序：配体数目—配体名称—合—中心离子或原子(氧化值)。

注意：

①配体数目用中文数字标出，中心离子氧化值用罗马数字标出。

②当有多个配体时，先无机后有机；先阴离子配体，后阳离子、中性分子配体；同类配体则按配位原子英文字母顺序排列；配位原子相同时，先简单后复杂；不同间配体以圆点“·”隔开。

(二)配位平衡

1. 配位平衡常数(稳定常数)

配合反应　　　　$M^{n+} + mL \rightleftharpoons M\sim L_m$

定温平衡　　$K_f^\ominus=\dfrac{[c(M\sim L_m)/c^\ominus]}{[c(M^{n+})/c^\ominus]\cdot[c(L)/c^\ominus]^m}$　　(9-1)

式中 $K_f^\ominus$ 称为配离子 $M\sim L_m$ 的稳定常数。

配离子的解离反应　　$M\sim L_m \rightleftharpoons M^{n+}+mL$

定温平衡　　$K_d^\ominus=\dfrac{[c(M^{n+})/c^\ominus]\cdot[c(L)/c^\ominus]^m}{[c(M\sim L_m)/c^\ominus]}$　　(9-2)

式中 $K_d^\ominus$ 称为配离子 $M\sim L_m$ 的不稳定常数。

$K_f^\ominus$ 与 $K_d^\ominus$ 的关系：　　$K_f^\ominus=\dfrac{1}{K_d^\ominus}$　　(9-3)

$K_f^\ominus$ 的应用：

(1)比较同类 $M\sim L_m$ 的稳定性大小；

(2)求溶液中 $c(M^{n+})$：

$$c(M^{n+})/c^\ominus=\frac{[c(M\sim L_m)/c^\ominus]}{K_f^\ominus\cdot[c(L)/c^\ominus]^m}$$

2. 酸效应与配位平衡

反应通式　　$M\sim L_m+mH^+\rightleftharpoons mHL+M^{n+}$

定温平衡时　　$K_j^\ominus=\dfrac{[c(HL)/c^\ominus]^m\cdot[c(M^{n+})/c^\ominus]}{[c(M\sim L_m)/c^\ominus][c(H^+)/c^\ominus]^m}$

$$=\frac{1}{K_f^\ominus\cdot(K_a^\ominus)^m}\qquad(9\text{-}4a)$$

给定配合物 $K_f^\ominus$ 确定，$K_a^\ominus$ 越小，$K_j^\ominus$ 值越大，酸效应破坏配离子稳定性程度越大。求反应平衡时溶液的酸度：

$$c(H^+)/c^\ominus=\sqrt[m]{\frac{K_f^\ominus\cdot(K_a^\ominus)^m\cdot[c(HL)/c^\ominus]^m\cdot[c(M^{n+})/c^\ominus]}{[c(M\sim L_m)/c^\ominus]}}\qquad(9\text{-}4b)$$

求酸的起始浓度：

$$c(H^+)/c^\ominus=[c(H^+)/c^\ominus]+\Delta c_{消耗}$$

3. 配位平衡与沉淀平衡

(1)配合→沉淀转化：在 $M\sim L_m$ 中加入沉淀剂 A：

转化反应通式　　$M\sim L_m+nA\rightleftharpoons mL+MA_n(s)$

定温平衡　$K_j^\ominus=\dfrac{[c(L)/c^\ominus]^m}{[c(M\sim L_m)/c^\ominus]\cdot[c(A)/c^\ominus]^n}=\dfrac{1}{K_f^\ominus\cdot K_{sp}^\ominus}$　　(9-5)

通常求算在 $M\sim L_m$ 体系中加入沉淀剂是否有沉淀产生，求算步骤：

①从 $K_f^\ominus$ 式求出 $c(M^{n+})/c^\ominus$：

$$c(M^{n+})/c^\ominus=\frac{[c(M\sim L_m)/c^\ominus]}{K_f^\ominus\cdot[c(L)/c^\ominus]^m}$$

②确定沉淀剂体系的属性，利用相应的求算式求出沉淀剂的浓度，如 $NH_3\cdot H_2O$为弱碱体系，按最简式计算：

$$c(OH^-)/c^\ominus=\sqrt{K_b^\ominus\cdot c_b/c^\ominus}$$

③先求 Q_c，再与 $K_{sp}^\ominus$ 比较，满足 $Q_c>K_{sp}^\ominus$ 即有沉淀产生。

(2)沉淀→配合物转化：在沉淀 $MA_n(s)$体系中加入配体 L：

转化反应通式　$MA_n(s)+mL\rightleftharpoons nA+M\sim L_m$

$$K_j^\ominus=\frac{[c(A)/c^\ominus]^n\cdot[c(M\sim L_m)/c^\ominus]}{[c(L)/c^\ominus]^m}=K_f^\ominus\cdot K_{sp}^\ominus \tag{9-6a}$$

通常先求使沉淀转化到达平衡时溶液中的配体 L 的平衡浓度：

$$c(L)/c^\ominus=\sqrt[m]{\frac{[c(M\sim L_m)/c^\ominus]\cdot[c(A)/c^\ominus]^n}{K_f^\ominus\cdot K_{sp}^\ominus}} \tag{9-6b}$$

再求配体 L 的起始浓度：

$$c(L)=[c(L)/c^\ominus]+\Delta c_{消耗}$$

4. 配位平衡与氧化还原平衡

主要讨论形成配合物对电对 φ 值的影响：

(1)电对M^{n+}/M(如Ag^+/Ag)，体系中加入配合剂 L：

反应通式　　$M^{n+}+mL\rightleftharpoons M\sim L_m$

定温平衡时，溶液残留　　$c(M^{n+})/c^\ominus=\dfrac{[c(M\sim L_m)/c^\ominus]}{K_f^\ominus\cdot[c(L)/c^\ominus]^m}$

求此态时电对M^{2+}/M的 φ 值：

$$\varphi(M^{n+}/M)=\varphi^\ominus(M^{n+}/M)+\frac{0.059}{n}\lg\frac{[c(M\sim L_m)/c^\ominus]}{K_f^\ominus[c(L)/c^\ominus]^m} \tag{9-7a}$$

当给定配合物 $M\sim L_m$，$K_f^\ominus$ 为确定值，且 $c(M\sim L_m)=c(L)=1.0\ mol\cdot L^{-1}$时，

$$\varphi(M^{n+}/M)=\varphi^\ominus(M^{n+}/M)+\frac{0.059}{n}\lg\frac{1}{K_f^\ominus} \tag{9-7b}$$

$K_f^\ominus$ 值越大，$\varphi(M^{n+}/M)$值越小，此态[即 $c(M\sim L_m)=c(L)=1.0\ mol\cdot L^{-1}$]为电对$M\sim L_m/M$的标准态，故有：

$$\varphi^{\ominus}(M\sim L_m/M)=\varphi(M^{n+}/M)$$

$$\varphi^{\ominus}(M\sim L_m/M)=\varphi(M^{n+}/M)=\varphi^{\ominus}(M^{n+}/M)+\frac{0.059}{n}\lg\frac{1}{K_f^{\ominus}}$$

(2)电对$M^{n+}/M^{m+}(n>m)$(如Fe^{3+}/Fe^{2+})，体系中加入配合剂 L：

反应通式　$M^{n+}+mL \rightleftharpoons M\sim L_m$

平衡时　$c(M^{n+})/c^{\ominus}=\dfrac{[c(M\sim L_m)/c^{\ominus}]}{K_f^{\ominus}(M\sim L_m)\cdot[c(L)/c^{\ominus}]^m}$

反应通式　$M^{m+}+nL \rightleftharpoons M\sim L_n$

平衡时　$c(M^{m+})/c^{\ominus}=\dfrac{[c(M\sim L_m)/c^{\ominus}]}{K_f^{\ominus}(M\sim L_n)\cdot[c(L)/c^{\ominus}]^n}$

求电对M^{n+}/M^{m+}的 φ 值：

$$\varphi(M^{n+}/M^{m+})=\varphi^{\ominus}(M^{n+}/M^{m+})+\frac{0.059}{n-m}\lg\frac{[c(M\sim L_m)/c^{\ominus}]/\{K_f^{\ominus}(M\sim L_m)\cdot[c(L)/c^{\ominus}]^m\}}{[c(M\sim L_n)/c^{\ominus}]/\{K_f^{\ominus}(M\sim L_n)\cdot[c(L)/c^{\ominus}]^n\}} \quad (9\text{-}8a)$$

当给定配合物，$K_f^{\ominus}$ 为确定值，且当 $c(M\sim L_m)=c(L)=c(M\sim L_n)=1.0\ mol\cdot L^{-1}$时，

$$\varphi(M^{n+}/M^{m+})=\varphi^{\ominus}(M^{n+}/M^{m+})+\frac{0.059}{n-m}\lg\frac{K_f^{\ominus}(M^{m+}\sim L_m)}{K_f^{\ominus}(M^{n+}\sim L_n)} \quad (9\text{-}8b)$$

当 $K_f^{\ominus}(M^{n+}\sim L_m)>K_f^{\ominus}(M^{m+}\sim L_n)$，则 $\varphi(M^{n+}/M^{m+})$降低；

$K_f^{\ominus}(M^{n+}\sim L_m)<K_f^{\ominus}(M^{m+}\sim L_n)$，则 $\varphi(M^{n+}/M^{m+})$增大。

此态 $c(M\sim L_m)=c(L)=c(M\sim L_n)=1.0\ mol\cdot L^{-1}$为电对 $M^{n+}\sim L_n/M^{m+}\sim L_m$的标准态，故有：

$$\varphi^{\ominus}(M\sim L_m/M\sim L_n)=\varphi(M^{n+}/M^{m+})$$

$$\varphi^{\ominus}(M^{n+}\sim L_n/M^{m+}\sim L_m)=\varphi^{\ominus}(M^{n+}/M^{m+})+\frac{0.059}{n-m}\lg\frac{K_f^{\ominus}(M^{m+}\sim L_m)}{K_f^{\ominus}(M^{n+}\sim L_n)}$$

二、基本计算类型

例 1　指出下列配合物的中心离子、配体、配位原子、配位数：

(1)$[CoCl_3(NH_3)_3]$　　(2)$[Fe(NCS)_6]^{3-}$

(3)$[Hg(SCN)_4]^{2-}$　　(4)$[CuCl_2en]$

解 依题意：

配离子	中心离子	配体	配位原子	配位数
(1)$[CoCl_3(NH_3)_3]$	Co^{3+}	：Cl^-、：NH_3	Cl、N	6
(2)$[Fe(NCS)_6]^{3-}$	Fe^{3+}	：NCS^-	N	6
(3)$[Hg(SCN)_4]^{2-}$	Hg^{2+}	：SCN^-	S	4
(4)$[CuCl_2en]$	Cu^{2+}	：Cl^-、en	Cl、N	4

例 2 命名下列配合物：

(1)$[CoCl_2H_2O(NH_3)_3]Cl$

(2)$K[FeCl_2(C_2O_4)(en)]$

(3)$[Pt(Py)_4][PtCl_4]$(Py——吡啶)

(4)$H_2[SiF_6]$

(5)$[Ni(NH_3)_4](OH)_2$

解 依题意：

(1)氯化二氯·一水·三氨合钴(Ⅲ)

(2)二氯·草酸根·一(乙二胺)合铁(Ⅲ)酸钾

(3)四氯合铂(Ⅱ)酸四吡啶合铂(Ⅱ)

(4)六氟合硅(Ⅳ)酸

(5)二氢氧化四氨合镍(Ⅱ)

例 3 根据命名，写出配合物的化学式：

(1)三羟基·一水·乙二胺合铬(Ⅲ)

(2)四(硫氰酸根)·二氨合铬(Ⅲ)酸铵

(3)六氰合铁(Ⅲ)酸六氨合铂(Ⅳ)

(4)五羰基合铁

解 依题意：

(1)$[Cr(OH)_3(H_2O)(en)]$

(2)$NH_4[Cr(SCN)_4(NH_3)_2]$

(3)$[Pt(NH_3)_6]_3[Fe(CN)_6]_4$

(4)$Fe(CO)_5$

例 4 将 0.20 mol·L^{-1} $AgNO_3$溶液与 2.40 mol·L^{-1} $NH_3\cdot H_2O$ 等体积混合，计算平衡态时溶液中 Ag^+、$NH_3\cdot H_2O$ 和$[Ag(NH_3)_2]^+$浓度。{已知：$K_f^{\ominus}[Ag(NH_3)_2^+]=1.62\times10^7$}

解 依题意，两液等体积混合，浓度减半，有：

$$Ag^+ \quad + \quad 2NH_3 \rightleftharpoons [Ag(NH_3)_2]^+$$

	Ag^+	$2NH_3$	$[Ag(NH_3)_2]^+$
起始浓度	0.10	1.20	0
平衡浓度	x	$1.20-2(0.10-x)$	$0.1-x$

因 $K_f^{\ominus}$ 值很大，x 值很小，可作近似处理：$0.1-x\approx0.1$，$c(NH_3)\approx1.0\ mol\cdot L^{-1}$，$[Ag(NH_3)_2]^+\approx0.10\ mol\cdot L^{-1}$，则

$$K_f^{\ominus}=\frac{c[Ag(NH_3)_2]^+/c^{\ominus}}{[c(Ag^+)/c^{\ominus}]\cdot[c(NH_3)/c^{\ominus}]^2}$$

$$c(Ag^+)/c^{\ominus}=\frac{0.10}{1.62\times10^7\times1.0^2}=6.2\times10^{-9}(mol\cdot L^{-1})$$

平衡时：Ag^+ 浓度为 $6.2\times10^{-9}\ mol\cdot L^{-1}$；$NH_3\cdot H_2O$ 浓度为 $1.0+2x\approx1.0\ mol\cdot L^{-1}$；$[Ag(NH_3)_2]^+$ 浓度为 $0.10-x\approx1.0\ mol\cdot L^{-1}$。

例 5 向含 $0.10\ mol\cdot L^{-1}[Ag(NH_3)_2]^+$、$0.10\ mol\cdot L^{-1}\ Cl^-$ 和 $3.98\ mol\cdot L^{-1}\ NH_3\cdot H_2O$ 的混合溶液中滴加 HNO_3 以至恰好产生 AgCl 沉淀，计算混合溶液中 Ag^+ 浓度、$NH_3\cdot H_2O$ 浓度及溶液的 pH 值。{已知：$K_{sp}^{\ominus}(AgCl)=1.56\times10^{-10}$，$K_f^{\ominus}[Ag(NH_3)_2]^+=1.62\times10^7$，$pK_b^{\ominus}(NH_3)=4.75$}

解 依题意，在所给体系中加入 H^+ 恰好产生 AgCl 沉淀，此态时体系存在三重平衡：

(1) AgCl 的沉淀溶解平衡：

$$AgCl(s)\rightleftharpoons Ag^++Cl^-$$

$$c(Ag^+)/c^{\ominus}=\frac{K_{sp}^{\ominus}(AgCl)}{[c(Cl^-)/c^{\ominus}]}=\frac{1.56\times10^{-10}}{0.10}=1.56\times10^{-9}(mol\cdot L^{-1})$$

(2) $[Ag(NH_3)_2]^+$ 的配合解离平衡：

$$Ag^++2NH_3\rightleftharpoons[Ag(NH_3)_2]^+$$

$$K_f^{\ominus}=\frac{c[Ag(NH_3)_2]^+/c^{\ominus}}{[c(Ag^+)/c^{\ominus}]\cdot[c(NH_3)/c^{\ominus}]^2}$$

$$c(NH_3)/c^{\ominus}=\sqrt{\frac{c[Ag(NH_3)_2]^+/c^{\ominus}}{K_f^{\ominus}[Ag(NH_3)_2]^+\cdot[c(Ag^+)/c^{\ominus}]}}$$

$$=\sqrt{\frac{0.10}{1.62\times10^7\times1.56\times10^{-9}}}$$

$$=1.99(mol\cdot L^{-1})$$

(3)加 H^+ 后溶液中的 NH_3 结合 H^+ 成为 NH_4^+，由此构成 $NH_3 \cdot H_2O$ 的解离平衡：

$$NH_3 \cdot H_2O \rightleftharpoons NH_4^+ + OH^-$$

$$c(NH_4^+) = 3.98 - 1.99 = 1.99(mol \cdot L^{-1})$$

$$pOH = pK_b^\ominus - \lg\frac{c_b}{c_s} = 4.75 - \lg\frac{1.99}{1.99} = 4.75$$

$$pH = 9.25$$

例6　向$[Ag(NH_3)_2]^+$溶液中加酸，写出加酸后溶液存在的平衡过程，并求加酸反应的标准平衡常数。{已知：$K_f^\ominus[Ag(NH_3)_2]^+ = 1.62\times10^7$，$K_b^\ominus(NH_3) = 1.8\times10^{-5}$}

解　依题意，加酸后溶液存在下列平衡过程：

①$[Ag(NH_3)_2]^+ = Ag^+ + 2NH_3$　　$K_1^\ominus = \dfrac{1}{K_f^\ominus}$

②$NH_3 + H_2O = NH_4^+ + OH^-$　　$K_2^\ominus = K_b^\ominus(NH_3)$

③$H^+ + OH^- = H_2O$　　$K_3^\ominus = \dfrac{1}{K_w^\ominus}$

反应①＋反应②×2＋反应③×2 得到总平衡过程④：

④$[Ag(NH_3)_2]^+ + 2H^+ = Ag^+ + NH_4^+$　　$K_4^\ominus$

$$K_4^\ominus = K_1^\ominus \cdot (K_2^\ominus)^2 \cdot (K_3^\ominus)^2 = \frac{(K_b^\ominus)^2}{K_f^\ominus \cdot (K_w^\ominus)^2} = \frac{(1.8\times10^{-5})^2}{1.62\times10^7\times(1.0\times10^{-14})^2}$$

$$= 2.0\times10^{11}$$

例7　1 000 mL 0.10 $mol \cdot L^{-1}$的 $AgNO_3$溶液，进行如下实验操作，解答：

(1)加入 0.10 $mol \cdot L^{-1}$的 KCl 生成 AgCl 沉淀，若使生成的 AgCl 沉淀恰好溶解，求溶液中 $NH_3 \cdot H_2O$ 的浓度。

(2)向上溶解了的 AgCl 溶液中加入 0.10 mol 的 KI，有否 AgI 沉淀产生？

(3)若有 AgI 沉淀产生，需加多少 KCN 才能使 AgI 恰好溶解？(设加入各试剂溶液体积不变){已知：$K_{sp}^\ominus(AgCl) = 1.8\times10^{-10}$，$K_{sp}^\ominus(AgI) = 1.5\times10^{-16}$，$K_f^\ominus[Ag(NH_3)_2]^+ = 1.62\times10^7$，$K_f^\ominus[Ag(CN)_2]^- = 1.3\times10^{21}$}

解　依题意：

(1)向 AgCl 沉淀体系中加入 $NH_3 \cdot H_2O$，反应：

$$AgCl(s) + 2NH_3 = [Ag(NH_3)_2]^+ + Cl^-$$

平衡时：

$$K_j^{\ominus}=\frac{\{c[Ag(NH_3)_2]^+/c^{\ominus}\}\cdot[c(Cl^-)/c^{\ominus}]}{[c(NH_3)/c^{\ominus}]^2}$$
$$=K_{sp}^{\ominus}(AgCl)\cdot K_f^{\ominus}[Ag(NH_3)_2]^+$$

沉淀完全溶解，$c[Ag(NH_3)_2]^+=c(Cl^-)=0.10\ mol\cdot L^{-1}$代入上式：

$$\frac{0.10\times0.10}{[c(NH_3)/c^{\ominus}]^2}=1.8\times10^{-10}\times1.62\times10^7$$

$$c(NH_3)/c^{\ominus}=\sqrt{\frac{0.10\times0.10}{1.8\times10^{-10}\times1.62\times10^7}}=1.85(mol\cdot L^{-1})$$

所以 $NH_3\cdot H_2O$ 的起始浓度$=1.85+0.20=2.05(mol\cdot L^{-1})$

(2) AgCl 溶解后，溶液中 $c(NH_3)=1.85\ mol\cdot L^{-1}$，设 $c(Ag^+)$ 为 x：

$$[Ag(NH_3)_2]^+ \rightleftharpoons Ag^+ + 2NH_3$$

平衡浓度　　0.10　　x　　1.85

$$K_d^{\ominus}=\frac{1}{K_f^{\ominus}}=\frac{[c(Ag^+)/c^{\ominus}]\cdot[c(NH_3)/c^{\ominus}]^2}{c[Ag(NH_3)_2]^+/c^{\ominus}}$$

$$\frac{1}{1.62\times10^7}=\frac{x\cdot(1.85)^2}{0.10}$$

$$x=c(Ag^+)=1.8\times10^{-9}(mol\cdot L^{-1})$$

溶液中加入 KI，$c(I^-)=0.10\ mol\cdot L^{-1}$，则

$$Q_c=[c(Ag^+)/c^{\ominus}]\cdot[c(I^-)/c^{\ominus}]=1.8\times10^{-9}\times0.10$$
$$=1.8\times10^{-10}>K_{sp}^{\ominus}(AgI)=1.5\times10^{-16}$$

所以有 AgI 沉淀产生。

(3)加入 KCN，使 AgI 沉淀完全溶解，建立平衡后，则

$c[Ag(CN)_2]^-=c(I^-)=0.10\ mol\cdot L^{-1}$，仿上(1)计算有：

$$c(CN^-)/c^{\ominus}=\sqrt{\frac{\{c[Ag(CN)_2]^-/c^{\ominus}\}\cdot[c(I^-)/c^{\ominus}]}{K_{sp}^{\ominus}(AgI)\cdot K_f^{\ominus}[Ag(CN)_2]^-}}$$
$$=\sqrt{\frac{0.10\times0.10}{1.5\times10^{-16}\times1.3\times10^{21}}}$$
$$=2.26\times10^{-4}(mol\cdot L^{-1})$$

所以加入 KCN 的量至少为 $0.20+2.26\times10^{-4}\approx0.20\ mol\cdot L^{-1}$ 才能使生成的

AgI完全溶解。

例8 写出下列各步转化反应的标准平衡常数的数学表达式：

(1) $Ag^{+}+Cl^{-}=AgCl(s)$ $K_1^{\ominus}$

(2) $AgCl(s)+2NH_3=[Ag(NH_3)_2]^{+}+Cl^{-}$ $K_2^{\ominus}$

(3) $[Ag(NH_3)_2]^{+}+Br^{-}=AgBr(s)+2NH_3$ $K_3^{\ominus}$

(4) $AgBr(s)+2S_2O_3^{2-}=[Ag(S_2O_3)_2]^{3-}+Br^{-}$ $K_4^{\ominus}$

(5) $[Ag(S_2O_3)_2]^{3-}+I^{-}=AgI(s)+2S_2O_3^{2-}$ $K_5^{\ominus}$

(6) $AgI(s)+2CN^{-}=[Ag(CN)_2]^{-}+I^{-}$ $K_6^{\ominus}$

(7) $2[Ag(CN)_2]^{-}+S^{2-}=Ag_2S(s)+4CN^{-}$ $K_7^{\ominus}$

解 依题意：

(1) $$K_1^{\ominus}=\frac{1}{[c(Ag^{+})/c^{\ominus}]\cdot[c(Cl^{-})/c^{\ominus}]}=\frac{1}{K_{sp}^{\ominus}(AgCl)}$$

(2) $$K_2^{\ominus}=\frac{\{c[Ag(NH_3)_2]^{+}/c^{\ominus}\}\cdot[c(Cl^{-})/c^{\ominus}]}{[c(NH_3)/c^{\ominus}]^2}$$

$$=K_{sp}^{\ominus}(AgCl)\cdot K_f^{\ominus}[Ag(NH_3)_2]^{+}$$

(3) $$K_3^{\ominus}=\frac{[c(NH_3)/c^{\ominus}]^2}{\{c[Ag(NH_3)_2]^{+}/c^{\ominus}\}\cdot[c(Br^{-})/c^{\ominus}]}$$

$$=\frac{1}{K_f^{\ominus}[Ag(NH_3)_2]^{+}\cdot K_{sp}^{\ominus}(AgBr)}$$

(4) $$K_4^{\ominus}=\frac{\{c[Ag(S_2O_3)_2]^{3-}/c^{\ominus}\}\cdot[c(Br^{-})/c^{\ominus}]}{c(S_2O_3^{2-})/c^{\ominus}}$$

$$=K_{sp}^{\ominus}(AgBr)\cdot K_f^{\ominus}[Ag(S_2O_3)_2]^{3-}$$

(5) $$K_5^{\ominus}=\frac{[c(S_2O_3)^{2-}/c^{\ominus}]^2}{\{c[Ag(S_2O_3)_2]^{3-}/c^{\ominus}\}\cdot[c(I^{-})/c^{\ominus}]}$$

$$=\frac{1}{K_f^{\ominus}[Ag(S_2O_3)_2]^{3-}\cdot K_{sp}^{\ominus}(AgI)}$$

(6) $$K_6^{\ominus}=\frac{\{c[Ag(CN)_2]^{-}/c^{\ominus}\}\cdot[c(I^{-})/c^{\ominus}]}{[c(CN^{-})/c^{\ominus}]^2}$$

$$=K_{sp}^{\ominus}(AgI)\cdot K_f^{\ominus}[Ag(CN)_2]^{-}$$

(7) $$K_7^{\ominus}=\frac{[c(CN)^{-}/c^{\ominus}]^4}{\{c[Ag(CN)_2]^{-}/c^{\ominus}\}^2\cdot[c(S^{2-})/c^{\ominus}]}$$

$$=\frac{1}{\{K_f^{\ominus}[Ag(CN)_2]^{-}\}^2\cdot K_{sp}^{\ominus}(Ag_2S)}$$

例9 已知 $\varphi^{\ominus}(Fe^{3+}/Fe^{2+})=0.771\ V$，$\varphi^{\ominus}(I_2/I^{-})=0.535\ V$，判断在下列条

件下 Fe^{3+} 能否将 I^- 氧化成 I_2：

(1)在 298 K 标准条件下；

(2)向反应体系中加入 NaF，反应平衡时 $c(F^-)=1.0\ mol\cdot L^{-1}$，其他物质浓度处于标准态。{已知 $K_f^{\ominus}[FeF_6]^{3-}=1.0\times10^{16}$}

解　依题意：

(1)298 K 标态：$\varphi^{\ominus}(Fe^{3+}/Fe^{2+})>\varphi^{\ominus}(I_2/I^-)$，$Fe^{3+}$ 能将 I^- 氧化成 I_2，即

$$2Fe^{3+}+2I^-=2Fe^{2+}+I_2$$

(2)加入 NaF 发生下列反应：

$$Fe^{3+}+6F^-\rightleftharpoons[FeF_6]^{3-}$$

平衡时：$c(Fe^{3+})/c^{\ominus}=\dfrac{c[FeF_6]^{3-}/c^{\ominus}}{K_f^{\ominus}[FeF_6]^{3-}\cdot[c(F^-)/c^{\ominus}]^6}=\dfrac{1}{K_f^{\ominus}[FeF_6]^{3-}}$

此态下：
$$\begin{aligned}\varphi(Fe^{3+}/Fe^{2+})&=\varphi^{\ominus}(Fe^{3+}/Fe^{2+})+\frac{0.0591}{1}\lg\frac{c(Fe^{3+})/c^{\ominus}}{c(Fe^{2+})/c^{\ominus}}\\&=0.771+\frac{0.059}{1}\lg\frac{1/1.0\times10^{16}}{1}\\&=-0.173(V)\end{aligned}$$

$\varphi(Fe^{3+}/Fe^{2+})<\varphi^{\ominus}(I_2/I^-)$，故此态下 Fe^{3+} 不能氧化 I^-，而是

$$2Fe^{2+}+12F^-+I_2=2[FeF_6]^{3-}+2I^-$$

三、练习题

(一)选择题

1. 向 $CrCl_3\cdot6H_2O$ 溶液中加入 $AgNO_3$，经测定有 2/3 的氯被沉淀，据此可推知溶液中存在的配离子是(　　)。

A. $[Cr(H_2O)_4Cl_2]^+$　　B. $[Cr(H_2O)_5Cl]^{2+}$

C. $[Cr(H_2O)_6]^{3+}$　　D. $[Cr(H_2O)_3Cl_3]$

2. 下列说法正确的是(　　)。

A. 与中心离子直接键合的配位原子总数即是中心离子的配位数

B. 将 $[Fe(SCN)_6]^{3-}$ 溶液酸化，能使配离子稳定性增加

C. 向 M^{n+}/M 体系中加配合剂 L 形成配合物 ML_m，电对的 φ 值将变大

D. $H_2NCH_2CH_2CH_2NH_2$不可作螯合剂

3. $[Cu(en)_2]^{2+}$的稳定性比$[Cu(NH_3)_4]^{2+}$大得多,主要原因是前者(　　)。

A. 螯合效应使稳定性增大　　B. 配位体比后者大

C. 配位数比后者小　　D. en 的相对分子质量比 NH_3 大

4. 下列络合物中,每摩尔化合物中的离子摩尔数等于 5 的是(　　)。

A. $[Pt(NH_3)_3Cl_3]Cl$　　B. $[Pt(NH_3)_6]Cl_4$

C. $K[AuCl_4]$　　D. $[Co(NH_3)_4Cl_2]_3 \cdot [Fe(CN)_6]$

5. 命名为三氯・一氨合铂(Ⅱ)酸钾的配合物是(　　)。

A. $[Pt(NH_3)_2Cl_2]$　　B. $K_2[PtCl_3(NH_3)]$

C. $[PtCl_2(NH_3)_4]Cl_2$　　D. $[Pt(NH_3)_2(H_2O)_2Cl_2]$

6. 关于中心离子的配位数的正确说法是(　　)。

A. 单基配位体的个数不一定是配位数

B. 多齿配体提供的配位原子总数就是配位数

C. 与中心离子直接配合的配位体总数就是配位数

D. 配位体半径越大,配位数越大

7. 对$[Cr(NH_3)_4Cl_2]Cl$化学式下列叙述正确的是(　　)。

A. 该配合物名称是三氯四氨合铬(Ⅲ)

B. Cr(Ⅲ)与配体 NH_3 以配位键结合,与配体 Cl^- 以离子键结合

C. 配离子的电荷数为 6

D. 在含 1 mol 该配合物溶液中加入足量的 $AgNO_3$,可得到 1 mol AgCl 沉淀

8. 名叫氯化二氯・一水・三氨合钴(Ⅲ)的配合物,配体及配位数分别为(　　)。

A. Cl_2、H_2O、NH_3 和 6　　B. Cl^-、OH^-、NH_4^+ 和 7

C. Cl、O、N 和 6　　D. Cl^-、H_2O、NH_3 和 6

9. 下列化合物中可作螯合剂的是(　　)。

A. NH_2OH　　B. $(CH_3)_2NNH_2$

C. $H_2NCH_2CH_2NH_2$　　D. $CH_3CH_2CH_2CH_2NH_2$

10. 标态下,下列溶液中 Fe^{3+} 氧化能力最弱的是(　　)。

A. Fe^{3+}　　B. $[FeF_6]^{3-}$ ($K_f^{\ominus}=1.6\times10^{16}$)

C. $[Fe(SCN)_6]^{3-}$ ($K_f^{\ominus}=1.2\times10^{25}$)　　D. $[Fe(CN)_6]^{3-}$ ($K_f^{\ominus}=1.0\times10^{42}$)

11. 在配合离子$[Ag(NH_3)_2]^+$溶液中,过量氨水浓度为 0.1 $mol \cdot L^{-1}$,溶液中$[Ag(NH_3)_2{}^+]/[Ag^+]$等于(　　)。(已知:$K_f^{\ominus}=1.7\times10^7$)

A. 1.7×10^{-7}　　B. 1.7×10^{7}

C. 1.7×10^{-5}　　D. 1.7×10^{5}

12. 欲使$[Cu(NH_3)_4]SO_4$溶液中自由Cu^{2+}的浓度增加，应加入的试剂是(　　)。

A. Na_2SO_4　　B. $NH_3\cdot H_2O$

C. 稀 H_2SO_4　　D. $Cu(OH)_2$

13. 将 0.10 $mol\cdot L^{-1}$ $[Cu(NH_3)_4]SO_4$晶体分别溶于①1 000 mL 1.0 $mol\cdot L^{-1}$氨水，②1 000 mL 水中，以下说法正确的是(　　)。{已知：$K_f^{\ominus}[Cu(NH_3)_4]^{2+}=4.8\times10^{12}$，$K_{sp}^{\ominus}(Cu(OH)_2)=2.2\times10^{-22}$，$K_b^{\ominus}(NH_3\cdot H_2O)=1.8\times10^{-5}$}

A. ①溶液中自由Cu^{2+}浓度<②溶液中自由Cu^{2+}浓度

B. ①溶液中$[Cu(NH_3)_4]^{2+}$浓度<②溶液中$[Cu(NH_3)_4]^{2+}$浓度

C. ①②溶液都是$Cu(OH)_2$饱和溶液

D. ①②溶液都有$Cu(OH)_2$沉淀

14. 已知$[Ag(CN)_2]^-$的$K_f^{\ominus}=1.0\times10^{21}$，AgI 的$K_{sp}^{\ominus}=1.6\times10^{-16}$，问 1 L 0.01 $mol\cdot L^{-1}$ KCN 溶液能溶解 AgI 的摩尔数是(　　)。

A. 3.0×10^{-3}　　B. 2.0×10^{-4}

C. 1.0×10^{-2}　　D. 5.0×10^{-3}

15. 给定条件下，可以共存于溶液中的一组是(　　)。

A. $FeCl_3$和 NaF　　B. $[Ag(NH_3)_2]^+$和 NaCN

C. $CuSO_4$和$[Cu(NH_3)_4]^{2+}$　　D. $HgCl_2$和 KI

16. 向红色的$[Fe(SCN)_6]^{3-}$溶液中加入试剂将使溶液的红色变浅至消失的是(　　)。

A. NaCN　　B. KSCN

C. $FeCl_3$　　D. NaCl

17. 加入下列试剂，能使$[Fe(SCN)_6]^{3-}$血红色溶液迅速变色的是(　　)。

A. 强酸　　B. 强碱

C. $SnCl_2$　　D. KI 溶液

18. 若将 0.10 mol $[Cu(NH_3)_4]SO_4$晶体溶于 1.0 L 0.10 $mol\cdot L^{-1}$氨水中，则所得溶液中自由的Cu^{2+}浓度为(　　)$mol\cdot L^{-1}$。(已知：$K_f^{\ominus}=4.8\times10^{12}$)

A. 0.10　　B. 2.1×10^{-9}

C. 2.1×10^{-13}　　D. 2.1×10^{-10}

19. 在相同条件下，下列溶液体系中金属离子浓度最大的是(　　)。

A. $[HgI_4]^{2-}$($K_f^{\ominus}\approx10^{29}$)　　B. $[HgBr_4]^{2-}$($K_f^{\ominus}\approx10^{21}$)

C. $[PbI_4]^{2-}$($K_f^{\ominus}\approx10^{5}$)　　D. $[HgCl_4]^{2-}$($K_f^{\ominus}\approx10^{15}$)

20. $[Ag(NH_3)_2]^+$、$[Ag(SCN)_2]^-$、$[Ag(S_2O_3)_2]^{3-}$、$[Ag(CN)_2]^-$的 $\lg K_f^{\ominus}$ 分别是：7.03、7.57、13.46、21.10，下列电极标准电极电势值最大的是(　　)。

A. $[Ag(NH_3)_2]^+/Ag$　　B. $[Ag(NH_3)_2]^+/Ag$

C. $[Ag(S_2O_3)_2]^{3-}/Ag$　　D. $[Ag(CN)_2]^-/Ag$

(二)填空题

21. 配合物$[CoClNO_2(H_2O)_2(NH_3)_2]_2 \cdot SO_4$的名称是________，内界是________，外界是________，配位体是________，配位原子是________，配位数是________，配离子电荷数是________，中心离子的氧化数是________。

22. 配合物$[PtClNH_3(en)_2]Cl_3$的名称为________，中心离子的配位数为________。配离子$[PtCl_3(C_2H_4)]^-$的中心离子的氧化值是________。

23. 将 AgCl 溶于氨水，溶解反应为________，该反应的平衡常数为________。(已知：$K_{sp}^{\ominus}=1.8\times10^{-10}$，$K_f^{\ominus}=1.7\times10^7$)。

24. 血红素是金属离子________与卟啉环的螯合物；由于形成螯环而使螯合物具有特殊稳定性的作用称为________。

25. 配合物内界中，与中心离子直接键合的配位原子的总数称为________，作为配位原子应具有________。

26. 向 $HgCl_2$溶液加少量 KI 溶液，产生橘红色沉淀，再加入过量 KI，则沉淀消失，得无色溶液，上述反应的离子反应式是________。

27. 向 $AgNO_3$ 和 $NH_3 \cdot H_2O$ 混合溶液中滴加少量 KI 溶液，反应现象是________，离子反应式是________。

28. Fe^{3+} 和 Fe^{2+} 都能与 KCN 反应生成配合物，且 $K_f^{\ominus}[Fe(CN)_6]^{3-} > K_f^{\ominus}[Fe(CN)_6]^{4-}$，故 $\varphi(Fe^{3+}/Fe^{2+})$ 比 $\varphi^{\ominus}(Fe^{3+}/Fe^{2+})$________，$Fe^{3+}$ 的氧化能力________。

(三)计算题

29. (1)将 0.20 $mol \cdot L^{-1}$ $AgNO_3$溶液与 10.4 $mol \cdot L^{-1}$ $NH_3 \cdot H_2O$ 溶液等体积混合，求算混合溶液中 Ag^+ 和 NH_3的浓度。

(2)向上述溶液中加入 KBr 至 $c(Br^-)=0.01\ mol \cdot L^{-1}$，问有没有 AgBr 沉淀产生？{已知：$K_f^{\ominus}[Ag(NH_3)_2]^+=1.0\times10^7$，$K_{sp}^{\ominus}(AgBr)=5.0\times10^{-13}$}

30. 将 0.20 $mol \cdot L^{-1}$ $[Cu(NH_3)_4]^{2+}$ 溶液与 0.20 $mol \cdot L^{-1}$ 氨水等体积混合后，是否有 $Cu(OH)_2$ 沉淀生成？{已知：$K_f^{\ominus}[Cu(NH_3)_4]^{2+}=4.8\times10^{12}$，$K_b^{\ominus}(NH_3 \cdot H_2O)=1.8\times10^{-5}$，$K_{sp}^{\ominus}(Cu(OH)_2)=2.2\times10^{-22}$}

31. 将 0.02 mol·L^{-1} $CuSO_4$溶液与 2.08 mol·L^{-1} $NH_3·H_2O$ 溶液等体积混合，求：

(1)溶液中 $c(Cu^{2+})$是多少？

(2)该溶液与 Cu 构成电对 Cu^{2+}/Cu 体系，则 $\varphi(Cu^{2+}/Cu)$等于多少？{已知：$K_f^{\ominus}[Cu(NH_3)_4]^{2+}=4.8\times10^{12}$，$\varphi^{\ominus}(Cu^{2+}/Cu)=0.377$ V}

32. 将 0.20 mol·L^{-1} $[Cu(NH_3)_4]^{2+}$ 溶液与含 2 mol·L^{-1} $NH_3·H_2O$ 和 2 mol·L^{-1} NH_4Cl 的混合液等体积混合后，是否有 $Cu(OH)_2$沉淀生成？{已知：$K_f^{\ominus}[Cu(NH_3)_4]^{2+}=4.8\times10^{12}$，$K_b^{\ominus}(NH_3·H_2O)=1.8\times10^{-5}$，$K_{sp}^{\ominus}(Cu(OH)_2)=2.2\times10^{-22}$}

33. 已知 $\varphi^{\ominus}(Zn^{2+}/Zn)=-0.763$ V，$K_f[Zn(CN)_4]^{2-}=1.0\times10^{16}$，求算：$[Zn(CN)_4]^{2-}+2e=Zn+4CN^-$ 的 $\varphi^{\ominus}([Zn(CN)_4]^{2-}/Zn)$的值。

34. 向$[FeF_6]^{3-}$溶液中加入适量的 OH^-，解答：

(1)写出加 OH^- 反应平衡态时主要的平衡过程；

(2)求算加 OH^- 反应的标准平衡常数；

(3)当 $c[FeF_6]^{3-}=0.10$ mol·L^{-1}，$c(OH^-)=0.60$ mol·L^{-1}时，计算说明$[FeF_6]^{3-}$被破坏的程度。{已知：$K_f^{\ominus}[FeF_6]^{3-}=1.4\times10^{16}$，$K_{sp}^{\ominus}(Fe(OH)_3)=1.1\times10^{-36}$}

35. 已知：$\varphi^{\ominus}(Co^{3+}/Co^{2+})=1.84$ V，$K_f^{\ominus}[Co(NH_3)_6]^{3+}=2\times10^{35}$，$K_f^{\ominus}[Co(NH_3)_6]^{2+}=1.3\times10^5$，求 $\varphi^{\ominus}([Co(NH_3)_6]^{3+}/[Co(NH_3)_6]^{2+})=$？

36. 常温下向电对 Fe^{3+}/Fe^{2+} 溶液中加入 NaF，求 $\varphi^{\ominus}([FeF_6]^{3-}/Fe^{2+})=$？{已知：忽略 F^- 与 Fe^{2+} 作用，$[Fe^{2+}]=1$ mol·L^{-1}、$K_f^{\ominus}[FeF_6]^{3-}=1.4\times10^{16}$，$\varphi^{\ominus}(Fe^{3+}/Fe^{2+})=0.771$ V}

37. 给定 $AgNO_3$溶液，经下列各步试验操作，推求各步主要产物(A→K)，并写出相关的反应方程式。

(1)向所给溶液滴加无色溶液 A，产生白色沉淀 B，B 不溶于酸。

(2)滴加过量的 $NH_3·H_2O$，B 消失，得到无色溶液 C，将 C 酸化，又复原 B。

(3)向 C 滴无色溶液 D，产生浅黄色 E。

(4)向 E 加入无色溶液 F，E 溶解，产生无色溶液 G；无色溶液 F 经酸化，产生沉淀并放出气体。

(5)向无色溶液 G 滴加 H 溶液，产生黄色沉淀 I，I 不溶于 $NH_3·H_2O$。

(6)I 可溶于低浓度的 KCN 溶液，得到无色溶液 J。

(7)J 与 Na_2S 溶液混合，即有黑色沉淀 K。

参考答案

(一)选择题

1. B　2. A　3. A　4. B　5. B　6. B　7. D　8. D　9. C
10. D　11. D　12. C　13. A　14. D　15. C　16. A　17. A　18. D
19. C　20. A

(二)填空题

21. 硫酸一氯·一硝基·二氨·二水合钴(Ⅲ);$[CoClNO_2(H_2O)_2(NH_3)_2]^-$;$SO_4^{2-}$;Cl、$NO_2^-$、$H_2O$和$NH_3$;Cl、N和O;6;+2;+3

22. 三氯化·一氯一氨二(乙二胺)合铂(Ⅳ);6;+4

23. $AgCl+2NH_3\cdot H_2O = [Ag(NH_3)_2]Cl+2H_2O$;$3.06\times10^{-3}$

24. Fe^{2+};螯合效应

25. 配位数;孤对电子

26. $Hg^{2+}+2I^- = HgI_2\downarrow_{(橘红)}$;$HgI_2+2I^- = [HgI_4]^{2-}_{(无色)}$

27. 黄色沉淀;$Ag^+ + I^- = AgI\downarrow$

28. 小;降低

(三)计算题

29. **解**　依题意有:

(1)反应	Ag^+ +	$2NH_3\cdot H_2O$ =	$2H_2O$+	$[Ag(NH_3)_2]^+$
初始	0.10	5.20		0.00
平衡时	x	$5.20-2(0.10-x)$		$0.10-x$

因为$[NH_3\cdot H_2O]$过量很大,所以$0.10-x\approx0.10$,$5.20-2(0.10-x)\approx5.00$

$$K_f^{\ominus}=\frac{c[Ag(NH_3)_2^+]/c^{\ominus}}{[c(Ag^+)/c^{\ominus}]\cdot[c(NH_3\cdot H_2O)/c^{\ominus}]^2}$$

$$=\frac{0.10}{[c(Ag^+)/c^{\ominus}]\times(5.00)^2}=1.0\times10^7$$

$$c(Ag^+)/c^{\ominus}=4.0\times10^{-10}(mol\cdot L^{-1})$$

$$c(NH_3\cdot H_2O)/c^{\ominus}=5.0+2x\approx5.0(mol\cdot L^{-1})$$

$$c[Ag(NH_3)_2]^+/c^\ominus=0.1-x\approx0.10(mol\cdot L^{-1})$$

(2)当 $c(Br^-)=0.01\ mol\cdot L^{-1}$时：

$$Q_c(AgBr)=[c(Ag^+)/c^\ominus]\cdot[c(Br^-)/c^\ominus]=4.0\times10^{-10}\times0.01$$
$$=4.0\times10^{-12}>K_{sp}^\ominus(AgBr)$$

所以有 AgBr↓生成。

30. **解** 依题意，等体积混合后氨水过量，故 $c[Cu(NH_3)_4]^{2+}=0.10\ mol\cdot L^{-1}$，$c(NH_3\cdot H_2O)=0.10\ mol\cdot L^{-1}$

$$K_f^\ominus=\frac{c[Cu(NH_3)_4]^{2+}/c^\ominus}{[c(Cu^{2+})/c^\ominus]\cdot[c(NH_3)/c^\ominus]^4}=\frac{0.10}{[c(Cu^{2+})/c^\ominus]\cdot(0.10)^4}$$
$$=4.8\times10^{12}$$

$$c(Cu^{2+})/c^\ominus=\frac{0.10}{(0.10)^4\times4.8\times10^{12}}=2.1\times10^{-10}(mol\cdot L^{-1})$$

据最简式计算：

$$c(OH^-)/c^\ominus=\sqrt{K_b^\ominus(NH_3)\cdot c_b(NH_3)/c^\ominus}=\sqrt{1.8\times10^{-5}\times0.10}$$
$$Q_c(Cu(OH)_2)=[c(Cu^{2+})/c^\ominus]\cdot[c(OH^-)]^2$$
$$=2.1\times10^{-10}\times1.8\times10^{-5}\times0.10$$
$$=3.8\times10^{-16}$$

因 $Q_c>K_{sp}^\ominus=2.2\times10^{-22}$，故有 $Cu(OH)_2$ 沉淀产生。

31. **解** 依题意有：

(1)等体积混合

	Cu^{2+}	$+4NH_3\cdot H_2O=4H_2O+$	$[Cu(NH_3)_4]^{2+}$
初始时	0.01	1.04	0
平衡时	x	$1.04-4\times(0.01-x)$	$0.01-x$

因为 $K_f^\ominus$ 很大，且氨水过量，故 $0.01-x\approx0.01$，$1.04-4\times(0.01-x)\approx1.0$

$$K_f^\ominus=\frac{\{c[Cu(NH_3)_4^{2+}]/c^\ominus\}}{[c(Cu^{2+})/c^\ominus]\cdot[c(NH_3\cdot H_2O)/c^\ominus]^4}$$
$$=\frac{0.01}{[c(Cu^{2+})/c^\ominus]\times(1.0)^4}=4.8\times10^{12}$$

$$c(Cu^{2+})/c^\ominus=x=\frac{0.01}{4.8\times10^{12}\times(1.0)^4}=2.1\times10^{-15}(mol\cdot L^{-1})$$

(2)当该溶液与 Cu 构成电对 Cu^{2+}/Cu 体系，则 $\varphi(Cu^{2+}/Cu)$等于：

$$\varphi(Cu^{2+}/Cu)=\varphi^{\ominus}(Cu^{2+}/Cu)+\frac{0.059}{2}\lg[c(Cu^{2+})/c^{\ominus}]$$

$$=0.377+\frac{0.059}{2}\lg(2.1\times10^{-15})$$

$$=0.377-0.434=-0.0574\ (V)$$

32. **解** 依题意,等体积混合后有:

	Cu^{2+}	$+4NH_3=$	$Cu[(NH_3)_4]^{2+}$
初始时	0	1.0	0.10
平衡时	x	$1+4x$	$0.10-x$

$$1+4x\approx1.0(mol\cdot L^{-1}),0.1-x\approx0.1(mol\cdot L^{-1})$$

$$c(Cu^{2+})/c^{\ominus}=\frac{c[Cu(NH_3)_4]^{2+}/c^{\ominus}}{K_f^{\ominus}[Cu(NH_3)_4]^{2+}\cdot[c(NH_3)/c^{\ominus}]^4}$$

$$=\frac{0.1}{4.8\times10^{12}\times(1.0)^4}=2.1\times10^{-14}(mol\cdot L^{-1})$$

体系是 $NH_3\cdot H_2O\sim NH_4^+$ 缓冲液,可用碱型公式计算,即

$$c(OH^-)/c^{\ominus}=K_b^{\ominus}\cdot\frac{c(NH_3)/c^{\ominus}}{c(NH_4^+)/c^{\ominus}}=1.8\times10^{-5}(mol\cdot L^{-1})$$

$$Q_c(Cu(OH)_2)=2.1\times10^{-14}\times[1.8\times10^{-5}]^2=6.8\times10^{-24}$$

$Q_c<K_{sp}^{\ominus}=2.2\times10^{-22}$,所以没有 $Cu(OH)_2$ 沉淀产生。

33. **解** 依题意,所给体系处于标准态,则

$$\varphi^{\ominus}([Zn(CN)_4]^{2-}/Zn)=\varphi^{\ominus}(Zn^{2+}/Zn)+\frac{0.059}{2}\lg\frac{1}{K_f^{\ominus}[Zn(CN)_4]^{2-}}$$

$$=-0.763+\frac{0.059}{2}\lg\frac{1}{1.0\times10^{16}}$$

$$=-0.763-16\times\frac{0.0591}{2}=-1.24(V)$$

34. **解** 依题意有:

(1) $[FeF_6]^{3-}+3OH^-\rightleftharpoons Fe(OH)_3\downarrow+6F^-$

(2) $$K_j^{\ominus}=\frac{[c(F^-)/c^{\ominus}]^6}{[c(OH^-)/c^{\ominus}]^3\cdot\{c[FeF_6]^{3-}/c^{\ominus}\}}=\frac{1}{K_f^{\ominus}[FeF_6]^{3-}\cdot K_{sp}^{\ominus}(Fe(OH)_3)}$$

$$=\frac{1}{1.4\times10^{16}\times1.1\times10^{-36}}=6.49\times10^{19}$$

(3)设加 OH^- 后 $[FeF_3]^{3-}$ 的平衡浓度为 x，则有：

$$[FeF_6]^{3-} + 3OH^- \rightleftharpoons Fe(OH)_3 \downarrow + 6F^-$$

初始	0.10	0.60	
平衡时	x	$0.60-3(0.10-x)$	$6\times(0.10-x)$

因为 $K_j^{\ominus}$ 很大，所以 $c(OH^-)\approx 0.30$，$c(F^-)\approx 0.60$

$$K_j^{\ominus}=\frac{[c(F^-)/c^{\ominus}]^6}{[c(OH^-)/c^{\ominus}]^3\cdot\{c[FeF_6]^{3-}/c^{\ominus}\}}=\frac{(0.60)^6}{(0.30)^3\times x}=6.49\times10^{19}$$

$$c[FeF_6]^{3-}/c^{\ominus}=x=\frac{(0.60)^6}{(0.30)^3\times6.49\times10^{19}}=2.6\times10^{-20}(mol\cdot L^{-1})$$

由计算可知，加 OH^- 后，$[FeF_3]^{3-}$ 已经完全被破坏。

35.**解** 依题意，所给体系处于标准态，平衡时有：

$$c(Co^{3+})/c^{\ominus}=\frac{c[Co(NH_3)_6]^{3+}/c^{\ominus}}{K_f^{\ominus}[Co(NH_3)_6]^{3+}\cdot[c(NH_3)/c^{\ominus}]^6}=\frac{1}{K_f^{\ominus}[Co(NH_3)_6]^{3+}}$$

$$c(Co^{2+})/c^{\ominus}=\frac{c[Co(NH_3)_6^{2+}]/c^{\ominus}}{K_f^{\ominus}[Co(NH_3)_6]^{2+}\cdot[c(NH_3)/c^{\ominus}]^6}=\frac{1}{K_f^{\ominus}[Co(NH_3)_6]^{2+}}$$

$$\varphi^{\ominus}([Co(NH_3)_6]^{3+}/[Co(NH_3)_6]^{2+})$$

$$=\varphi^{\ominus}(Co^{3+}/Co^{2+})+\frac{0.059}{1}\lg\frac{K_f^{\ominus}[Co(NH_3)_6]^{2+}}{K_f^{\ominus}[Co(NH_3)_6]^{3+}}$$

$$=1.84+\frac{0.059}{1}\lg\frac{1.3\times10^5}{2\times10^{35}}=0.059(V)$$

36.**解** 依题意，所给体系处于标准态，平衡时有：

$$Fe^{3+}+6F^-=[FeF_6]^{3-}$$

$$c(Fe^{3+})/c^{\ominus}=\frac{\{c[FeF_6]^{3-}/c^{\ominus}\}}{K_f^{\ominus}\cdot[c(F)/c^{\ominus}]^6}=\frac{1}{K_f^{\ominus}[FeF_6]^{3-}}$$

$$\varphi^{\ominus}([FeF_6]^{3-}/Fe^{2+})=\varphi(Fe^{3+}/Fe^{2+})$$

$$=\varphi^{\ominus}(Fe^{3+}/Fe^{2+})+0.0591\lg\frac{[c(Fe^{3+})/c^{\ominus}]}{[c(Fe^{2+})/c^{\ominus}]}$$

$$=0.771+0.0591\lg\frac{1}{K_f^{\ominus}[FeF_6]^{3-}}$$

$$=0.771+0.0591\lg\frac{1}{1.4\times10^{16}}=-0.183(V)$$

37.**解** 依题意：

(1)B 为 AgCl

$$AgNO_3+NaCl=AgCl\downarrow_{(白)}+NaNO_3$$

$$AgCl+HNO_3=不溶$$

(2)C 为$[Ag(NH_3)_2]Cl$

$$AgCl+2NH_3=[Ag(NH_3)_2]Cl_{(无色)}$$

$$[Ag(NH_3)_2]Cl+2H^+=AgCl\downarrow_{(白色)}+2NH_4^+$$

(3)D 为 KBr,E 为 AgBr

$$[Ag(NH_3)_2]Cl+KBr=AgBr\downarrow_{(浅黄)}+2NH_3+KCl$$

(4)F 为 $Na_2S_2O_3$,G 为$[Ag(S_2O_3)_2]^{3-}$

$$AgBr+2S_2O_3^{2-}=Br^-+[Ag(S_2O_3)_2]^{3-}_{无色}$$

$$[Ag(S_2O_3)_2]^{3-}+4H^+=Ag^++2SO_2\uparrow+2S+2H_2O$$

(5)H 为 KI,I 为 AgI

$$[Ag(S_2O_3)_2]^{3-}+I^-=AgI\downarrow_{(黄色)}+2S_2O_3^{2-}$$

$$AgI+NH_3=不溶$$

(6)J 为$[Ag(CN)_2]^-$

$$AgI+2CN^-=[Ag(CN)_2]^-_{(无色)}$$

(7)K 为 Ag_2S

$$2[Ag(CN)_2]^-+S^{2-}=Ag_2S\downarrow_{(黑色)}+2CN^-$$

第十章　胶　　体

一、基本概念

(一)溶胶体系特征的基本概念

(1)溶胶是由 1～100 nm 物质粒子高度分散在介质中构成的多相体系。

(2)溶胶体系拥有巨大的比表面(表面积)和表面自由能，表现出强烈的吸附作用，属于热力学不稳定体系。

(3)溶胶体系的分子吸附遵守“相似相吸”规则。

(4)溶胶体系的离子选择吸附遵守“优先吸附与溶胶自身组成相关的离子”。

(5)溶胶体系的离子交换吸附遵守“交换离子同号，等价量进行，离子价数高，离子水化半径小”优先交换规则。

(6)溶胶体系具有强烈的布朗运动，属于动力学稳定体系。

(7)丁铎尔效应是区别胶体体系的特征现象。

(8)溶胶体系赖以稳定的因素是胶粒同电性相斥和胶粒水化膜屏蔽作用，胶粒同电性相斥作用是溶胶稳定的主要因素。

(9)电解质使溶胶聚沉的作用原理是中和电性；破坏水化膜；离子价数越高，水化半径越小，聚沉能力越大，聚沉值越小。

(10)溶胶胶团结构表达通式：

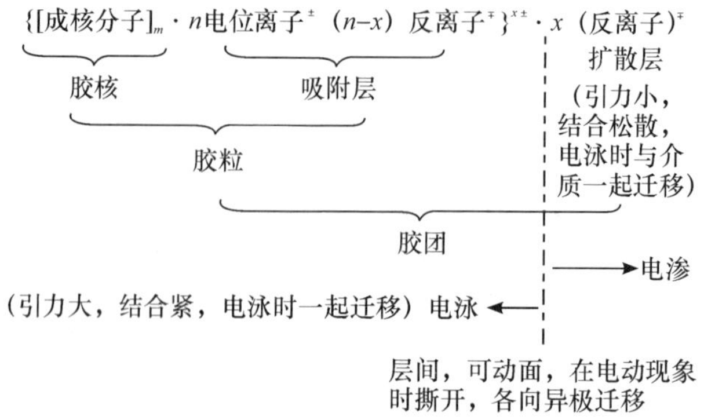

二、基本题型

(一)推求胶团结构

例 1　将 0.010 mol · L^{-1}的 $AgNO_3$溶液与 0.001 0 mol · L^{-1}KI 溶液等体积混合制备 AgI 溶胶，写出胶团结构。

解　依题意，两溶液混合，$AgNO_3$过量，Ag^+为电位离子，NO_3^-为反离子，故胶团结构式为：　　$\{[AgI]_m \cdot nAg^+ \cdot (n-x)NO_3^-\}^{x+} \cdot xNO_3^-$

例 2　用 NaCl、$MgCl_2$和 $AlCl_3$对 Sb_2S_3溶胶(以 H_2S 气体通入 SbO_3^{3-} 溶液制备)进行沉淀，测得聚沉值(mmol · L^{-1})为 NaCl：51.0；$MgCl_2$：0.72；$AlCl_3$：0.093。推求 Sb_2S_3的胶团结构。

解　依题意，三种电解质的阳离子价数 $Al^{3+}>Mg^{2+}>Na^+$，聚沉值 $AlCl_3<MgCl_2<NaCl$，由此可推知：

①阳离子对 Sb_2S_3溶胶起聚沉作用；

②Sb_2S_3溶胶属于负溶胶；

③制备 Sb_2S_3时 H_2S 过量；

④Sb_2S_3胶团中的电位离子是 HS^-，反离子是 H^+。

胶团结构为：　　$\{[Sb_2S_3]_m \cdot nHS^{x-} \cdot (n-x)H^+\}^{x-} \cdot xH^+$

(二)推断电解质对溶胶的聚沉作用

例 3　将稀的 $AgNO_3$ 溶液滴加到稀的 KBr 溶液中制备 AgBr 溶胶，再以 NaCl、$MgSO_4$、$AlCl_3$、$K_3[Fe(CN)_6]$等电解质对溶胶进行聚沉试验，请判断：在

$AgNO_3$过量前后，聚沉值最小的电解质是何物？

解 依题意：

①$AgNO_3$过量前，所得溶胶是负溶胶：

$$\{[AgBr]_m \cdot nBr^- \cdot (n-x)K^+\}^{x-} \cdot xK^+$$

阳离子对负溶胶产生主要的聚沉作用，且价数越高，聚沉值越小，故$AlCl_3$的聚沉值最小。

②$AgNO_3$过量后，所得溶胶是正溶胶：

$$\{[AgBr]_m \cdot nAg^+ \cdot (n-x)NO_3^-\}^{x+} \cdot xNO_3^-$$

阴离子对正溶胶产生主要的聚沉作用，且价数越高，聚沉值越小，故$K_3[Fe(CN)_6]$的聚沉值最小。

三、练习题

(一)选择题

1. 下列对溶胶的叙述不正确的是(　　)。

A. 溶胶粒子大小在 1～100 nm 之间

B. 强烈的布朗运动，溶胶是动力学稳定体系

C. 溶胶有巨大表面能，是热力学不稳定体系

D. 强烈的水化膜屏蔽作用，是溶胶稳定的主要因素

2. 向 $Br_2 \sim H_2O$ 体系加入活性炭，优先被吸附的是(　　)。

A. H_2O　　B. Br_2

C. $Br_2 + H_2O$　　D. I_2

3. 在离子交换吸附中，交换能力最强的是(　　)。

A. Be^{2+}　　B. Na^+

C. Li^+　　D. Ca^{2+}

4. As_2S_3溶胶的反应为：$2H_3AsO_3 + 3H_2S$(过量)$= As_2S_3$(溶胶)$+ 6H_2O$，则As_2S_3胶核优先吸附溶液中的(　　)。

A. H_2S　　B. HS^-

C. S^{2-}　　D. H_2O

5. 给定 AgI 溶胶体系，经测定聚沉值($mmol \cdot L^{-1}$)：NaCl，51.0；$MgCl_2$，

0.717；$AlCl_3$，0.093，由此推知该 AgI 溶胶的胶团结构是（　　）。

A. $\{[AgI]_m \cdot nI^- \cdot (n-x)Ag^+\}^{x-} \cdot xAg^+$

B. $\{[AgI]_m \cdot nAg^+ \cdot (n-x)NO_3^-\}^{x+} \cdot xNO_3^-$

C. $\{[AgBr]_m \cdot nI^- \cdot (n-x)K^+\}^{x-} \cdot nK^+$

D. $\{[AgI]_m \cdot nI^- \cdot (n-x)K^+\}^{x-} \cdot xK^+$

6. 用 25 mL 0.001 mol·L^{-1}的 $AgNO_3$溶液和 15 mL 0.002 mol·L^{-1}的 KI 溶液制得 AgI 溶胶，其聚沉值最小的电解质是（　　）。

A. $Al_2(SO_4)_3$　　B. Na_2SO_4

C. KCl　　D. K_3PO_4

7. 往 Sb_2S_3胶体溶液中分别加入等浓度下列物质溶液，使该溶胶凝结最快的是（　　）。

A. $NaNO_3$　　B. $Mg(NO_3)_2$

C. $Al(NO_3)_3$　　D. NH_4NO_3

8. 将未知用量的 $AgNO_3$溶液和 KI 溶液混合制的溶胶进行电渗实验，结果正极一端液面上升，由此可推测：制胶过程中（　　）。

A. KI 过量　　B. 溶液中溶剂过量

C. $AgNO_3$和 KI 等量　　D. $AgNO_3$过量

9. 将花生油与水混合，用油酸镁作乳化剂，充分振荡之后（　　）。

A. 不能形成乳浊液

B. 形成 O/W 型乳浊液

C. 形成 W/O 型乳浊液

D. 同时形成 O/W 型乳浊液和 W/O 型乳浊液

10. $Fe(OH)_3$溶胶在电场作用下，向负极移动的是（　　）。

A. 胶核　　B. 胶粒

C. 胶团　　D. 反离子

11. 通常，胶体粒子的直径为（　　），故能产生丁铎尔效应。

A. $<10^{-7}$ cm　　B. $10^{-7} \sim 10^{-5}$ cm

C. $>10^{-5}$ cm　　D. 1～100 cm

12. 下图表示的乳浊液，能稳定存在的是（　　）。

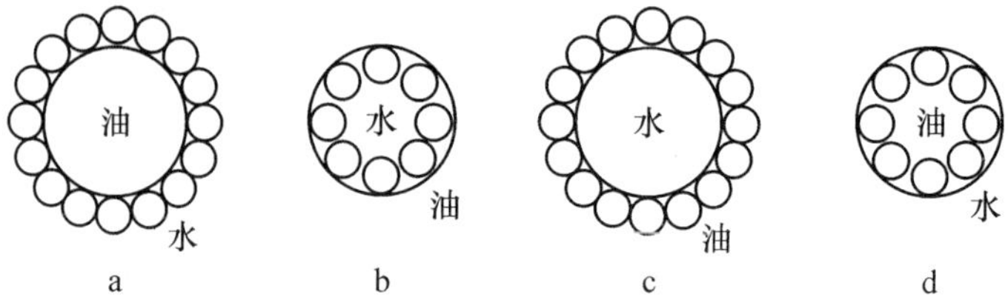

A. a 和 b　　B. b 和 d　　C. c 和 d　　D. a 和 c

(二)填空题

13. Li^+、K^+、Ca^{2+}、Al^{3+} 在进行离子交换时,交换能力由大→小的排序为:________________。

14. 将 0.01 mol·L^{-1} 的 $AgNO_3$ 溶液 50 mL 与 0.01 mol·L^{-1} 的 KI 溶液 40 mL 混合制备溶胶,该溶胶的胶团结构为________________。

15. 溶胶体系具有巨大的________________,属于________________体系和________________体系,与高分子溶液相比,两体系的相同和不同点是________________________________。

16. 在溶液胶聚沉过程中,Ca^{2+}、Al^{3+}、Mg^{2+}、K^+、Na^+ 的聚沉能力由强到弱排列顺序为________________。

17. 溶胶稳定的因素是________________。

18. 溶胶的电动电位是指________________。

19. 某空气中含有水蒸气和 Cl_2,利用活性炭优先吸附________________,利用硅胶优先吸附________________。

20. 溶胶粒子产生布朗运动的主要原因是________________。

21. 用 20 mL 0.001 mol·L^{-1} 的 KI 溶液与 10 mL 0.001 mol·L^{-1} 的 $AgNO_3$ 溶液混合制备 AgI 溶胶体系,电位离子是________________。

22. 将 0.01 mol·L^{-1} 的 $AgNO_3$ 溶液 80 mL 与 0.06 mol·L^{-1} 的 KBr 溶液 10 mL 混合制备 AgBr 溶胶,所得胶团结构为________________,该溶胶进行电泳试验时,胶粒向________________极移动。

23. 电解质使溶胶聚沉的作用原理是________________。

24. 用 0.004 mol·L^{-1} 的 $AgNO_3$ 溶液与 0.005 mol·L^{-1} 的 KI 溶液等体积混合制备 AgI 溶胶,胶粒在电场中向________________极移动,$NaNO_3$,$CaCl_2$,$AlCl_3$ 三种盐对溶胶的聚沉能力大小的顺序为________________。

参考答案

(一)选择题

1. D　2. B　3. D　4. B　5. D　6. A　7. C　8. D　9. C

10.B　11.B　12.D

(二)填空题

13. $Al^{3+}-Ca^{2+}-K^{+}-Li^{+}$

14. $\{[AgI]_m \cdot nAg^+ \cdot (n-x)NO_3^-\}^{x+} \cdot xNO_3^-$

15.比表面和表面自由能；动力学稳定；热力学不稳定；相同点是其分散质粒子都在 $10^{-5}\sim10^{-7}$ cm，不同点是高分子溶液是单相(均一)无物理界面的体系，溶胶是有物理界面的多相体系

16. Al^{3+}、Ca^{2+}、Mg^{2+}、K^+、Na^+

17.胶粒带同种电荷和溶胶水化膜的屏蔽作用

18.溶胶的吸附层与扩散层之间的电势差

19. Cl_2；水蒸气($H_2O(g)$)

20.溶剂分子不断撞击胶粒，合力不为零

21. I^-

22. $\{[AgBr]_m \cdot nAg^+ \cdot (n-x)NO_3^-\}^{x+} \cdot xNO_3^-$；负

23.中和电位离子的电性，破坏胶粒的水化膜

24.正；$AlCl_3>CaCl_2>NaNO_3$

第十一章　原子结构

一、基本概念

(1)核外电子是一种微观粒子,微观粒子的运动特征是能量等物理量量子化,具有波粒二象性,服从测不准原理,呈现几率分布的规律。量子力学用薛定谔方程描述核外电子运动的规律,用波函数 Ψ 描述核外电子运动的状态,用 Ψ^2 代表电子在空间某点出现的几率密度。电子在核外出现几率较大的空间区域称为原子轨道。

(2)原子轨道由 n、l、m 3 个量子数决定,而电子的运动状态由 n、l、m、m_s 4 个量子数描述。4 个量子数的取值范围如下:

①主量子数:

符号:n

取值:$n=1$、2、3…$+\infty$

描述:电子层或能层,$n=1$ 电子离原子核最近。

②角量子数:

符号:l

取值:$l=0$、1、2…$(n-1)$

描述:

- 电子层内的电子分层:$l=0$,s 分层;$l=1$,p 分层;$l=2$,d 分层……
- 原子轨道形状:$l=0$,s 轨道球形;$l=1$,p 轨道哑铃形,$l=2$,d 轨道花瓣形。

③磁量子数:

符号:m

取值:$m=-1$ 经 0 到 $+1$,如 $l=1$,m 取值 -1,0,$+1$。

描述:电子分层内的原子轨道,m 的一个数值表示一条原子轨道,同时描述原子轨道的伸展方向,如 $l=1$,$m=-1$,0,$+1$,表述 p 分层内有 3 条原子轨道,分别是 p_x、p_z、p_y 3 条 p 轨道,分别沿 x 轴、z 轴、y 轴方向伸展。

④自旋量子数：

符号：m_s

取值：$m_s=+1/2,-1/2$

描述：原子轨道内电子的自旋状态，m_s只能取2个值，符号相反，表示一个轨道内只能容纳2个自旋方向相反的电子。

(3)量子数与原子轨道（电子）的运动状态：

①波函数符号Ψ_{nlm}或光谱符号描述原子轨道的运动状态：

如：Ψ_{210}——描述的原子轨道处于第二电子层，p分层，p_z轴轨道（沿z轴伸展），3个量子数是$n=2,l=1,m=0$。

如：$4p_x$——描述的原子轨道处于第四电子层，p分层，p_x轨道（沿x轴伸展），3个量子数是$n=4,l=1,m=+1(-1)$。

②给定量子数，写出原子轨道（电子）的波函数符号或轨道的光谱符号：

如：$n=3,l=2,m=0$，波函数符号：Ψ_{320}或$3dz^2$

$n=4,l=0,m=0$，波函数符号：Ψ_{400}或4s

③电子的光谱符号描述电子的运动状态，表达与运动状态相应的4个量子数：

如：$2p_z^2$——电子运动状态是电子处在第二电子层，p分层，p_z轨道，2个电子分别按顺时针和逆时针方向自旋，4个量子数分别是：

电子1：$n=2$，　$l=1$，　$m=0$，　$m_s=+1/2$

电子2：$n=2$，　$l=1$，　$m=0$，　$m_s=-1/2$

如：$3d^5$：5个电子的4个量子数分别是：

电子1：$n=3$，　$l=2$，　$m=-2$，　$m_s=+1/2$

电子2：$n=3$，　$l=2$，　$m=-1$，　$m_s=+1/2$

电子3：$n=3$，　$l=2$，　$m=0$，　$m_s=+1/2$

电子4：$n=3$，　$l=2$，　$m=+1$，　$m_s=+1/2$

电子5：$n=3$，　$l=2$，　$m=+2$，　$m_s=+1/2$

5个e同处同一电子层，同一分层；5个e处在同一分层内的不同轨道，自旋方向相同。

二、核外电子排布

(1)核外电子排布原理：

①能量最低原理；

②保里不相容原理；

③洪特规则：电子处于如下排布状态较稳定。

全空状态：s^0　p^0　d^0　f^0

半满状态：s^1　p^3　d^5　f^7

全满状态：s^2　p^6　d^{10}　f^{14}

(2)在多电子原子中存在屏蔽效应、钻穿效应、能级交错的现象。电子受到屏蔽效应越强，电子的能量越高；电子的钻穿效应越强，电子的能量越低。

(3)电子的近似能级图(电子填充序)：

1s、2s、2p、3s、3p、4s、3d、4p、5s、4d、5p、6s、4f、5d、6p、7s

(4)排布实例(自理)：

$_{29}Cu$、$_{24}Cr$、$_{35}Br$、$_{47}Ag$、$_{26}Fe^{3+}$、$_{53}I^-$、$_{27}Co^{2+}$、$_{29}Cu^+$、$_{46}Pd$

(5)原子结构与元素周期系：

①族：周期表中原子结构相似元素排成一纵行称为族，最后一个电子填入 ns 或 np 轨道的为主族元素，最后一个电子填$(n-1)$d 或$(n-2)$f 轨道的为副族元素。

②周期：周期表中电子层数相同的元素排在一横排为一周期。

③元素区：

s 区：最后一个电子填入 s 轨道的元素为 s 区，元素的最外电子结构是 ns^1 和 ns^2。

p 区：最后一个电子填入 p 轨道的元素为 p 区，p 区元素最外电子构型 ns^2p^1 到 ns^2np^6。

d 区：最后一个电子填入$(n-1)$d 能级的元素为 d 区，其中ⅢB～Ⅷ元素价电子构型为$(n-1)d^{1\sim9}ns^{1\sim2}$，ⅠB～ⅡB 元素的价电子构型为$(n-1)d^{10}ns^1$和$(n-1)d^{10}ns^2$，ⅠB～ⅡB 称 ds 区。

f 区：最后一个电子填入$(n-2)$f 能级的元素为 f 区元素，为镧系和锕系元素。

(6)元素在周期表位置的推导：

推导程序：

①根据原子序数确定电子数：原子序数＝电子数。

②进行电子排布，确定最外层电子数(主族元素)或价电子数(副族元素)，确定电子层数。

③根据：电子层数＝周期数，最外电子数＝主族数，价电子数＝副族数，确定元素所在的周期和族。

主族元素最外电子数与族关系

族	ⅠA	ⅡA	ⅢA	ⅣA	ⅤA	ⅥA	ⅦA	0
价电子	ns 电子	ns	np 电子	np 电子	np 电子	np 电子	np 电子	np 电子
价电子数	1	2	3	4	5	6	7	8

副族元素价电子数与族的关系

族	ⅢB	ⅣB	ⅤB	ⅥB	ⅦB	ⅧB	ⅠB	ⅡB
价电子	$(n-1)d^{1\sim5}ns^{1\sim2}$					$ns^2(n-1)d^{6\sim8}$	$(n-1)d^{10}ns^{1\sim2}$	
价电子数	3	4	5	6	7	8Fe/9Co/10Ni	1	2

例 1 $_{35}$Br 在周期表位置的推导：

电子排布为：$1s^2 2s^2 2p^6 3s^2 3p^6 3d^{10} 4s^2 4p^5$

最大电子层数＝4，最外电子数＝7

$_{35}$Br 处在四周期ⅦA 族

例 2 $_{24}$Cr 在周期表位置的推导：

电子排布为：$1s^2 2s^2 2p^6 3s^2 3p^6 3d^5 4s^1$

电子层＝4，价电子数＝6

$_{24}$Cr 处在四周期ⅥB 族

例 3 $_{27}$Co 在周期表位置的推导：

电子排布：$1s^2 2s^2 2p^6 3s^2 3p^6 3d^7 4s^2$

电子层＝4，价电子数＝9

$_{27}$Co 处在四周期Ⅷ族

三、练习题

(一)选择题

1. $n=3$ 电子层中电子分层数是(   )。

   A. 2　　B. 3　　C. 4　　D. 1

2. 4d 轨道的副量子数是(   )。

   A. 1　　B. 4　　C. 2　　D. 3

3. 首先提出电子具有波动性这一假设的科学家是(   )。

   A. 阿仑尼乌斯　　B. 薛定谔

   C. 拉乌尔　　D. 德布罗意

4. 价组态为 $3s^2 3p^6 3d^8 4s^0$ 的二价阳离子是(　　)号元素。

A. 28　　B. 38　　C. 20　　D. 16

5. 基态 $_{26}$Fe 的电子排布是(　　)。

A. [Ar] $3d^6 4s^2$　　B. [Ar] $3d^7 4s^1$

C. [Ar] $3d^8 4s^0$　　D. [Ar] $3d^5 4s^3$

6. 某元素最后填入的电子是 $4s^2 4p^3$，则该元素在周期表中的位置是(　　)。

A. 四周期ⅦA　　B. 三周期ⅡA

C. 四周期ⅤA　　D. 五周期ⅣA

7. 某元素基态原子的价电子结构是 $3d^6 4s^2$，该元素在周期表中的位置是(　　)。

A. s 区ⅦA　　B. p 区ⅧA

C. d 区Ⅷ族　　D. d 区ⅥB

8. 下列元素，电离能最大的是(　　)。

A. Si　　B. P　　C. S　　D. As

9. 下列量子数中取值不合理的是(　　)。

A. $n=1$　$l=0$　$m=0$　$m_s=-1/2$

B. $n=2$　$l=1$　$m=1$　$m_s=1/2$

C. $n=3$　$l=0$　$m=-1$　$m_s=-1/2$

D. $n=4$　$l=3$　$m=0$　$m_s=1/2$

10. 对于基态 $_{37}$Rb(铷)原子而言，其中某电子的可能的量子数组为(　　)。

A. 6　0　0　+1/2　　B. 5　0　0　+1/2

C. 5　1　0　+1/2　　D. 5　2　0　+1/2

11. 具有下列各组量子数的电子，按能量由低到高的排列顺序是(　　)。

(1) $n=4$　$l=1$　$m=0$　$m_s=1/2$

(2) $n=3$　$l=1$　$m=1$　$m_s=-1/2$

(3) $n=3$　$l=0$　$m=0$　$m_s=-1/2$

(4) $n=4$　$l=2$　$m=-1$　$m_s=1/2$

A. (1)(2)(3)(4)　　B. (3)(2)(1)(4)

C. (2)(3)(4)(1)　　D. (4)(1)(2)(3)

12. 一多电子基态原子中，能量最低的电子是(　　)。

A. 3　0　0　+1/2　　B. 4　0　0　+1/2

C. 3　2　0　+1/2　　D. 3　1　0　+1/2

13. $4p_z$轨道可用(　　)组的量子数描述。

A. 4　1　+2　　B. 4　0　0

C. 4　1　0　　D. 4　0　1

14. Cu^+(Z=29)的电子层结构为(　　)。

A. [Ar] $3d^9 4s^1$　　B. [Ar] $3d^8 4s^2$

C. [Ar] $3d^{10} 4s^0$　　D. [Ar] $3d^9 4s^0$

15. 下列各组原子轨道中,能量相同的是(　　)。

A. 3s,$3p_x$　　B. 2s,3s

C. $3p_x$,$3p_z$　　D. $3p_x$,$3d_{xy}$

16. 确定基态 N 原子中 3 个 p 电子运动状态的量子数是(　　)。

A. 2　1　0　+1/2;　2　1　−1　+1/2;　2　1　+1　+1/2

B. 2　0　0　+1/2;　2　0　1　+1/2;　2　2　−1　+1/2

C. 2　1　0　−1/2;　2　1　−1　+1/2;　2　1　+1　−1/2

D. 2　0　1　1/2;　2　1　−1　−1/2;　2　1　+1　+1/2

(二)填空题

17. 填入量子数:

①n=3　l=0　m=______　　②n=4　l=______　m=0

③n=2　l=0　m=0　m_s=______　　④n=______　l=1　m=0

18. 波函数符号 Ψ_{420}的轨道名称是______________。

19. Cu^+(Z=29)的电子层结构为______________。

20. 处于第二电子层,p 分层,p_z 轨道,顺时针自旋的电子的 4 个量子数为______________。

21. s 轨道和 p_x或 p_y轨道重叠形成共价键,实现最大重叠方向是__________。

22. 用 4 个量子数描述 $2s^2$ 电子的运动状态是①n=______,l=______,m=______,m_s=______;②n=______,l=______,m=______,m_s=______。

23. 某元素的+3 价离子的外层电子构型为 $3d^7$,它的原子序数为______,在元素周期表中位于第______周期第______族。

24. 主量子数 n=3,磁量子数 m=+2 时,角量子数可取的值是__________。

25. $_{26}Fe$ 在元素周期表中的位置是________________________,Fe^{2+}的电子组态是____________________。

26. 以量子数 n=2,l=1,m=0,m_s=−1/2 描述的电子是____________电子。

27. 原子序数为 28 的元素处于周期表中第____________周期第____________

族,它的核外电子结构是____________________。

28. 离子的外层电子结构为 $3s^2 3p^6$ 的 +1 价离子是______,+2 价离子是______。

29. $n=3$,$l=1$ 的原子轨道符号为______,它的磁量子数 m 的取值范围为______,当该轨道上电子半充满时,该原子应有______个电子。

30. 某元素原子序数为 24,基态时其共价层电子构型为______,在周期表中的位置处于第______周期第______族,处于______区。

(三)解答题

31. 根据原子轨道写出量子数:

①1s　②$2p_z$　③$3d_{z^2}$　④$3p_x$

32. 根据轨道电子写出量子数:

①$2s^2$　②$3p^3$　③$4d^5$　④$3d^8$　⑤$4p^6$

33. 写电子排布:

①$_{29}Cu^{2+}$　②$_{26}Fe^{3+}$　③$_{80}Hg$　④$_{16}S^{2-}$

34. 推导具有下列电子结构的元素处的周期、族、区、元素序号:

①$4s^2 4p^3$　②$3d^8 4s^2$　③$4d^{10} 5s^1$　④$6s^2 6p^6$　⑤$5d^9 6s^1$

35. 讨论:

①元素电负性最大和最小的元素分别是哪一元素。

②周期表中原子半径、原子电离能和元素电负性的变化规律。

参考答案

(一)选择题

1. B　2. C　3. D　4. A　5. A　6. C　7. C　8. B　9. C
10. B　11. D　12. A　13. C　14. C　15. C　16. A

(二)填空题

17. ①$m=0$　②$l=0$　③$m_s=+1/2$　④$n=2$

18. $4d_{z^2}$轨道

19. $1s^2 2s^2 2p^6 3s^2 3p^6 3d^{10} 4s^0$

20. $n=2,l=1,m=0,m_s=+1/2$

21. 沿 x 轴或 y 轴以“头碰头”方向重叠

22. ①2,0,0,+1/2 ②2,0,0,−1/2

23. 28;四;Ⅷ

24. $l=2$

25. 第四周期第Ⅷ族;$3d^6 4s^0$

26. 第二电子层,p 分层,沿 z 轴方向伸展,逆自旋的电子($2p_z$)。

27. 第四周期第Ⅷ族;$1s^2 2s^2 2p^6 3s^2 3p^6 3d^8 4s^2$

28. K^+;Ca^{2+}

29. 3p;m=−1、0、+1;15

30. $3d^5 4s^1$;四;ⅥB;d。

(三)解答题

31. ①$n=1, l=0, m=0$ ②$n=2, l=1, m=0$

③$n=3, l=2, m=0$ ④$n=3, l=1, m=1$(或−1)

32. ①(2,0,0,+1/2);(2,0,0,−1/2)

②(3,1,0,+1/2);(3,1,1,+1/2);(3,1,−1,+1/2)

③(4,2,2,+1/2);(4,2,1,+1/2);(4,2,0,+1/2);(4,2,−1,+1/2);
(4,2,−2,+1/2)

④(3,2,2,+1/2);(3,2,2,−1/2);(3,2,1,+1/2);(3,2,1,−1/2);
(3,2,0,+1/2);(3,2,0,−1/2);(3,2,−1,+1/2);(3,2,−2,+1/2)

⑤(4,1,0,+1/2);(4,1,1,+1/2);(4,1,−1,+1/2);(4,1,0,−1/2);
(4,1,1,−1/2);(4,1,−1,−1/2)

33. ①$1s^2 2s^2 2p^6 3s^2 3p^6 3d^9 4s^0$

②$1s^2 2s^2 2p^6 3s^2 3p^6 3d^5 4s^0$

③$1s^2 2s^2 2p^6 3s^2 3p^6 3d^{10} 4s^2 4p^6 4d^{10} 5s^2 5p^6 4f^{14} 5d^{10} 6s^2$

④$1s^2 2s^2 2p^6 3s^2 3p^6$

34. ①第四周期,ⅤA 族,p 区,As,33 号

②第四周期,Ⅷ族,d 区,Ni,28 号

③第五周期,ⅠB 族,ds 区,Ag,47 号

④第六周期,0 族,p 区,Rn,86 号

35. ①氟(F)和钫(Fr)。

②同一周期主族元素,从左到右,随原子序数的递增,原子半径递减;元素对电子的吸引力逐渐增强,电离能逐渐增大,电负性也逐渐增大。副族元素总体递减,

但没有主族的显著，当 d 电子充满时，因电子产生较大的屏蔽作用，原子半径会突然增大。

同一主族及 0 族，从上至下，随电子层数的增多，原子半径依次增大；元素对电子的吸引力减弱，故电离能逐渐减小，电负性也逐渐减小。副族元素，ⅢB 族与主族相似，从上至下，半径依次增大，但第一系列至第二系列过渡元素，原子半径增大，而第二系列到第三系列半径基本不变，甚至缩小。故对于副族元素，从第一系列至第二系列，第一电离能减小，金属性增强，而从ⅥB 族开始，第二至第二系列的第一电离能明显增大。

第十二章　化学键与分子结构

一、基本概念

(一)晶格能

1. 晶格能量度离子键强度

相同类型离子晶体,离子电荷越高,正负离子核间距越短,晶格能越大,离子键越牢固,晶体物质的熔点、沸点越高。如:

NaI	NaBr	NaCl	NaF
大	r^- →		小
小	U →		大
低	m.p →		高

BaO	SrO	CaO	MgO
大	r^+ →		小
小	U →		大
低	m.p →		高
小	硬度 →		大

2. 晶格能的求算

根据波恩-哈伯循环,利用盖斯定律求算。如:

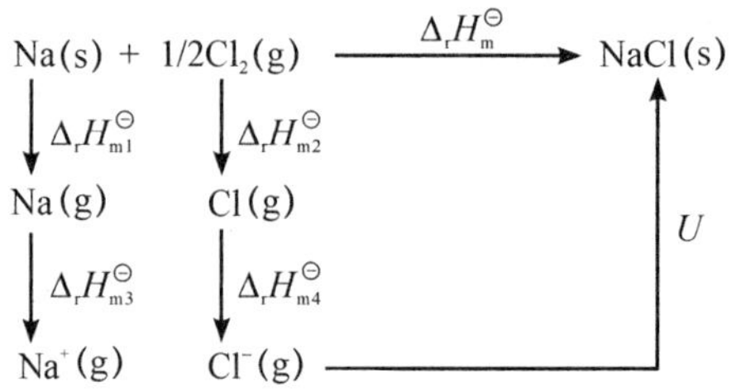

图中：$\Delta_r H_{m1}^{\ominus}$为 Na(s)的升华热($S$)，即 1 mol Na(s)升华成 1 mol Na(g)时所吸收的能量；$\Delta_r H_{m2}^{\ominus}$为 Cl_2(g)的离解能(D)，即 1 mol Cl_2(g)离解为 2Cl(g)时所吸收的能量；$\Delta_r H_{m3}^{\ominus}$为 Na(g)的电离能($I$)，即 1 mol Na(g)失去电子成为 1 mol Na^+(g)所吸收的能量；$\Delta_r H_{m4}^{\ominus}$为 Cl(g)的电子亲和能($E_A$)，即 1 mol Cl(g)亲合电子成为 1 mol Cl^-(g)放出的能量；U 为 NaCl(s)的晶格能，即标准状态下 1 mol 气态 Cl^- 和 1 mol 气态 Na^+ 形成 1 mol NaCl(s)时所放出的能量。

由盖斯定律得：

$$\Delta_r H_m^{\ominus} = \Delta_r H_{m1}^{\ominus} + 1/2\Delta_r H_{m2}^{\ominus} + \Delta_r H_{m3}^{\ominus} + \Delta_r H_{m4}^{\ominus} + U$$

$$U = \Delta_r H_m^{\ominus} - \Delta_r H_{m1}^{\ominus} - 1/2\Delta_r H_{m2}^{\ominus} - \Delta_r H_{m3}^{\ominus} - \Delta_r H_{m4}^{\ominus}$$

$$= \Delta_r H_m^{\ominus} - S - I - 1/2D - E_A$$

(二)共价键理论

1. σ 键与 π 键的特征

特性比较	σ 键	π 键
重叠方式	沿键轴方向重叠 ——头碰头式重叠	在含键轴的上、下两侧重叠 ——肩并肩式重叠
重叠部分对称性	沿键轴对称性分布	在含键轴上、下两侧反对称分布
成键程度	重叠程度大，键牢固	重叠程度小，键不牢固

2. 利用键能求算反应热

$$\Delta_r H_m^{\ominus} = \sum v_A E(\text{反应物}) - \sum v_B E(\text{产物})$$

(三)杂化理论

1. 基本概念

(1)杂化、杂化轨道、等性杂化、不等性杂化。

(2)杂化轨道的成键能力：

$$sp < sp^2 < sp^3 < dsp^2 < sp^3d < sp^3d^2$$

2. 杂化轨道类型与分子空间构型

(1)sp 杂化：

组成：1 条 s 轨道+1 条 p 轨道→2 条 sp 杂化轨道

sp 杂化轨道夹角：180°

分子构型：直线形，如 Cl—Be—Cl

(2)sp^2 杂化：

组成：1 条 s 轨道＋2 条 p 轨道→3 条 sp^2 杂化轨道

轨道夹角：120°

分子构型：平面三角形，如 BF_3

(3)sp^3 杂化：

组成：1 条 s 轨道＋3 条 p 轨道→4 条 sp^3 杂化轨道

轨道夹角：等性 sp^3：109°28′

　　　　　不等性 sp^3：<109°28′

分子构型：等性 sp^3：正四面体，如 CH_4、CCl_4

　　　　　不等性 sp^3：变形四面体，如 NH_3(三角锥形)、H_2O(V 形或角形)

(四)配位键理论

1. 基本概念

(1)$CN=2$，直线形，sp 杂化态。

(2)$CN=4$，平面四方形，内轨型，dsp^2 杂化态；

　　　　正四面体型，外轨型，sp^3 杂化态。

(3)$CN=6$，正八面体，d^2sp^3 杂化，内轨型；

　　　　正八面体，sp^3d^2 杂化，外轨型。

2. 配合物磁性及构型推求

磁矩：$\mu=\sqrt{n(n+2)}$

推求程序：

据 $\mu \xrightarrow{\text{推出}} n \xrightarrow{\text{结合 } M^{n+} \text{ 的电子组}}$ 推出 M^{n+} 的杂化态 $\xrightarrow{\text{判断}}$ 配合物的键型和类型

例　经测定 $MnCl_4^{2-}$ 的 $\mu=5.88$B·M，Mn^{2+} 的 d 电子组态 $3d^5$，请推定 $MnCl_4^{2-}$ 的键和类型。

解　据 $\mu=5.88$ 推出 $n=5$，得结论：

①d^5 电子未重排。

②Mn^{2+} 采取 ns、np 杂化得 sp^3 杂化轨道。

③$MnCl_4$ 的键型为外轨配键属外轨型，高自旋态。

(五)分子的极性和分子间力

1. 分子极性

(1)分子极性的本质是分子内正、负电荷重心是否重合，正、负电荷重心重合的分子为非极性，否则分子有极性。

(2)分子极性大小以偶极矩量度：

$\mu=0$，非极性；$\mu\neq0$，极性，μ 值大，极性强。

(3)分子极性与键的极性：

①双原子分子：键有极性，分子有极性。

如：H_2、N_2、Cl_2、O_2——非极性分子

HCl、HBr、HF——极性分子

②多原子分子：分子结构对称，键有极性——分子非极性；

分子结构不对称，键有极性——分子有极性。

如：CH_4、CCl_4、CO_2、BF_3、$BeCl_2$——非极性分子

NH_3、H_2O、H_2S、CH_3Cl、O_3——极性分子

③多原子单质分子，分子内化学键无极性，分子无极性。

如：S_8、P_4，而 O_3 是单质中唯一的极性分子。

2. 分子间力

(1)色散力：分子间因瞬时偶极产生的作用力；瞬时偶极是因分子运动使分子内正负电荷重心位移而导致；所有分子体系(包括非极性分子间、非极性与极性分子间、极性与极性分子间)都存在色散力。

(2)诱导力：分子间因固有偶极与瞬时偶极产生的作用力，非极性—极性分子体系、极性—极性分子体系存在诱导力。

(3)取向力：分子间固有偶极与固有偶极产生的作用力，极性分子体系存在取向力。

(4)不同的分子体系存在的分子间力：

非极性分子体系：色散力，如 H_2、Cl_2、I_2、Ar、CO_2、CCl_4、CH_4 等。

非极性与极性分子体系：色散力、诱导力，如 CO_2～H_2O、苯～水、Ar～水。

极性与极性分子体系：色散力、诱导力、取向力，如 NH_3、H_2O、HBr 等。

(5)分子间作用力的大小：色散力＞诱导力＞取向力。

(6)分子间力对物性的影响：一般规则是结构相似的同系列物质，相对分子质量越大，分子变形性越大，分子间力越强，对物性影响越大。如：

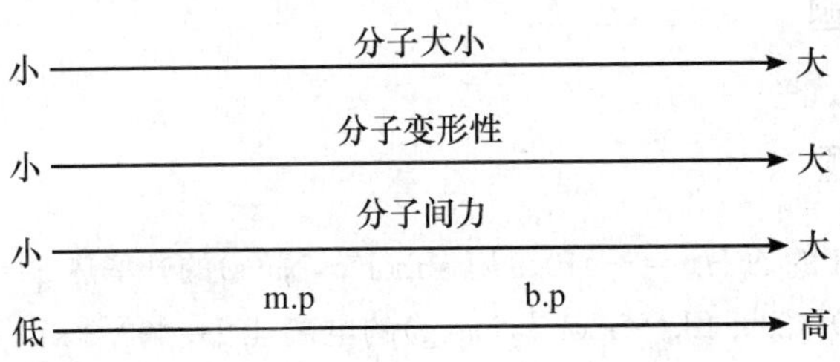

3. 氢键

(1)定义:当氢与电负性很大、半径很小的原子(F、O、N)以共价键结合时,氢原子可以再与同一分子或另一分子中另一电负性很大的原子相互吸引,这种结合力称之为氢键。

(2)特点:氢键具有方向性和饱和性;键长较长,键能较小(所以归为一种特殊的分子间力)。

(3)氢键的类型:分子间氢键、分子内氢键。

(4)氢键的存在造成分子间产生缔合作用,使物质的熔点、沸点显著升高,在水中离解度、溶解性降低。

(5)形成分子间氢键,使物质的熔点、沸点显著升高;形成分子内氢键,使物质的熔点、沸点低于同类物质的熔点和沸点。

(六)晶体

1. 离子晶体

结构质点是正负离子,质点间作用力是离子键。

特征:硬而脆,熔、沸点高,熔融态可导电,如 NaCl、CaO、BaO 等。

2. 原子晶体

结构质点是中性原子,原子间以共价键结合。

特征:极硬,熔、沸点高,非导体,如金刚石、Si、SiC、AlN、SiO_2 等,金刚石是最硬的固体。

3. 分子晶体

结构质点是分子,分子间靠范德华力联结成晶体。

特征:硬度小,熔、沸点低,非导体,如 CO_2、H_2O、NH_3 等。

4. 金属晶体

结构质点是金属原子和正离子,以金属键结合。

特征:硬度有高有低,熔、沸点高低不同,导电能力很强。

二、练习题

(一)选择题

1. 已知:NaCl 的 $\Delta_r H_m^\ominus = -410.9\ kJ \cdot mol^{-1}$,Na(s)的升华热 $S = 108.8\ kJ \cdot mol^{-1}$,$Cl_2$(g)的离解能 $D = 239.4\ kJ \cdot mol^{-1}$,Na(g)的电离能 $I = 493.3\ kJ \cdot mol^{-1}$,Cl(g)的电

子亲和能 $E_A=-361.9\ kJ\cdot mol^{-1}$，则 NaCl 的晶格能为(　　)。

A. $-770.8\ kJ\cdot mol^{-1}$　　B. $-890.5\ kJ\cdot mol^{-1}$

C. $+890.5\ kJ\cdot mol^{-1}$　　D. $+770.8\ kJ\cdot mol^{-1}$

2. 在 CO 分子中存在(　　)。

A. 1 条 σ 键，2 条 π 键　　B. 1 条 π 键，2 条 σ 键

C. 3 条 σ 键　　D. 3 条 σ 键，2 条 π 键

3. 下列分子中键有极性，分子也有极性的是(　　)。

A. Cl_2　　B. NH_3　　C. BF_3　　D. CO_2

4. 下列物质中，不可能存在金属键的是(　　)。

A. 液体　　B. 气体　　C. 晶体　　D. 化合物

5. 与 sp^3 杂化态相对应的杂化轨道的几何构型是(　　)。

A. 八面体　　B. 平面三角形　　C. 直线形　　D. 正四面体

6. 下列分子中属于极性分子的是(　　)。

A. CO　　B. BF_3　　C. $BeCl_2$　　D. CCl_4

7. 稀有气体分子 Ar 与 H_2O 分子之间存在(　　)。

A. 色散力、诱导力　　B. 色散力

C. 诱导力、取向力　　D. 色散力、诱导力、取向力

8. 对分子 SiF_4，正确的描述是(　　)。

A. Si—F 键具有强极性，属于极性分子

B. 取得平面四边形结构

C. 中心原子 Si 以等性杂化态与 4 个 F 成键

D. 分子间主要存在取向力和氢键

9. Fe(Ⅲ)形成的八面体型的内轨型配合物中，Fe^{3+} 接受孤对电子的空轨道是(　　)。

A. sp^3　　B. d^2sp^3　　C. sp^3d^2　　D. dsp^2

10. 下列配合物为内轨型配合物的是(　　)。

A. $[FeF_6]^{3-}$　　B. $[AlCl_4]^-$

C. $[Ag(NH_3)_2]^+$　　D. $[Ni(CN)_4]^{2+}$

11. Ni^{2+} 形成平面四方形的配合物，只可能是(　　)。

A. 内轨型　　B. 外轨型

C. 内轨型和外轨型　　D. 正四面体

12. 下列分子中含有极性 π 键的是(　　)。

A. N_2　　B. C_2H_4　　C. H_2O　　D. CO_2

13. 下列分子中键角最大的是(　　)。

A. BCl_3　　B. CO_2　　C. CCl_4　　D. NH_3

14. 下列分子间只存在色散力的是(　　)。

A. CO 和 H_2　　B. HCl 和 HI　　C. H_2O 和 CO_2　　D. CO_2 和 H_2

15. 直线形分子 HCN 是(　　)。

A. 非极性分子　　B. 极性分子　　C. 离子化合物　　D. sp^3 杂化

16. 下列化合物中氢键表现的最强的是(　　)。

A. NH_3　　B. H_2O　　C. H_2S　　D. HF

17. 下列物质分子属于非极性分子的是(　　)。

A. SO_2　　B. CH_3Cl　　C. BF_3　　D. NF_3

18. 在乙炔(C_2H_2)分子中,碳碳原子间的化学键为(　　)。

A. 1 个 σ 键,2 个 π 键　　B. 1 个 π 键,2 个 σ 键

C. 3 个 σ 键　　D. 3 个 π 键

(二)填空题

19. 苯和水分子间存在的作用力是________________。

20. 在苯和四氯化碳分子间存在的作用力是____________;在同族氢化物中水有特别高的沸点是由于水分子间存在____________。

21. 以极性键结合而成的结构对称的多原子分子属于____________分子。

22. 双原子分子的键能就是它的____________________。

23. 氯代甲烷(CH_3Cl)分子中存在的分子间作用力有______________。

24. 用杂化轨道理论描述 CCl_4 分子的成键过程____________,分子的几何构型____________。

25. 根据杂化理论,SiF_4 中 Si 原子采取的杂化类型是______________。

(三)解答题

26. 由下列数据计算 KBr 晶格能:

KBr(s)$\Delta_r H_f^{\ominus}$:$-392\ kJ\cdot mol^{-1}$　　K(s)升华热:$+90\ kJ\cdot mol^{-1}$

K(g)电离能:$+418\ kJ\cdot mol^{-1}$　　Br_2(l)蒸发热:$+31\ kJ\cdot mol^{-1}$

Br_2(g)离解能:$+190\ kJ\cdot mol^{-1}$　　Br(g)电子亲合能:$-323\ kJ\cdot mol^{-1}$

27. 用下列数据计算 N—H 键能和 $H_2N—NH_2$ 中 N—N 的键能:

$\Delta_r H_f^{\ominus}(NH_3,g)=-461\ kJ\cdot mol^{-1}$　　$\Delta_r H_f^{\ominus}(H_2N-NH_2,g)=+95\ kJ\cdot mol^{-1}$

$E(H-H)=+436\ kJ\cdot mol^{-1}$　　$E(N-N)=946\ kJ\cdot mol^{-1}$

28. 按熔沸点由高→低排序：

(1) CaO、BaO、$BaCl_2$、MgO　　(2) H_2S、SiO_2、H_2O

(3) SiC、CO_2、LiF

29. 按分子极性由大到小排序：

(1) HF、HCl、HBr、HI　　(2) H_2、H_2O、H_2S

(3) CS_2、CO_2、CO

30. 用杂化理论判断下列分子的空间构型，判断极性与否。

$HgCl_2$、BF_3、CH_4、$CHCl_3$、NH_3、H_2O、CO_2、O_3

31. 判断下列分子间存在的分子间力：

(1) 苯和 CCl_4　　(2) 苯和 Ar

(2) CH_3OH 和 H_2O　　(4) He 和 H_2O

(3) HBr 和 HCl　　(6) Ar 和 NH_3

参考答案

(一)选择题

1. A　2. A　3. B　4. D　5. D　6. A　7. A　8. C　9. B

10. D　11. A　12. D　13. B　14. D　15. B　16. D　17. C　18. A

(二)填空题

19. 色散力、诱导力

20. 色散力；氢键

21. 非极性

22. 键解离能

23. 色散力、诱导力和取向力

24. sp^3 等性杂化；正四面体

25. sp^3 等性杂化

(三)解答题

26. **解**　依题意有：

①$K(s)=K(g)$　　$S=+90\ kJ \cdot mol^{-1}$

②$K(g)=K^+(g)$　　$I=+418\ kJ \cdot mol^{-1}$

③$Br_2(l)=Br_2(g)$　　$h=+31\ kJ\cdot mol^{-1}$

④$Br_2(g)=2Br(g)$　　$D=+190\ kJ\cdot mol^{-1}$

⑤$Br(g)=Br^-(g)$　　$E=-323\ kJ\cdot mol^{-1}$

⑥$K^+(g)+Br^-(g)=KBr(s)$　　$U=?$

⑦$K(s)+1/2Br_2(l)=KBr(s)$　　$\Delta_r H_m^{\ominus}=\Delta_f H_m^{\ominus}(KBr,s)=-392\ kJ\cdot mol^{-1}$

反应①＋反应②＋1/2 反应③＋1/2 反应④＋反应⑤＋反应⑥＝反应⑦

$S+I+1/2h+1/2D+E+U=\Delta_f H_m^{\ominus}(KBr,s)$

$$\begin{aligned} U &=\Delta_f H_m^{\ominus}(KBr,s)-(S+I+1/2h+1/2D+E) \\ &=-392-\left(90+418+\frac{1}{2}\times31+\frac{1}{2}\times190-323\right) \\ &=-687.5(kJ\cdot mol^{-1}) \end{aligned}$$

27. **解**　依题意有：

①$H_2(g)=2H(g)$　　$E(H—H)=+436\ kJ\cdot mol^{-1}$

②$N_2(g)=2N(g)$　　$E(N—N)=946\ kJ\cdot mol^{-1}$

③$1/2N_2(g)+3/2H_2(g)=NH_3(g)$　　$\Delta_r H_m^{\ominus}=\Delta_f H_m^{\ominus}(NH_3,g)$

④$NH_3(g)=3H(g)+N(g)$　　$E(N—H)=?$

3/2 反应①＋1/2 反应②－反应③＝反应④

$$3/2E(H—H)+1/2E(N—N)-\Delta_f H_m^{\ominus}(NH_3,g)=3E(N—H)$$

$$\begin{aligned} 3E(N—H) &=\frac{3}{2}\times436+\frac{1}{2}\times946-(-461) \\ &=1\ 173(kJ\cdot mol^{-1}) \\ E(N—H) &=391(kJ\cdot mol^{-1}) \end{aligned}$$

依题意有：

①$H_2(g)=2H(g)$　　$E(H—H)=+436\ kJ\cdot 1mol^{-1}$

②$N_2(g)=2N(g)$　　$E(N—N)=946\ kJ\cdot mol^{-1}$

③$2H_2(g)+N_2(g)=NH_2—NH_2(g)$

$\Delta_r H_m^{\ominus}=\Delta_f H_m^{\ominus}(H_2N—NH_2,g)=+95\ kJ\cdot mol^{-1}$

④$NH_2—NH_2(g)=4H(g)+2N(g)$　　$E(N—N)=?$

反应①×2＋反应②－反应③＝反应④

$$E(H—H)\times2+E(N—N)-\Delta_f H_m^{\ominus}(H_2N—NH_2,g)=E'(N—N)+4E(N—H)$$

$$E'(N—N)=436\times2+946-95-4\times391=159(kJ\cdot mol^{-1})$$

28.(1)MgO、CaO、BaO、$BaCl_2$　(2)SiO_2、H_2O、H_2S　(3)SiC、LiF、CO_2。

29.(1)HF、HCl、HBr、HI　(2)H_2O、H_2S、H_2　(3)CO、CO_2＝CS

30. $HgCl_2$:sp 杂化,直线形,非极性分子。

BF_3:sp^2 杂化,正三角形,非极性分子。

CH_4:sp^3 杂化,正四面体,非极性分子。

$CHCl_3$:sp^3 杂化,四面体,极性分子。

NH_3:sp^3 不等性杂化,三角锥形,极性分子。

H_2O:sp^3 不等性杂化,角形(或 V 形),极性分子。

CO_2:sp 杂化。直线形,非极性分子。

O_3:sp^2 杂化,角形,极性分子。

31.(1)色散力;(2)色散力;(3)色散力、诱导力和取向力;(4)色散力和诱导力;(5)色散力、诱导力和取向力;(6)色散力和诱导力。

复习测试题

01 试卷

一、选择题(每小题 2 分,共 40 分)

1. 1 mol·kg^{-1} B 物质的水溶液中,B 物质的摩尔分数为(　　)。

A. 1/56.6　　　　B. 1/18

C. 55.6/56.6　　　　D. 1

2. 有半透膜存在时,下列溶液体系观察到渗透现象最强烈的是(　　)。

A. 纯水与 0.01 mol·kg^{-1}蔗糖溶液

B. 0.01 mol·kg^{-1}甘油溶液与 0.01 mol·kg^{-1} $Mg(NO_3)_2$溶液

C. 0.01 mol·kg^{-1}蔗糖溶液与 0.01 mol·kg^{-1}乙二醇溶液

D. 0.01 mol·kg^{-1} NaCl 溶液与 0.01 mol·kg^{-1}葡萄糖溶液

3. 将 $H_2S(g)$通入 H_3AsO_3溶液制备 As_2S_3溶胶,胶团结构是(　　)。

A. $\{[As_2S_3]_m \cdot nHS^- \cdot (n-x)H^+\}^{x-} \cdot xH^+$

B. $\{[As_2S_3]_m \cdot nAs_2O_3^{3-} \cdot (n-3x)H^+\}^{3x+} \cdot 3xH^+$

C. $\{[As_2S_3]_m \cdot nHS^- \cdot (n-x)H^+\}^{x-} \cdot xH^+$

D. $\{[As_2S_3]_m \cdot nS^{2-} \cdot (n-2x)2H^+\}^{2x-} \cdot 2xH^+$

※※就下列热化学反应,回答 4～7 题:

①$C(石墨)+O_2(g)=CO_2(g)$　　$\Delta_r H_{m1}^{\ominus}=-394$ kJ·mol^{-1}

②$2H_2(g)+O_2(g)=2H_2O(l)$　　$\Delta_r H_{m2}^{\ominus}=-572$ kJ·mol^{-1}

③$CH_4(g)=C(石墨)+2H_2(g)$　　$\Delta_r H_{m3}^{\ominus}=+75$ kJ·mol^{-1}

④$CH_4(g)+2O_2(g)=CO_2(g)+2H_2O(l)$　　$\Delta_r H_{m4}^{\ominus}=?$

4. $\Delta_r S_m^{\ominus}>0$ 对应的反应是(　　)。

A. ③　　B. ①　　C. ④　　D. ②和④

5. $\Delta_r H_{m4}^{\ominus}$ 等于(　　)kJ·mol^{-1}。

A. -891　　B. $-1\,041$　　C. -605　　D. $+755$

6. $H_2O(l)$的 $\Delta_f H_m^{\ominus}$ 等于(　　)$kJ\cdot mol^{-1}$。

A. −286　　B. −572　　C. −394　　D. +75

7. 反应的 $\Delta_r H_m^{\ominus}$ 与化合物的 $\Delta_f H_m^{\ominus}$ 具有同数值的反应是(　　)。

A. ①　　B. ②　　C. ③　　D. ④

8. 给定反应：①$2CH_3OH\,(g)+3O_2\,(g)=2CO\,(g)+4H_2O\,(l)$　$\Delta_r H_{m1}^{\ominus}$

②$2CH_3OH\,(g)+3O_2(g)=2CO(g)+4H_2O\,(g)$　$\Delta_r H_{m2}^{\ominus}$

则 $\Delta_r H_{m1}^{\ominus}$ 与 $\Delta_r H_{m2}^{\ominus}$ 的大小关系是(　　)。

A. $\Delta_r H_{m1}^{\ominus}=\Delta_r H_{m2}^{\ominus}$　　B. $\Delta_r H_{m1}^{\ominus}>\Delta_r H_{m_2}^{\ominus}$

C. $\Delta_r H_{m1}^{\ominus}<\Delta_r H_{m2}^{\ominus}$　　D. 无法回答

※※分析 0.2 $mol\cdot L^{-1}$ H_2A 溶液与 0.1 $mol\cdot L^{-1}$ NaOH 溶液等体积混合后的体系，请回答问题 9～13：

9. 决定该混合溶液 pH 值的电离平衡过程是(　　)。

A. $H_2O=H^++OH^-$　　B. $A^{2-}+H_2O=HA^-+OH^-$

C. $H_2A=H^++HA^-$　　D. $HA^-=H^++A^{2-}$

10. 已知 $pK_{a1}(H_2A)=4.75$、$pK_{a2}(H_2A)=9.25$，该混合液的 pH 值为(　　)。

A. 2.88　　B. 9.25　　C. 8.87　　D. 4.75

11. 设混合溶液的体积为 2 000 mL，当向混合液再加入 0.2 mol 的固体 NaOH 后，决定溶液 pH 值的电离平衡过程和溶液的 pH 值(　　)。

A. $HA^-\rightleftharpoons H^++A^{2-}$　　7

B. $H_2A\rightleftharpoons H^++HA^-$　　4.75

C. $HA^-+H_2O\rightleftharpoons H_2A+OH^-$　　9.25

D. $A^{2-}+H_2O\rightleftharpoons HA^-+OH^-$　　14

12. 在 11 题的基础上再加入 0.1 mol 的固体 NaOH 后，溶液 pH 值是(　　)。

A. 7.0　　B. 9.25　　C. 8.87　　D. 4.75

13. 在 12 题的基础上再加入 0.3 mol 的固体 NaOH 后，决定溶液 pH 值的电离平衡过程和溶液的 pH 值(　　)。

A. $HA^-\rightleftharpoons H^++A^{2-}$　　8

B. $H_2O\rightleftharpoons H^++OH^-$　　4.75

C. $HA^-+H_2O\rightleftharpoons H_2A+OH^-$　　9.25

D. $A^{2-}+H_2O\rightleftharpoons HA^-+OH^-$　　13

14. 给定弱酸 HAc 体系，对下列各步操作的结果推理正确的是(　　)。

A. 加入对应盐 NaAc，溶液中 $c(Ac^-)$ 增大，HAc 的电离度变大

B. 加入 HCl 溶液，同离子效应使 HAc 的电离度降低

C. 加入大量的 NaOH，溶液的 pH<7

D. 加入大量的 NaCl，溶液的 pH=7

15. $H_2PO_4^- \sim HPO_4^{2-}$ 缓冲体系，抗酸组分是(　　)。

A. $H_2PO_4^-$　　B. PO_4^{3-}　　C. HPO_4^{2-}　　D. H_3PO_4

16. 酸式盐 Na_2HDO_4 溶液浓度为 0.1 mol·L^{-1}，求算溶液 pH 值等于(　　)。

A. 5　　B. 8　　C. 7　　D. 10

(已知：H_3DO_4 的 $K_{a1}^{\ominus}=1.0\times10^{-4}$，$K_{a2}^{\ominus}=1.0\times10^{-6}$，$K_{a3}^{\ominus}=1.0\times10^{-10}$)

17. 25 ℃时 CaF_2(s) 的溶解度 2.0×10^{-4} mol·L^{-1}，则 CaF_2(s) 的 $K_{sp}^{\ominus}$ 等于(　　)。

A. 3.2×10^{-11}　　B. 8.0×10^{-11}

C. 1.6×10^{-11}　　D. 4.0×10^{-11}

18. 描述 $3p_z$ 轨道上一个电子的 4 个量子数是(　　)。

A. $n=3$　$l=1$　$m=0$　$m_s=+\frac{1}{2}$

B. $n=3$　$l=2$　$m=0$　$m_s=+\frac{1}{2}$

C. $n=3$　$l=0$　$m=0$　$m_s=+\frac{1}{2}$

D. $n=3$　$l=3$　$m=0$　$m_s=+\frac{1}{2}$

19. 向电对 Cu^+/Cu 体系中加入足量 Cl^-，形成 $[CuCl_2]^-$ 后下列关系成立的是(　　)。

A. $\varphi^{\ominus}(Cu^+/Cu)>\varphi^{\ominus}(CuCl_2^-/Cu)$

B. $\varphi^{\ominus}(Cu^+/Cu)=\varphi^{\ominus}(CuCl_2^-/Cu)$

C. $\varphi^{\ominus}(Cu^+/Cu)<\varphi^{\ominus}(CuCl_2^-/Cu)$

D. $\varphi^{\ominus}(Cu^+/Cu)<\varphi(Cu^+/Cu)$

20. 当下列各种配离子浓度均相等时，体系中游离金属离子浓度最大的是(　　)。

A. $[PbI_4]^{2-}$ ($K_f^{\ominus}=1.0\times10^{4}$)　　B. $[HgI_4]^{2-}$ ($K_f^{\ominus}=1.0\times10^{30}$)

C. $[HgBr_4]^{2-}$ ($K_f^{\ominus}=1.0\times10^{21}$)　　D. $[HgCl_4]$ ($K_f^{\ominus}=1.0\times10^{15}$)

二、填空题(每空1分,共20分)

21. 稀溶液的依数性既与________有关,又与溶剂的________有关。

22. $[Al(OH)_2(H_2O)_4]^+$共轭酸是________,共轭碱是________。

23. $Mg(OH)_2$ 沉淀溶于 NH_4^+ 盐,用反应式表示为__________________,反应的标准平衡常数 $K_j^{\ominus}$ 是________。

[已知:$K_{sp}^{\ominus}(Mg(OH)_2)=1.8\times10^{-11}$,$K_b^{\ominus}(NH_3)=1.8\times10^{-5}$]

24. 将很稀的 H_2SO_4 溶液与 $BaCl_2$ 溶液混合后,不产生 $BaSO_4$ 沉淀,根据溶度积规则,这一现象表明____________________________。

25. 在 $\varphi^{\ominus}(Ag^+/Ag)$,$\varphi^{\ominus}(AgCl/Ag)$,$\varphi^{\ominus}([Ag(NH_3)_2]^+/Ag)$中,$\varphi^{\ominus}$值最大的是________,其原因是________。

26. 298 K 酸性溶液中 Mn 元素的标准电极电势图:

$MnO_4^- \xrightarrow{+0.56} MnO_4^{2-} \xrightarrow{+2.26} MnO_2 \xrightarrow{+0.95} Mn^{3+} \xrightarrow{+1.51} Mn^{2+} \xrightarrow{-1.15} Mn$

根据电势图,在水溶液中能发生歧化反应的离子是____________,歧化反应方程式为__________________,电势图中氧化能力最强的物质是________。

27. 以量子数 $n=2$、$l=1$、$m=0$、$m_s=+1/2$描述的电子是________电子。

28. 第三周期某元素原子 $n=3$ 的电子层里,最后一个填入的电子是________。

29. 氢键有两类,分别是____氢键和____氢键,在 HF,H_2O,NH_3分子体系中,形成________氢键,在 HNO_3分子体系中,形成____氢键。

30. H_2CO_3、Na_2CO_3、$NaHCO_3$三种物质热稳定性由大到小排序为____________________________。

三、理解与判断(每小题1分,共15分)

※※将稀 $AgNO_3$滴加到 KI 溶液制备 AgI 溶胶,分别用 KCl、$MgSO_4$、$AlCl_3$、$K_3[Fe(CN)_6]$进行聚沉试验,结果是 $K_3[Fe(CN)_6]$的聚沉值最小,请根据试验结果判断下列推断 31~34 题是否符合事实。(对打"√",错打"×")

31. 所制溶胶的电位离子是 Ag^+。 ( )

32. 电泳试验胶粒向正极迁移。 ( )

33. AgI 溶胶胶团结构为:$\{[AgI]_m\cdot nAg^+\cdot(n-x)NO_3^-\}^{x+}\cdot xNO_3^-$。 ( )

34. 电渗试验负极液面上升。 ( )

※※某同学进行沉淀溶解平衡试验,操作程序如下:

①向澄清的含 Cl^-、Br^-、I^- 的混合物中滴加 1 滴稀 $AgNO_3$ 溶液,无 AgX 沉淀产生。

②继续滴加 $AgNO_3$ 溶液,依次产生 AgI、AgBr、AgCl 沉淀。

③加入足量的 $NH_3 \cdot H_2O$，大部分的沉淀溶解，不溶解的沉淀呈黄色。

④加入适量的 KCN 溶液，沉淀全部溶解。

根据上述试验现象，判断给出的推断 35～40 题正确与否。（对打“√”，错打“×”）

35. 程序①无 AgX 沉淀产生的原因是 $Q_c(AgX)=K_{sp}^{\ominus}(AgX)$。 （ ）

36. 程序②依次产生 AgI、AgBr、AgCl 沉淀，其共同满足的条件是：

$Q_c(AgX)>K_{sp}^{\ominus}(AgX)$，$K_{sp}^{\ominus}(AgI)<K_{sp}^{\ominus}(AgBr)<K_{sp}^{\ominus}(AgCl)$ （ ）

37. 三种沉淀都存在时，混合溶液中的 $c(Ag^+)$ 有 3 个数值。 （ ）

38. 当 AgCl 沉淀出现时，溶液体系对 AgI 是饱和溶液。 （ ）

39. 加入足量的 $NH_3 \cdot H_2O$ 发生的反应是 $AgI(s)+2NH_3=[Ag(NH_3)_2]^+$。 （ ）

40. 加入适量的 KCN 发生反应的标准平衡常数为：

$K^{\ominus}=K_f^{\ominus}[Ag(CN)_2]^- \cdot K_{sp}^{\ominus}(AgX)$ （ ）

※※已知①电对 I_2/I^-、$KMnO_4/Mn^{2+}$、Br_2/Br^-、Fe^{3+}/Fe^{2+}、HNO_2/NO 的相应 $\varphi^{\ominus}$ 值：$\varphi^{\ominus}(I_2/I^-)=0.53$ V、$\varphi^{\ominus}(KMnO_4/Mn^{2+})=1.51$ V、$\varphi^{\ominus}(Br_2/Br^-)=1.08$ V、$\varphi^{\ominus}(Fe^{3+}/Fe^{2+})=0.77$ V、$\varphi^{\ominus}(HNO_2/NO)=0.99$ V。

②供选氧化剂：$KMnO_4$、$FeCl_3$、HNO_2。

③试验体系：含 Br^-、I^-（浓度相同）混合液。

操作：

(1)向试验体系滴加氧化剂，若使 I^- 被氧化、Br^- 不被氧化，选何氧化剂最佳？

(2)将混合液 pH 值调至 pH=14，再滴加 $KMnO_4$ 溶液，能否将 I^- 氧化成 I_2？

解答：下列推断结果（41～44 题）正确与否。（对打“√”，错打“×”）

41. 所给电对中，最强氧化剂是 $KMnO_4$，最强还原剂是 I^-。 （ ）

42. 所给电对中，其电极电位 $\varphi^{\ominus}(Ox/Red)$ 值受 pH 值变化影响的是 $KMnO_4/Mn^{2+}$ 和 HNO_2/NO 电对。 （ ）

43. 操作(1)应选最佳的氧化剂是 HNO_2。 （ ）

44. 操作(2)pH=14，MnO_4^- 能将 I^- 氧化。 （ ）

45. 反应方程式 $2MnO_4^-+5SO_3^{2-}+3H^+=2Mn^{2+}+5SO_4^{2-}+3OH^-$ 虽然符合配平原则，但不符合实际。 （ ）

四、计算题

46. 设反应

	2C（石墨）	$2H_2(g)$	$O_2(g)$	$CH_3COOH(l)$
$S_m^{\ominus}(J \cdot K^{-1} \cdot mol^{-1})$	5	130	200	160

$$2C(石墨)+2H_2(g)+O_2(g)=CH_3COOH(l)$$

$\Delta_f H_m^{\ominus}$ (CH_3COOH) $=-490$ kJ · mol^{-1}，试求：

(1)反应的 $\Delta_r H_m^{\ominus}$；

(2)反应的 $\Delta_r S_m^{\ominus}$；

(3)反应在 727 ℃的 $\Delta_r G_m^{\ominus}$，并预测反应方向。

47. 将 0.1 mol $MgCl_2$ 盐加到 1 000 mL 0.1 mol · L^{-1} 的弱碱 $NH_3 \cdot H_2O$ 和 0.1 mL 0.1 mol · L^{-1} NH_4Cl 混合溶液中(忽略体积变化)，是否产生 $Mg(OH)_2$ 沉淀？[已知：$K_{sp}^{\ominus}(Mg(OH)_2)=1.8\times10^{-11}$，$K_b^{\ominus}(NH_3)=1.8\times10^{-5}$]

48. 在含 Cu^{2+} 和 Cu^+ 溶液中加入 KI，使 $Cu^+ + I^- \rightleftharpoons CuI(s)$ 达平衡，$[Cu^{2+}]=[I^-]=1$ mol · L^{-1}，求 $\varphi^{\ominus}(Cu^{2+}/CuI)$。[已知：$\varphi^{\ominus}(Cu^{2+}/Cu^+)=+0.153$ V，$K_{sp}^{\ominus}(CuI)=1.0\times10^{-12}$]

复习测试题

02 试卷

一、选择题(每小题 2 分,共 40 分)

1. 1 mol · kg^{-1} B_1和 1 mol · $kg^{-1}$$B_2$的水溶液中,溶质的摩尔分数为(　　)。

A. 2 /57.6　　B. 1/18

C. 55.6/57.6　　D. 2

2. 有半透膜存在时,下列四组溶液体系中等渗溶液是(　　)。

A. 纯水与 0.1 mol · kg^{-1}蔗糖溶液

B. 0.01 mol · kg^{-1}甘油溶液与 0.01 mol · $kg^{-1}$$Mg(NO_3)_2$ 溶液

C. 0.01 mol · kg^{-1}蔗糖溶液与 0.01 mol · kg^{-1}乙二醇溶液

D. 0.1 mol · kg^{-1}NaCl 溶液与 0.1 mol · kg^{-1}葡萄糖溶液

3. 有四种水溶液:(a)0.3 mol · kg^{-1} KCl 溶液;(b)0.1 mol · kg^{-1}蔗糖溶液;(c)0.25 mol · $kg^{-1}$$NH_3$ 溶液;(d)0.03 mol · $kg^{-1}$$BaCl_2$ 溶液,其在相同条件下冷却试验,出现冰冻的先后顺序是(　　)。

A. (d)　(b)　(c)　(a)　　B. (b)　(d)　(c)　(a)

C. (a)　(c)　(b)　(d)　　D. (d)　(c)　(a)　(b)

4. 给定反应:$2N_2O_5 \rightleftharpoons 4NO_2 + O_2$,下列说法正确的是(　　)。

A. 反应速率:$1/2\Delta c(N_2O_5)/\Delta t = 1/4\Delta c(NO_2)/\Delta t$

B. 反应速率:$-\Delta c(NO_2)/\Delta t = \Delta c(O_2)/\Delta t$

C. 当 $E_{a正} > E_{a逆}$,反应速率 $v_{正} > v_{逆}$

D. 当 $E_{a正} > E_{a逆}$,升温有利于正反应进行

5. $[Al(H_2O)_2(OH)_4]^-$ 的共轭酸是(　　)。

A. $[Al(H_2O)(OH)_5]^{2-}$　　B. $[Al(H_2O)_3(OH)_3]$

C. $[Al(H_2O)_4(OH)_2]^+$　　D. $[Al(OH)_6]^{3-}$

6. 给定 NH_4Cl 溶液体系,下列操作的结果推理正确的是(　　)。

A. 加入固态盐 NH_4Cl,溶液中 $c(NH_4^+)$ 增大,$NH_3 \cdot H_2O$ 的电离度变小

B. 加入 HCl 溶液,同离子效应使 NH_4^+ 的解离度降低

C. 加入与 NH_4Cl 等量的 $NH_3 \cdot H_2O$,溶液的 pH<7

D. 加入大量的固态 NaCl,溶液的 pH=7

7. 一般浓度的 Na_2HPO_4 溶液中的氢离子浓度可近似等于(　　)。

A. $\sqrt{K_{a3}^{\ominus}/c}$　　B. $\sqrt{K_{a3}^{\ominus} \cdot c}$

C. $\sqrt{K_{a2}^{\ominus} \cdot K_{a3}^{\ominus}}$　　D. $\sqrt{K_{a1}^{\ominus} \cdot K_{a2}^{\ominus}}$

8. 下列溶液中 $c(S^{2-})$ 最小的是(　　)。

A. 0.1 $mol \cdot L^{-1}$ H_2S 溶液

B. 等体积 0.1 $mol \cdot L^{-1}$ H_2S 和 0.1 $mol \cdot L^{-1}$ NaOH 混合液

C. 等体积 0.1 $mol \cdot L^{-1}$ H_2S 和 0.1 $mol \cdot L^{-1}$ HCl 混合液

D. 等体积 0.1 $mol \cdot L^{-1}$ H_2S 和 Na_2S 混合液

9. 已知过程 $Ag^+ + X^- = AgX(s)$ 的 $\Delta_r G_m^{\ominus} = -55.79\ kJ \cdot mol^{-1}$,则 298 K 时 AgX (s) 的 $K_{sp}^{\ominus}$=(　　)。

A. 10.98　　B. $10^{-9.78}$　　C. $10^{9.78}$　　D. 9.78

10. 配平反应:P_4(白磷)$+OH^- \rightarrow H_2PO_2^- + PH_3(g)$,$OH^-$ 的系数是(　　)。

A. 3　　B. 4　　C. 2　　D. 1

11. 已知 AgCl 和 Ag_2CrO_4 的 $K_{sp}^{\ominus}$ 分别为 1.8×10^{-10}、1.1×10^{-12},若混合液中,$c(Cl^-)=c(CrO_4^{2-})=10^{-5}\ mol \cdot L^{-1}$,当加入 Ag^+ 达 $10^{-4}\ mol \cdot L^{-1}$ 时,则会发生(　　)。

A. AgCl 先沉淀　　B. 只有 AgCl 沉淀

C. 只有 Ag_2CrO_4 沉淀　　D. 二者都沉淀

12. 向含 Cl^-、Br^-、I^-、CrO_4^{2-}(浓度均为 0.1 $mol \cdot L^{-1}$)混合溶液中逐渐滴加 $AgNO_3$ 溶液,下列实验现象符合事实的是(　　)。

A. 首先析出的沉淀是 Ag_2CrO_4

B. 出现 AgI 沉淀时,$[c(Cl^-)/c^{\ominus}][c(Ag^+)/c^{\ominus}] < K_{sp}^{\ominus}(AgCl)$

C. 产生四种沉淀时,溶液中 $c(Ag^+)$ 有 4 个数值

D. 出现 AgBr 沉淀时,其他 3 种离子已沉淀完全

13. 标态下,对电池反应 $Cu + 2Ag^+ = Cu^{2+} + 2Ag$,下列式子成立的是(　　)。

A. $(-)Cu|Cu^{2+}(c_1)||Ag^+(c_2)|Ag(+)$

B. $\varphi(Ag^+/Ag) = \varphi^{\ominus} + \frac{0.059}{2}\lg[c(Ag^+)/c^{\ominus}]$

C. $(-)Ag|Ag^+(c_1)||Cu^{2+}(c_2)|Cu(+)$

D. $\varphi(Cu^{2+}/Cu) = \varphi^{\ominus} + \frac{1}{0.059}\lg[c(Cu^{2+})/c^{\ominus}]$

14. 标态下，下列电对中 φ 值最小的是（　　）。

A. Fe^{3+}/Fe^{2+}

B. $[FeF_6]^{3-}/Fe^{2+}$（$K_f=1.6\times10^{16}$）

C. $[Fe(SCN)_6]^{3-}/Fe^{2+}$（$K_f=1.2\times10^{25}$）

D. $[Fe(CN)_6]^{3-}/Fe^{2+}$（$K_f=1.0\times10^{42}$）

15. 从 Hg 元素电势图：

$$Hg^{2+}\ \underline{\ 0.98V\ }\ Hg_2^{2+}\ \underline{\ 0.79V\ }\ Hg \qquad \varphi^{\ominus}(Hg^{2+}/Hg)$$

求得 $\varphi^{\ominus}(Hg^{2+}/Hg)$ 值为（　　）V。

A. 0.85　　B. 0.97　　C. 1.70　　D. 0.425

16. 稀 KI 溶液滴加 $AgNO_3$ 过量后的胶体溶液，下列电解质对溶胶的聚沉值最小的是（　　）。

A. NaCl　　B. $MgSO_4$　　C. $K_3[Fe(CN)_6]$　　D. Na_2HPO_4

17. 配合向沉淀转化反应通式为：

$$M\sim L_m + m\ 沉淀剂\ A \rightleftharpoons mL + MA_m(s)$$

下列叙述不正确的是（　　）：

A. 定温平衡转化反应的平衡常数为：

$$K_j^{\ominus}=\frac{[c(L)/c^{\ominus}]^m}{[c(M-L)/c^{\ominus}]\cdot[c(A)/c^{\ominus}]^m}=\frac{1}{K_f^{\ominus}\cdot K_{sp}^{\ominus}}$$

B. 给定配合物，转化反应生成沉淀物的 $K_{sp}^{\ominus}$ 越小，配离子越容易转化为沉淀物

C. 指定转化反应沉淀物，配离子的 $K_f^{\ominus}$ 越小，配离子越容易转化为沉淀物

D. 定温转化反应平衡时下式成立：

$$c(M\sim L_m)=c(M^{n+})=c(L)=c(A)$$

18. 对于$[FeF_6]^{3-}$（外轨型）和 $[Fe(CN)_6]^{3-}$（内轨型）下列叙述不正确的是（　　）。

A. 两配离子都取得正八面体构型

B. $[Fe(CN)_6]^{3-}$ 的中心离子采取 d^2sp^3 杂化成键

C. $[FeF_6]^{3-}$ 溶液中的自由 Fe^{3+} 浓度较小

D. $K_f^{\ominus}[Fe(CN)_6]^{3-} > K_f^{\ominus}[FeF_6]^{3-}$

19. 波函数符号 Ψ_{210} 标记的原子轨道是（　　）。

A. $2p_z$　　B. 2s　　C. $3p_x$　　D. $1p_z$

20. 下列各组物质中，S元素氧化数不相等的是（　　）。

A. H_2SO_3 和 SO_2　　B. SO_3 和 H_2SO_4

C. $Na_2S_2O_3$ 和 $Na_2S_4O_6$　　D. Na_2SO_3 和 SCl_4

二、填空题（每空1分，共20分）

21. 就物质的酸性而言，同周期非金属元素的氢化物（如 NH_3、H_2O、HF）自左至右酸性________，对含氧酸 $(HO)_mXO_n$，与成酸元素X结合的非羟基氧数目 n 值越大，酸性________。

22. CaO、MgO、$BeCl_2$ 三种物质热稳定性由大到小排序为______________。

23. 就卤化氢HF、HCl、HBr、HI分子极性由强到弱排序为____________，分子间色散力由强到弱排序为______________，沸点由高到低排序为____________。

24. H_2O_2 与 $K_2Cr_2O_7$ 反应生成蓝色的过氧化铬，以反应式表示为____________________。

25. 以反应式表示在酸性介质中高锰酸钾与过氧化氢反应为____________。

26. 价电子结构为 $4s^24p^5$ 的元素处于________周期________族；价电子结构为 $3d^54s^2$ 的元素处于________周期________族。

27. 同条件下 $FeCl_3$ 能与KI反应生成 I_2，$FeSO_4$ 能与溴水反应生成 $Fe_2(SO_4)_3$，由此可以推断电极电位 $\varphi^{\ominus}(I_2/I^-)$，$\varphi^{\ominus}(Br_2/Br^-)$ 和 $\varphi^{\ominus}(Fe^{3+}/Fe^{2+})$ 中最大的是__________，最小的是__________。

28. 浓度各为 $0.1\ mol \cdot kg^{-1}$ 的蔗糖溶液、K_2SO_4 溶液、$NaNO_3$ 溶液和 Na_3PO_4 溶液的渗透压由高至低顺序为________________________，凝固点由高至低顺序为____________________。

29. $1.0\times10^{-10}\ mol \cdot L^{-1}$ HCl溶液pH＝__________，pH＝0的NaOH溶液浓度为__________ $mol \cdot L^{-1}$。

30. $[Al(OH)_2(H_2O)_4]^+$ 名称是____________，配位原子是__________。

三、理解与判断（每小题1分，共15分）

※※已知复杂反应 $2N_2O_5 \rightarrow 4NO_2 + O_2$ 的反应机理：

①$N_2O_5 \rightarrow N_2O_3 + O_2$（慢）

②$N_2O_3 \rightarrow NO_2 + NO$（快）

③$N_2O_5 + NO \rightarrow 3NO_2$（快）

判断下列说法正确与否（31～35题）。（对打“√”，错打“×”）

31. 复杂反应 $2N_2O_5 \rightarrow 4NO_2 + O_2$ 的速率方程为：$v=k \cdot c(N_2O_5)$。（　　）

32. 当反应物的浓度增加1倍，反应速率加快4倍。（　　）

33. 该反应的反应级数为二级。（　　）

34. 温度升高，反应速率加快的原因是速率常数 k 值变大。 （ ）

35. 当温度变化处于低温区时，反应速率变化较高温区敏感。 （ ）

※※分析下列溶液体系：①0.1 $mol \cdot kg^{-1}$蔗糖水溶液；②0.1 $mol \cdot kg^{-1}$ HAc 水溶液；③0.1 $mol \cdot kg^{-1}$ NaCl 水溶液；④0.1 $mol \cdot kg^{-1}$ $CaCl_2$水溶液，判断下列说法（36～39 题）正确与否。（对打“√”，错打“×”）

36. 含溶质颗粒数最多的溶液体系是 0.1 $mol \cdot kg^{-1}$ $CaCl_2$水溶液。 （ ）

37. 相同条件下试验，0.1 $mol \cdot kg^{-1}$蔗糖水溶液最后沸腾。 （ ）

38. 相同条件下冷却试验，最后出现冰冻的是 0.1 $mol \cdot kg^{-1}$ $CaCl_2$溶液。 （ ）

39. 0.1 $mol \cdot kg^{-1}$ HAc 水溶液和 0.1 $mol \cdot kg^{-1}$ NaCl 水溶液为等渗溶液。 （ ）

※※给定配合平衡体系 $M^{n+} + mL \rightleftharpoons M\sim L_m$ 判断下列说法正确与否（40～45 题）。（对打“√”，错打“×”）

40. 配离子 $M\sim L_m$ 的稳定常数 $K^{\ominus}_{稳}$愈大，配离子愈稳定。 （ ）

41. 同类型配离子的不稳定常数 $K^{\ominus}_{不稳}$愈大，配离子愈不稳定，溶液中有关离子的浓度愈小。 （ ）

42. 当配离子的配体 L 为弱酸根（如 F^-、SCN^-、CN^-、CO_3^{2-} 等），加入强酸有助于配离子稳定。 （ ）

43. 向配离子溶液中加入某还原剂，溶液中的还原剂与自由的中心离子发生氧化还原反应，使配离子的稳定性增强。 （ ）

44. 在电对 M^{n+}/M 体系中加入配合剂，发生上述配合反应，使电对的电极电势降低。 （ ）

45. 配制 $SnCl_2$溶液时，通常在溶液中加入少许 Sn 粒，这是为防止 Sn^{2+} 被空气氧化，发生的反应是 $Sn^{4+} + Sn = 2Sn^{2+}$。 （ ）

四、计算题（46 题 8 分，47 题 10 分，48 题 7 分，共 25 分）

46. 孕酮是一种雌性激素，经分析其中含 H 9.5%，含 O 10.2%，含 C 80.3%。现将 1.50 g 孕酮试样溶于 10.0 g 苯中，所得溶液的凝固点为 3.07 ℃，求孕酮的分子式。[已知：K_f（苯）=5.10，苯的凝固点为 5.50 ℃]

47. 将 0.02 $mol \cdot L^{-1}$ $CuSO_4$溶液与 2.08 $mol \cdot L^{-1}$ $NH_3 \cdot H_2O$ 溶液等体积混合，求：

(1) 溶液中 $c(Cu^{2+})$是多少？

(2) 该溶液与 Cu 构成电对 Cu^{2+}/Cu 体系，则 $\varphi(Cu^{2+}/Cu)$等于多少？

{已知：$K_f^{\ominus}$ $[Cu(NH_3)_4]^{2+} = 4.8 \times 10^{12}$，$\varphi^{\ominus}(Cu^{2+}/Cu) = +0.340\,2$ V}

48. HAc是一种常见的弱酸，常温下有一定的挥发性，已知如下数据：

	$HAc(l) \rightleftharpoons$	$HAc(g)$
$\Delta_f H_m^\ominus$ ($kJ \cdot mol^{-1}$)	-487.0	-436.4
$S_m^\ominus$ ($J \cdot K^{-1} \cdot mol^{-1}$)	159.8	293.3

(1)根据计算判断298 K、101.3 kPa时反应是否自发；

(2)设$\Delta_r H_m^\ominus$和$\Delta_r S_m^\ominus$不随温度改变，求101.3 kPa下HAc(l)的沸点。

复习测试题

03 试卷

一、选择题(每小题 2 分,共 40 分)

1. 0.1 mol·kg^{-1} $CaCl_2$ 与 0.1 mol·kg^{-1} 葡萄糖($C_6H_{12}O_6$)溶液的凝固点下降之比为(　　)。

A. 1∶1　　B. 3∶1　　C. 1∶3　　D. 2∶1

2. 50 g AB 物质(摩尔质量为 1 000 g·mol^{-1})溶于 1 L 水中,溶液的凝固点为 0.116 3 ℃,由此可推算:AB 物质解离度是(　　)($K_f = 1.86$)。

A. 25%　　B. 50%　　C. 20%　　D. 11.5%

3. 已知由乙炔合成苯:$3CH\equiv CH \rightarrow C_6H_6$ 的 $\Delta_r H_m^{\ominus}$ 为 -598 kJ·mol^{-1},乙炔的 $\Delta_r H_{燃}^{\ominus} = -1\,300$ kJ·mol^{-1},则苯的 $\Delta_r H_{燃}^{\ominus}$ 为(　　)kJ·mol^{-1}。

A. $-3\,302$　　B. -598　　C. -398　　D. $-4\,600$

4. 气体反应 $2NO + 2H_2 = N_2 + 2H_2O$ 分步进行:

①$2NO + H_2 = N_2 + H_2O_2$(慢)

②$H_2O_2 + H_2 = 2H_2O$(快)

若将体系的体积增至原来的 3 倍,反应速率为原来的(　　)倍。

A. 1/27　　B. 9　　C. 1/3　　D. 27

5. 已知 $NH_4^+ + OH^- = NH_3 + H_2O$ 的平衡常数为 $K_1^{\ominus}$,反应 $H_2O = H^+ + OH^-$ 的平衡常数为 $K_w^{\ominus}$,则下列反应 $NH_3 + H^+ = NH_4^+$ 的平衡常数 $K_2^{\ominus}$ 为(　　)。

A. $K_1^{\ominus} + K_w^{\ominus}$　　B. $1/K_1^{\ominus}K_w^{\ominus}$　　C. $K_1^{\ominus} \cdot K_w^{\ominus}$　　D. $K_1^{\ominus}/K_w^{\ominus}$

6. 给定 HAc(c_a)~NaAc(c_s)缓冲体系,下列缓冲比(c_a/c_s)抗 H^+ 能力最好的是(　　)。

A. $c_a > c_s$　　B. $c_s > c_a$

C. $c_s + c_a = 1$ mol·L^{-1}　　D. $c_a = c_s$

7. 下列论述中不正确的是(　　)。

A. 弱酸或弱碱的浓度越大,电离度越大,离子浓度越大

B. 缓冲体系有一个决定溶液 pH 值的关键解离平衡过程

C. 缓冲体系存在相对大量的抗 H^+、抗 OH^- 组分

D. 缓冲体系通过平衡移动实现缓冲作用

8. 下列溶液体系，溶液的 pH 值与离子反应实质不相符的是（　　）。

A. NaAc 溶液，pH＞7，离子反应实质：

$$Ac^- + H_2O = HAc + OH^-$$

B. NH_4Cl 溶液，pH＜7，离子反应实质是：

$$NH_4^+ + H_2O = NH_3 \cdot H_3O + H^+$$

C. NH_4Ac 溶液，pH＝7，离子反应实质是：

$$NH_4^+ + Ac^- + H_2O = NH_3 \cdot H_3O + HAc$$

D. Na_2HPO_4 溶液，pH＞7，离子反应实质是：

$$HPO_4^{2-} + H_2O = H_3O^+ + PO_4^{3-}$$

9. 取 40.00 mL 0.10 mol・L^{-1} 巴比弱酸（以 HB 表示）溶液，用 0.10 mol・L^{-1} NaOH 溶液进行滴定，加入 NaOH 溶液的体积处于下列状态时，推测结果不正确的是（　　）。（已知：$K_{HB}^{\ominus} = 9.8 \times 10^{-5}$、$pK_{HB}^{\ominus} = 4.01$）

A. 加入 20.00 mL 0.10 mol・L^{-1} 的 NaOH 溶液，溶液仍是弱酸体系

B. 加入 39.96 mL 0.10 mol・L^{-1} 的 NaOH 溶液，溶液是缓冲体系

C. 加入 40.00 mL 0.10 mol・L^{-1} 的 NaOH 溶液，溶液是弱酸弱碱盐体系

D. 加入 41.00 mL 0.10 mol・L^{-1} 的 NaOH 溶液，溶液中存在同离子效应

10. 下列说法正确的是（　　）。

A. 在一定温度下 AgCl 水溶液中 $c(Ag^+)c(Cl^-) = K_{sp}^{\ominus}$

B. 难溶物 $MgNH_4PO_4$ 的 $K_{sp}^{\ominus} = c(Mg^{2+})c(NH_4^+)c(PO_4^{3-})$

C. 加入过量的沉淀剂，沉淀物的沉淀量减少

D. 在 AgCl、AgBr、AgI 共存体系中，满足 3 个沉淀平衡的 Ag^+ 浓度有 3 个不同值

11. $Mg(OH)_2$ 溶于 NH_4Cl 的溶解反应平衡常数为（　　）。

A. $K_j^{\ominus} = K_{sp}^{\ominus}(Mg(OH)_2)[K_b^{\ominus}(NH_3)]^2$

B. $K_j^{\ominus} == \dfrac{K_{sp}^{\ominus}(Mg(OH)_2)}{[K_a^{\ominus}(NH_4^+)]^2}$

C. $K_j^{\ominus} == \dfrac{K_{sp}^{\ominus}(Mg(OH)_2)}{[K_b^{\ominus}(NH_3)]^2}$

D. $K_j^{\ominus} = \dfrac{[K_b^{\ominus}(NH_3)]^2}{K_{sp}^{\ominus}(Mg(OH)_2)}$

12. 给定条件下，可以共存于溶液的一组离子是(　　)。

A. MnO_4^- 和 I^-　　B. NH_4NO_3 和 K_2CO_3

C. $HgCl_2$ 和 KI　　D. $SnCl_2$ 和 KI

13. 向 Ag^+/Ag 体系加入足量的 $NH_3 \cdot H_2O$，其反应的后果是(　　)。

A. 产生 AgOH 沉淀，$\varphi(Ag^+/Ag) > \varphi^{\ominus}(Ag^+/Ag)$

B. 生成 $[Ag(NH_3)_2]^+$，使 $\varphi(Ag^+/Ag) < \varphi^{\ominus}(Ag^+/Ag)$

C. 生成 $[Ag(NH_3)_2]^+$，使 $\varphi^{\ominus}([Ag(NH_3)_2]^+/Ag) = \varphi^{\ominus}(Ag^+/Ag)$

D. 使 Ag 溶解，使 $\varphi(Ag^+/Ag) > \varphi^{\ominus}(Ag^+/Ag)$

14. 给定电对 Ox/Red，下列叙述不正确的是(　　)。

A. 电对的 $\varphi^{\ominus}$(Ox/Red)值越大，电对中氧化态(Ox)的氧化能力越弱

B. 总是 $\varphi^{\ominus}$(Ox/Red)大的电对中的氧化态与 $\varphi^{\ominus}$(Ox/Red)值小的电对中的还原态首先反应

C. 选择氧化剂(Ox)的原则：$\varphi^{\ominus}_{被氧化} < \varphi^{\ominus}_{被选} < \varphi^{\ominus}_{不被氧化}$

D. 给定元素电势图，判断可否歧化反应的规则是：$\varphi^{\ominus}_{右} > \varphi^{\ominus}_{左}$

15. 沉淀向配合物转化反应通式：

$$MA_n(s) + mL \rightleftharpoons nA + M\sim L_m$$

下列叙述不正确的是(　　)。

A. 定温平衡转化反应的平衡常数为：

$$K_j^{\ominus} = \frac{[c_{(A)}/c^{\ominus}]^n \cdot [c(M\sim L_m)/c^{\ominus}]}{[c(L)/c^{\ominus}]^m} = K_f^{\ominus} \cdot K_{sp}^{\ominus}$$

B. 给定沉淀物，转化反应生成配合物的 $K_f^{\ominus}$ 越小，沉淀物越容易转化为配合物

C. 指定转化反应配合物，沉淀物的 $K_{sp}^{\ominus}$ 越小，沉淀物越难转化为配合物

D. 定温转化反应平衡时下列关系不一定成立：

$$c(M\sim L_m) = c(M^{n+}) = 1/m \cdot c(L) = c(A)$$

16. 向电对 M^{n+}/M 体系中加入配合剂有反应通式：

$$M^{n+} + mL \rightleftharpoons M\sim L_m$$

下列叙述不正确的是(　　)。

A. 定温平衡时电对 M^{n+}/M 的 φ 值为：

$$\varphi(M^{n+}/M)=\varphi^{\ominus}(M^{n+}/M)+\frac{0.059}{n}\lg\frac{[c(M\sim L_n)/c^{\ominus}]}{K_f^{\ominus}\cdot[c(L)/c^{\ominus}]^m}$$

B. 当给定配合物 $M\sim L_m$ 的 $K_f^{\ominus}$ 值越大，$\varphi(M^{n+}/M)$ 值越小

C. 当给定配合物且 $c[M\sim L_m]=c(L)=1.0\ mol\cdot L^{-1}$ 时，故有 $\varphi^{\ominus}(M\sim L_m/M)=\varphi(M^{n+}/M)$

D. 上述 C 答案应改为：当 $c[M\sim L_m]=c^m(L)=c(M)=1.0\ mol\cdot L^{-1}$ 时，才有 $\varphi^{\ominus}(M\sim L_m/M)=\varphi(M^{n+}/M)$

17. 对 $Fe(OH)_3$ 正溶胶体系，下列说法正确的是(　　)。

A. 体系粒子大小都小于 1 nm 到大于 100 nm 范围

B. 体系稳定存在的主要因素是胶粒间相同电性的排斥作用

C. 胶粒在电场中向正极移动

D. 向体系加入少量电解质，溶胶稳定性增大

18. 29 号元素的电子填充正确的是(　　)。

A. $1s^2$、$2s^2$、$2p^6$、$3s^2$、$3p^6$、$4s^1$、$3d^{10}$

B. $1s^2$、$2s^2$、$2p^6$、$3s^2$、$3p^6$、$4s^2$、$3d^9$

C. $1s^2$、$2s^2$、$2p^6$、$3s^2$、$3p^3$、$4s^1$、$3d^{10}$、$4p^3$

D. $1s^2$、$2s^2$、$2p^6$、$2d^{10}$、$3s^2$、$3p^6$、$4s^1$

19. 已知 $K_{sp}^{\ominus}(BaSO_4)=1.1\times10^{-10}$，$K_{sp}^{\ominus}(CaSO_4)=9.6\times10^{-6}$，下列叙述正确的是(　　)。

A. 向含等浓度 Ba^{2+} 和 Ca^{2+} 溶液中滴加 SO_4^{2-}，$CaSO_4$ 先沉淀

B. 选 Ba^{2+} 盐作为除 SO_4^{2-} 的沉淀剂为好

C. 常态下，$BaSO_4$ 的溶解度大于 $CaSO_4$ 溶解度

D. 在 $BaSO_4$ 沉淀和 $CaSO_4$ 沉淀共存的平衡体系中，SO_4^{2-} 浓度有 2 个数值以满足 2 个平衡

20. 由碳酸缓冲对组成的缓冲液 pH=7.5，决定缓冲液 pH 值的缓冲对是(　　)。

A. $H_2CO_3\sim CO_3^{2-}$　　B. $HCO_3^-\sim CO_3^{2-}$

C. $H_2CO_3\sim HCO_3^-$　　D. $H_2CO_3\sim CO_2$

(已知碳酸的 $pK_{a1}^{\ominus}=6.37$，$pK_{a2}^{\ominus}=10.25$)

二、填空题(每空 1 分，共 20 分)

21. 纯水的三相点是 0.01 ℃，0.611 kPa，过程：$H_2O(l)\rightleftharpoons H_2O(s)$ 在 0.01 ℃、1.00 kPa 条件下进行的方向是____________。

22.给定反应 $aA + bB = mD + nE$ 反应进度公式为________________。

23.溶度积 $K_{sp}^{\ominus}$ 与 $\Delta_r G_m^{\ominus}$ 的定量关系为________________，此定量关系仅对难溶物的________过程。

24.区别胶体体系的特征现象是________________。

25.溶胶体系的分子吸附遵守________________的规则。

26.σ 键的重叠方式是沿键轴________________，π 键的重叠方式是在含键轴的________________。

27.量子数 $n=3, l=0, m=0$ 标记的原子轨道是________________。

28.配合物 $[CoCl_2H_2O(NH_3)_3]Cl$ 的中心离子是__________，配位体是__________，配位原子是______________，配位数是______________，配合物的命名是________________________。

29.在电对 $M^{n+}/M^{m+}(n>m)$ 体系中加入沉淀剂 A，M^{n+} 和 M^{m+} 同时与沉淀剂 A 反应，当 A 的浓度一定，$K_{sp}^{\ominus}(M\sim A_n) > K_{sp}^{\ominus}(M\sim A_m)$ 时，电对的 $\varphi(M^{n+}/M^{m+})$ 值________；$K_{sp}^{\ominus}(M\sim A_n) < K_{sp}^{\ominus}(M\sim A_m)$，电对的 $\varphi(M^{n+}/M^{m+})$ 值________；当 $c(A)= 1\ mol \cdot L^{-1}$ 时，电对 $M^{n+}\sim A_n/M^{m+}\sim A_m$ 的 $\varphi^{\ominus}(M^{n+}\sim A_n/M^{m+}\sim A_m)=$________。

30.在电对 $M^{n+}/M^{m+}(n>m)$ 体系中加入配体 L，M^{n+} 和 M^{m+} 同时与配体 L 反应：当 L 的浓度一定，$K_f^{\ominus}(M\sim L_n) < K_f^{\ominus}(M\sim L_m)$，电对的 $\varphi(M^{n+}/M^{m+})$ 值______；$K_f^{\ominus}(M\sim L_n) > K_f^{\ominus}(M\sim L_m)$，电对的 $\varphi(M^{n+}/M^{m+})$ 值________；当 $c(L)= 1.0\ mol \cdot L^{-1}$ 时，电对 $M^{n+}\sim L_n/M^{m+}\sim L_m$ 的 $\varphi^{\ominus}(M^{n+}\sim L_n/M^{m+}\sim L_m)=$__________。

三、理解与判断（每小题 1 分，共 15 分）

31.测得 B 水溶液的沸点为 100.52 ℃，则 B 溶液的凝固点为 −0.52 ℃。（已知：水的 $K_f=1.86$、$K_b=0.52$） （ ）

32.过量施用化肥导致植物“烧死”的原因是土壤溶液的渗透压降低。（ ）

33.分子间因固有偶极与瞬时偶极产生的作用力称为色散力。（ ）

34.多原子分子分子结构不对称，键有极性，分子非极性。（ ）

35.酸度对电极电势影响的结果总是 pH 减小电对的电极电势值增大。

（ ）

36.对于 0 级反应，反应速率与反应物的浓度无关。（ ）

37.CuI、CuBr、CuCl 的 $K_{sp}^{\ominus}$ 值依次增大，则电对 Cu^{2+}/Cu^{+}、$Cu^{2+}/CuCl$、$Cu^{2+}/CuBr$、Cu^{2+}/CuI 的电极电势值依次减小。（ ）

38.描述 N 原子最外层 3 个成单电子的 4 个量子数分别是：2、1、0、+1/2，2、

1、−1、+1/2 和 2、1、+1、+1/2。　(　　)

39. 用 KSCN 定性检验 Fe^{3+} 时，必须在酸性介质中进行。　(　　)

40. 298.15 K，过程 $Ca(s) + C(石墨) + 3/2O_2(g) = CaCO_3(s)$ 的标准摩尔焓变等于 $CaCO_3(s)$ 标准摩尔生成焓。　(　　)

41. 已知反应 2A+2B→产物，$\Delta_r H_m^\ominus > 0$，经测定给定条件下的反应速率数据如下表，判断下列的推理正确与否。（对打"√"，错打"×"）

$c(A)/(mol \cdot L^{-1})$	1.0	2.0	4.0	1.0	1.0
$c(B)/(mol \cdot L^{-1})$	1.0	1.0	1.0	2.0	4.0
$v/(mol \cdot L^{-1} \cdot s^{-1})$	1.2×10^{-2}	2.3×10^{-2}	4.9×10^{-2}	4.8×10^{-2}	1.9×10^{-1}

①令 $v = k \cdot [c^m(A)] \cdot [c^n(B)]$，求得 $m = 1$，$n = 2$，反应为三级反应。

(　　)

②所给的反应属于基元反应。　(　　)

③当升温时，正向速率变化率 $\Delta k_正$ 大于逆向速率变化率 $\Delta k_逆$。　(　　)

④定温条件下，$k_正 > k_逆$。　(　　)

⑤经求算，所给反应完整的速率方程为 $v=12\,c(A) \cdot c^2(B)$。　(　　)

四、计算题（42 题 8 分，43 题 8 分，44 题 9 分，共 25 分）

42. 298.15 K 定压反应：

$$H_2(g) + F_2(g) = 2HF(g)$$

解答：

(1)设计该反应的热化学循环过程。

(2)根据热化学循环过程，给出计算该反应标准摩尔焓 $\Delta_r H_m^\ominus(298.15\ K)$ 的盖斯定律数学表示式。

(3)已知键焓：$E_{H-H}=436\ kJ \cdot mol^{-1}$，$E_{F-F}=158\ kJ \cdot mol^{-1}$，$E_{H-F}=566\ kJ \cdot mol^{-1}$

估算该反应的标准摩尔焓变 $\Delta_r H_m^\ominus(298.15\ K)$。

43. 已知电极反应：

$$MnO_4^- + 5e + 8H^+ = Mn^{2+} + 4H_2O \quad \varphi^\ominus(MnO_4^-/Mn^{2+}) = 1.51\ V$$

计算：(1)$c(H^+)=10^{-5}\ mol \cdot L^{-1}$，(2)$c(H^+)=10\ mol \cdot L^{-1}$ 时的 $\varphi(MnO_4^-/Mn^{2+})$ 值（其他物质的浓度均为 1 mol/L）。

44. 1 000 mL 0.10 $mol \cdot L^{-1}$ 的 $AgNO_3$ 溶液，进行如下实验操作，解答：

(1)加入 0.10 $mol \cdot L^{-1}$ 的 KCl 生成 AgCl 沉淀，若使生成的 AgCl 沉淀恰好溶解，求溶液中 $NH_3 \cdot H_2O$ 的浓度。

(2)向上溶解了 AgCl 溶液中加入 0.10 mol 的 KI,是否有 AgI 沉淀产生?

(3)若有 AgI 沉淀产生,需加多少 KCN 才能使 AgI 恰好溶解?(设加入各试剂溶液体积不变)

{已知:$K_{sp}^{\ominus}(AgCl) = 1.8 \times 10^{-10}$，　$K_{sp}^{\ominus}(AgI) = 1.5 \times 10^{-16}$，
$K_{f}^{\ominus}[Ag(NH_3)_2]^{+} = 1.62 \times 10^{7}$，$K_{f}^{\ominus}[Ag(CN)_2]^{-} = 1.3 \times 10^{21}$}

参考文献

[1] 广西大学无机化学教研室. 普通化学. 北京:中国农业大学出版社,2007.
[2] 马家举,邵谦,朱伟长. 普通化学. 北京:化学工业出版社,2005.
[3] 任丽萍. 普通化学. 北京:高等教育出版社,2006.
[4] 杨宏孝. 无机化学简明教程. 天津:天津大学出版社,1999.
[5] 天津大学无机化学教研室. 无机化学. 北京:高等教育出版社,1999.
[6] 大连理工大学无机化学教研室. 无机化学.5 版. 北京:高等教育出版,2006.
[7] 赵士铎. 普通化学.2 版. 北京:中国农业大学出版社,2003.
[8] 揭念芹. 基础化学Ⅰ(无机与分析化学). 北京:科学出版社,2000.
[9] 浙江大学普通化学教研组. 普通化学. 北京:高等教育出版社,1995.
[10] 刘波涛. 普通化学. 郑州:河南科技出版社,1995.
[11] 叶锡模. 普通化学. 杭州:浙江大学出版社,2002.
[12] 林宝凤. 基础化学实验技术绿色化教程. 北京:北京科学出版社,2003.
[13] 杨宏孝,傅希贤,宋宽秀. 大学化学. 天津:天津大学出版社,2001.
[14] 化彤文,杨骏英,陈景祖,等. 普通化学原理. 北京:北京大学出版社,1993.
[15] 申光球. 现代化学基础. 北京:清华大学出版社,1999.
[16] 北京大学《大学基础化学》编写组. 大学基础化学. 北京:高等教育出版社,2003.
[17] [美]J·H·迈塞尔,等.《普通化学》习题解答. 天津大学普通化学教研室译. 北京:人民教育出版社,1979.
[18] 方锡义,王连波,刘淑珍.《化学原理》习题选解. 北京:北京大学出版社,1980.
[19] 赵士铎,周乐,张曙生. 化学复习指南暨习题解析. 北京:中国农业大学出版社,2007.

图书在版编目(CIP)数据

普通化学例题与习题集/广西大学无机化学教研室编. —北京：中国农业大学出版社，2008.8(2019.1 重印)
ISBN 978-7-81117-510-3

Ⅰ. 普…　Ⅱ. 广…　Ⅲ. 普通化学-研究生-入学考试-习题　Ⅳ. O6-44

中国版本图书馆 CIP 数据核字(2008)第 102244 号

书　名　普通化学例题与习题集
作　者　广西大学无机化学教研室　编

策划编辑　张秀环　　责任编辑　韩元凤
封面设计　郑　川　　责任校对　陈　莹　王晓凤
出版发行　中国农业大学出版社
社　址　北京市海淀区圆明园西路 2 号　　邮政编码　100193
电　话　发行部 010-62818525，8625　　读者服务部 010-62732336
　　　　编辑部 010-62732617，2618　　出　版　部 010-62733440
网　址　http://www.cau.edu.cn/caup　　e-mail cbsszs @ cau.edu.cn
经　销　新华书店
印　刷　涿州市星河印刷有限公司
版　次　2008 年 8 月第 1 版　2019 年 1 月第 6 次印刷
规　格　787×980　16 开本　14.75 印张　270 千字
定　价　29.00 元